Lieber Justus ,

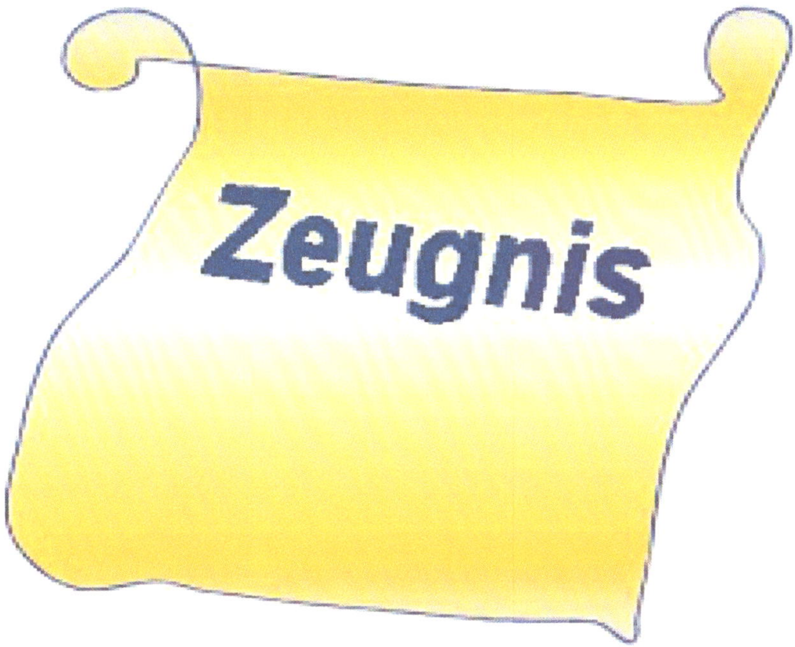

für deine guten schulischen Leistungen

von Oma und Opa

Bert van Dam

Raspberry PI

45 Experimente
mit Hard- und Software für Elektroniker

Elektor-Verlag, Aachen

Bert van Dam
Raspberry Pi – 45 Experimente
mit Hard- und Software für Elektroniker

Aus dem Niederländischen übersetzt von Philipp Ochtendung

1. Auflage 2013

Für die Mitteilung eventueller Fehler sind Verlag und Autor dankbar.
Umschlaggestaltung: Helfrich Ontwerpbureau (Deventer), Etcetera (Aachen)
Satz und Aufmachung: Philipp Ochtendung
Druck: WILCO, Amersfoort (NL)

Printed in the Netherlands

ISBN 978-3-89576-273-4

Elektor-Verlag GmbH, Aachen

www.elektor.de
129025-1/D

Inhalt

Einleitung

Dieses Buch geht auf eine der Stärken des Raspberry Pi ein: Die Kombination von Elektronik und Software. Mit dem RPi (wir kürzen Raspberry Pi als RPi ab) halten Sie für wenige Euro einen vollständigen Computer in der Hand, an den auf einfache Weise verschiedenste Elektronik angeschlossen werden kann.

Nach einer kurzen Einführung zum RPi werden wir die nötige Software installieren. Auf Seiten des RPi ist das alles schon auf der SD-Karte, die Sie mit diesem Buch erwerben können, erledigt. Auf der Seite des (optionalen) Windows-PCs benötigen Sie kostenlose Software, die im Internet zum Download bereitsteht.

Anschließend folgt eine kurze Einführung in Linux (das Betriebssystem). Programmiert wird in Bash, Python und JavaScript. Der Schwerpunkt liegt dabei auf Python, aber in allen Fällen fassen wir uns kurz. Nachdem das Notwendigste besprochen ist, wenden wir uns dann direkt den Projekten zu.

Dieses Buch beschreibt 45 spannende und interessante Projekte, vom Wechselblinklicht, einer Motorregelung und dem Erzeugen analoger Signale bis zu einem Webserver mit CGI und Client-Server Programmen. Sie können dieses Buch als Projektbuch verwenden und die Projekte nachbauen und in die Praxis umsetzen. Durch die deutliche Beschreibung mit den Schaltplänen und den Fotos gestaltet sich der Aufbau auf dem Steckbrett recht einfach. Wenn Sie die Projekte nicht in der hier vorgestellten Reihenfolge angehen möchten, ist es ratsam, in jedem Fall Kapitel 5.1 zu lesen. Hier finden sich wichtige Sicherheitshinweise.

Sie können dieses Buch auch als Lehrbuch verwenden. Bei jedem Projekt wird erklärt, warum es auf diese Art und Weise durchgeführt wird. Letztlich lernen Sie viel über den RPi und die verwendeten Bauteile und können so das Projekt selbst anpassen, nach eigenen Wünschen erweitern oder mehrere Projekte miteinander kombinieren.

Daneben ist das Buch auch als Nachschlagewerk verwendbar. Über den Index finden Sie bequem alle Projekte, die als Beispiel dienen können. Auch wenn Sie alle Projekte nachgebaut haben, wird dieses Buch noch lange einen Platz neben dem RPi haben.

Ich möchte die Gelegenheit nutzen und Bert Oudshoorn für seine Hilfe bei der Korrektur dieses Buches und das Testen der Projekte danken.

Bert van Dam

Viel Computer für wenig Geld...

...war der erste Gedanke im Lektorat, als uns dieses Buch vom Autor zum Verlegen angeboten wurde. Schnell war die Entscheidung gefallen, das Buch herauszugeben. Aber nicht ganz ohne Eigennutz, denn beim Lektorieren wollten wir auch selbst mit dem RPi arbeiten. Schnell waren die erforderlichen Komponenten beschafft.

Natürlich will man jetzt möglichst direkt den RPi-Desktop sehen, wozu glücklicherweise nur wenige Arbeitsschritte nötig sind:

1. Den Monitor betriebsbereit machen. Wir nutzten einen DVI-Monitor mit DVI-HDMI-Adapterkabel.
2. Die SD-Karte mit dem Betriebssystem in das Raspberry Ri-Board schieben.
3. Den HDMI-Stecker vom Monitor mit dem Raspberry Pi-Board verbinden und den Monitor einschalten.
4. Das Netzteil mit der Netzspannung verbinden und Mini-USB-Stecker mit dem Raspberry Pi.

Folgendes muss jetzt passieren:

1. Die Power-ON-LED leuchtet dauerhaft rot.
2. Die grüne Status-LED flackert unregelmäßig und auf dem Monitor laufen nach kurzer Zeit eine Menge Befehlszeilen durch.
3. Schließlich zeigt sich das Startbild mit der Himbeere (siehe Abbildung 21, Seite 40).

Das alles ist ein Zeichen dafür, dass die Hard- und Software bereit steht, um die im Buch beschriebenen Aktivitäten auszuführen. Zusammen mit den Experimenten ist das Buch der rote Faden für eigene Ideen, die jeder schon mal realisieren wollte, aber wegen der Kosten noch nicht realisiert hat. Und damit schließt sich der Kreis: Für relativ wenig Geld können fast alle Ideen und Wünsche umgesetzt werden.

Dazu wünsche ich Ihnen stellvertretend für das Lektorenteam vom Elektor-Verlag viel Spaß und viel Erfolg

Rolf Hähle

1. Was Sie benötigen

Sie brauchen natürlich einen RPi, aber das genügt noch nicht. Sie benötigen noch mindestens die folgenden Komponenten:

- Spannungsversorgung
- SD-Karte mit Betriebssystem
- Steckbrett
- Bauteile
- Software-Oszilloskop (optional)

Mehr Informationen über diese Komponenten finden Sie später in diesem Kapitel. Was Sie noch anschaffen müssen, hängt davon ab, wofür Sie den RPi einsetzen möchten.

1. Normale Anwendung, das bedeutet, dass Sie „hinter" dem RPi sitzen und ihn als eine Art PC benutzen möchten. Dann benötigen Sie noch zusätzlich:

   - Tastatur
   - Maus
   - Monitor
   - USB-Hub (optional)
   - Lautsprecher (optional)
   - Internetanschluss (optional)

2. Headless-Anwendung, das bedeutet, dass Sie den RPi von einem PC über das Intranet bedienen möchten. Sowohl der PC wie auch der RPi müssen dann an Ihren Router angeschlossen werden und auf Ihrem PC muss spezielle Software installiert sein (wie in Kapitel 3.2 besprochen). Sie benötigen dann zusätzlich:

   - Internetanschluss

3. Beides, sowohl *normal*, wie auch *headless*. Sie benötigen dann zusätzlich:

   - alles von Option 1 und Option 2.

Lesen Sie, bevor Sie etwas anschaffen, zunächst dieses Kapitel, so dass Sie die richtige Auswahl treffen können.

1.1 RPi

Sie benötigen natürlich einen RPi, vorzugsweise das Modell B. Dies ist das gängigerer Modell mit mehr Speicher und Möglichkeiten.[1] Der RPi wird normalerweise „nackt" geliefert, das heißt ohne Zubehör.

---

[1] Modell A ist günstiger, hat aber keinen Ethernetanschluß. Sie können zwar einen USB-WiFi-Adapter anschließen, aber angesichts dessen, dass es nur einen USB-Port gibt, können Sie nichts

1.2 SD-Karte

Der RPi verwendet keine Festplatte, sondern eine SD-Karte. Auf dieser Karte muss sich das Betriebssystem befinden und Platz für eigene Dateien sein. Sie können zu diesem Buch eine SD-Karte kaufen, die das komplette Betriebssystem enthält. Außerdem ist sämtliche Software, die Sie für dieses Buch benötigen, vorinstalliert, wie Treiber für Pinansteuerung, I^2C, SPI, PWM, Sound und serielle Kommunikation. Zudem befinden sich alle Quellcodes aus diesem Buch auf der Karte, so dass Sie nichts abtippen müssen. Es handelt sich um eine schnelle 4 GB Klasse 4 Karte, die für alle Projekte in diesem Buch mehr als ausreicht.

In Kapitel 3.2.1 wird erklärt, wie Sie von dieser Karte ein Backup anlegen können. So können Sie immer zum Original zurückkehren, wenn etwas falsch gelaufen ist.

1.3 Tastatur

Sie benötigen eine Tastatur mit USB-Anschluss. Eine Version mit Kabel beugt Treiberproblemen vor. Wenn Sie mehr Erfahrung mit dem RPi haben, können Sie auch jederzeit zu einer kabellosen Variante wechseln, wenn Ihnen das lieber ist.

1.4 Maus

Sie benötigen eine Maus mit USB-Anschluss. Eine Version mit Kabel beugt Treiberproblemen vor. Wenn Sie mehr Erfahrung mit dem RPi haben, können Sie auch jederzeit zu einer kabellosen Variante wechseln, wenn Ihnen das lieber ist.

1.5 Monitor

Option 1: HDMI

Standardmäßig hat der RPi einen HDMI-Anschluss für einen Monitor. Wenn Sie einen solchen Monitor haben, ist das die einfachste Lösung. Außer dem Monitor benötigen Sie nur noch ein HDMI-Kabel. Sie müssen den Monitor nur einschalten, warten, bis er „kein HDMI Signal“ oder ähnliches anzeigt und dann den RPi starten. Müssen Sie noch einen HDMI-Monitor anschaffen, kontrollieren Sie vorher, ob er mit dem RPi funktioniert. Oft können Sie auch einen HDMI-LCD-Fernseher als Monitor verwenden.[2]

---

anderes anschließen (viele WiFi-Adapter funktionieren nicht an einem Hub). Modell A ist also vor allem dann sinnvoll, wenn Sie kein Internet benötigen oder gerade den RPi nur über das Internet, also nicht über Maus und Tastatur bedienen möchten.

[2] Viele HDMI-Monitore oder TVs funktionieren sofort, aber es kann auch sein, dass Sie Einstellungen in der *config.txt* ändern müssen. Was dort drin stehen muss, können Sie hier nachlesen: „http://elinux.org/RPiconfig“. Wenn der Monitor nicht funktioniert, können Sie natürlich auch nichts eingeben, da Sie nicht sehen können, was passiert. Wir müssen also zunächst auf andere Weise Zugang zum RPi erhalten, dafür verwenden wir das Intranet. Schließen Sie den RPi an Ihrem Router an, wie in Kapitel 1.6 besprochen. Installieren Sie auf

Option 2: Analoges TV

Es gibt auch die Möglichkeit ein analoges TV zu verwenden. Sie brauchen in diesem Fall ein Zusatzkabel (gelber Stecker). Es gibt keinen gemeinsamen Anschluss für den Ton, daher müssen Sie zusätzlich Lautsprecher anschließen. Der Nachteil eines analogen Fernsehers ist die niedrige Auflösung, die ein unscharfes Bild verursacht. Ein anderer Nachteil ist, das große Fenster nicht passen. In den meisten Fällen können Sie die Fenster einfach verkleinern, das gilt aber beispielweise nicht für die Einstellungen von IdleX (dem Python-Editor) und die WiFi-Einstellungen. In der Praxis ist ein analoger Fernseher nicht praktisch, wenn Sie programmieren möchten.

Option 3: HDMI-VGA-Adapter

Abbildung 1. Links der Ligawo-Konverter, rechts der Edimax-WiFi-Adapter.

Wenn Sie noch einen alten VGA-Monitor besitzen, können Sie diesen verwenden. Sie müssen sich dann einen HDMI-nach-VGA-Konverter anschaffen. Dies muss ein echter Konverter mit eigener Spannungsversorgung sein. Sie finden im Internet manchmal den Rat, ein einfaches Adapterkabel ohne eigene Spannungsversorgung zu verwenden. Das kann gut gehen, aber der Konverterchip in diesem Kabel wird in diesem Fall vom RPi versorgt und dem haben die Entwickler nicht Rechnung getragen. Mit etwas Glück brennen Sie nur die Schutzdiode durch (manchmal erst etwas später). Sie müssen diese dann durch eine neue ersetzen. Mit etwas Pech wird aber der komplette RPi zerstört.

Ein möglicher Konverter ist der „HDMI zu VGA Konverter digital zu analog – HDCP, 1080p, 1:1, DAC“ der Firma Ligawo, erhältlich bei Amazon.[3] Sie schließen den VGA-Monitor mit einem normalen VGA-Kabel an den Konverter an, der wiederum mit einem

Ihrem PC *Putty*, wie in Kapitel 3.2.3 beschrieben. Melden Sie sich nun mit *Putty* an und geben den Befehl „sudo nano /boot/config.txt“ ein. Tragen Sie nun die nötigen Parameter ein, die Sie auf der zuvor genannten Webseite gefunden haben. Speichern Sie die Datei durch Drücken von „Strg“ und „x“. Tippen Sie dann „y“ gefolgt von der Eingabetaste. Der Editor wird nun beendet. Geben Sie „sudo reboot“ ein, um den RPi neu zu starten. Achten Sie darauf, dass der Monitor eingeschaltet ist, bevor der RPI startet.

[3] Amazon.de meist die beste Wahl.

HDMI-Kabel mit dem RPi verbunden wird (und mit seiner Spannungsversorgung).[4] Sie müssen zunächst Monitor und Konverter einschalten und etwas warten (etwa 5 Sekunden) und dann den RPi einschalten. Wenn Sie alles gleichzeitig einschalten, erhalten Sie kein Bild.[5]

Mit diesem Konverter erhalten Sie auch einen besseren Ton als mit dem Stecker am RPi, aber dazu müssen Sie erst eine Einstellung ändern. Führen Sie folgende Schritte durch:

1. Öffnen Sie LXterminal (über das Icon auf dem Desktop).
2. Geben Sie folgenden Befehl ein:
   ```
   sudo nano /boot/config.txt
   ```
3. Scrollen Sie nun mit den Pfeiltasten herunter, bis Sie diese Zeile finden:
   ```
   #hdmi_drive=2
   ```
4. Ändern Sie diese Zeile in (löschen Sie also die Raute davor):
   ```
   hdmi_drive=2
   ```
5. Drücken Sie nun *Strg-O* (drücken Sie *Strg* und dann kurz auf den Buchstaben *o*, lassen Sie dann *Strg* wieder los), um die Datei zu speichern, bestätigen Sie mit Eingabe.
6. Drücken Sie danach *Strg-X*, um *nano* zu schließen. *Nano* wird nun beendet, LXterminal bleibt aber geöffnet.
7. Geben Sie nun folgenden Befehl ein:
   ```
   sudo reboot
   ```
8. Der RPi startet neu, womit die Änderungen ausgeführt werden. Wir kommen auf das Erzeugen von Tönen in Kapitel 5.10 zurück, wo Sie auch lernen, wie Sie zwischen HDMI und dem Stecker am RPi umschalten können[6]

---

[4] Achtung: Sie müssen ein VGA-Kabel verwenden, bei dem alle 15 Pins belegt sind. In manchen Steckern fehlt Pin 9 (manchmal auch 11, 12 und 15). Wenn nicht alle Pins angeschlossen sind, ist die Wahrscheinlichkeit groß, dass Sie kein Bild und/oder keinen Ton erhalten.

[5] Dieser Konverter wurde mit folgenden VGA-Monitoren getestet: Samsung SyncMaster E1920 (1280x1024, 19"), Samsung SyncMaster LS22B150 (1920x1080, 22"), Sima/Medion MD7315TB (1024x768, 15") und Philips 150 S4 (1024x768, 15"). Damit bringt er ein perfektes Bild. Dafür sind keine besonderen Einstellungen nötig, die Monitore funktionieren „von selbst". Das ist aber keine Garantie, dass es mit Ihrem Monitor auch „von selbst" geht.

[6] Es gibt einige VGA-Monitore, bei denen es nicht funktioniert, den Ton über den HDMI-VGA Konverter zu erhalten. In diesem Fall bleibt nichts anderes übrig, als den Stecker am RPi zu verwenden.

1.6 Internetanschluss

Es ist nicht notwendig, den RPi an das Internet anzuschließen. Wenn Sie aber das Webserver- und Client-Server-Projekt umsetzen möchten, geht es natürlich nicht ohne. Natürlich benötigen Sie auch einen Internetanschluss, wenn Sie „headless“ arbeiten möchten. Mit einem Internetanschluss meinen wir in diesem Zusammenhang einen Anschluss an Ihren Router.

Option 1: Mit einem Kabel

Die einfachste Art ist ein Netzwerkkabel. Stecken Sie das Kabel in den RPi und den Router, **bevor** Sie den RPi einschalten, dann wird die Verbindung automatisch erkannt und aktiviert.

Option 2: drahtlos (WiFi)

Sie können auch eine drahtlose WiFi-Verbindung herstellen. Dann benötigen Sie einen USB-WiFi-Adapter. Empfohlen sei hier der „Edimax EW7811Un“ des Herstellers Edimax (siehe vorherige Abbildung). Stecken Sie diesen WiFi-Adapter in einen USB-Port des RPi **bevor** Sie diesen anschalten. Starten Sie nach dem Booten des RPi das WiFi-Config-Programm auf dem Desktop. Gehen Sie zu „Manage Networks“, klicken Sie auf *Add* und geben Sie die Daten Ihres WiFi-Netzwerkes ein. Klicken Sie danach auf *Enable* und dann *Save*. Gehen Sie zu „Current Status“ und klicken Sie auf *Connect*. Sie erkennen hier sofort die hergestellte Verbindung und auch die vom Router zugewiesene IP-Adresse. Sie können das WiFi-Config-Programm nun schließen. Ab jetzt wird die WiFi-Verbindung automatisch hergestellt, wenn Sie den RPi mit angeschlossenem WiFi-Adapter starten.

1.7 Spannungsversorgung

Die Spannungsversorgung muss exakt auf 5 Volt stabilisiert sein und einen Strom von 1 A liefern. Sie können den RPi daher nicht über den USB-Anschluss Ihres PCs versorgen, denn der liefert nur 500 mA. Wenn Sie nichts an den RPi anschließen und ihn nicht zu sehr beschäftigen, läuft es eventuell noch, aber unerwartete Resets werden Sie schnell ärgern, da die Spannung zusammenbricht (sogenannte brown-out Resets). Wenn die USB-Ports Ihres PCs nicht gut gegen Überlast geschützt sind, können Sie auch ihn selbst beschädigen. Eine getrennte 1 A Spannungsversorgung ist daher sinnvoll. Eine gute Wahl ist das „5 Watt USB Plug & Go Power Supply“ der Firma Stontronics.

1.8 USB-Hub

Der RPi hat zwei USB-Anschlüsse und die sind belegt, wenn Sie Maus und Tastatur anschließen. Möchten Sie auch noch andere Dinge anschließen, benötigen Sie einen USB-Hub. Nehmen Sie einen Hub mit eigener Spannungsversorgung, damit der RPi nicht zu sehr belastet wird. Einen USB-WiFi-Adapter können Sie üblicherweise nicht an einem Hub betreiben.

1.9 Lautsprecher (oder Kopfhörer)

Sie können am RPi Kopfhörer anschließen oder ein Lautsprecherset, wie sie für PCs verkauft werden. Im letzteren Fall sind solche mit eigener Spannungsversorgung angeraten, da es eine weniger gute Idee ist, die Lautsprecher über USB aus dem RPi zu versorgen. Der RPi hat nicht viel Strom „übrig". Wenn Sie einen HDMI-VGA Konverter verwenden, schließen Sie die Kopfhörer oder Lautsprecher am besten am Konverter an. Der Klang ist besser, als am RPi Stecker. Sehen Sie Kapitel 1.5 für weitere Informationen.
Wenn Sie einen HDMI-Monitor verwenden, können Sie über diesen auch Töne wiedergeben und benötigen keine extra Lautsprecher.

1.10 Steckbrett

Bei allen Projekten verwenden wir ein Steckbrett. Sie können damit schnell und ohne zu löten Schaltungen auf- und wieder abbauen.
Das Steckbrett besteht aus zwei Abschnitten mit Versorgungsleisten und einer großen Mittelfläche. Die Löcher in der Mittelfläche sind pro nummerierter Spalte vertikal miteinander bis zum Mittelsteg verbunden. Die Versorgungsleisten sind horizontal miteinander verbunden mit einer Unterbrechung in der Mitte.

Zunächst werden wir das Steckbrett für den Gebrauch vorbereiten. Dabei verbinden wir auch die vier doppelten Teile der Spannungsleisten. Außerdem platzieren wir in jeder Ecke des Steckbretts einen 100 nF Kondensator, um Störungen auf den Versorgungsleisten vorzubeugen. Ohne diese Kondensatoren werden einige Projekte nicht (gut) funktionieren. Abbildung 2 zeigt, wie das Steckbrett aussehen sollte.[7]

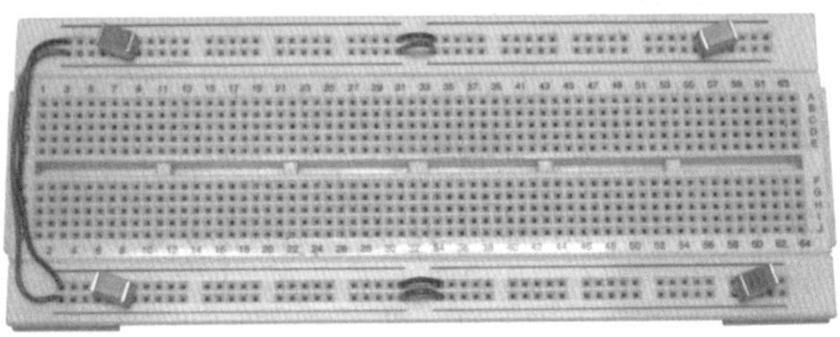

Abbildung 2. Steckbrett mit Drahtbrücken und Kondensatoren.

Immer wenn Sie das Steckbrett verwenden, muss zunächst dieser Aufbau vorbereitet werden, auch wenn das nicht explizit angemerkt wird. Andernfalls sind Sie nicht der

[7] Die Kondensatoren können auch anders aussehen. Sie sind mit „µ1" oder „104" gekennzeichnet. Es ist nicht das in den Abbildungen gezeigte Steckbrett zwingend erforderlich. Die Experimente lassen sich auch auf jeden anderen Steckbretttyp aufbauen – entsprechende Anpassungen natürlich vorausgesetzt.

Erste, der sich fragt, warum der Aufbau nicht funktioniert, bis Sie dann merken, dass ein Schaltungsteil einfach keine Spannung erhält.

Wenn Sie eine Schaltung in die Praxis überführen und beispielsweise eine Platine daraus machen möchten, denken Sie daran, ausreichend Kondensatoren zu verwenden. Das Beste ist es, bei jedem IC einen Kondensator von 100 nF über die Versorgungsspannung anzubringen und zwar so dicht wie möglich am IC selbst.

Eventuelle Kondensatoren, die explizit in der Schaltung angegeben sind, müssen natürlich auch aufgenommen und platziert werden.

1.11 Bauteile

Abhängig davon, was Sie bauen möchten, benötigen Sie natürlich noch elektronische Bauteile. Fragen Sie nach Bauteilen, die in ein Steckbrett oder eine Lochrasterplatine passen. Manche Bauteile haben Anschlussdrähte, die zu dick für das Steckbrett sind. Versuchen Sie nicht, diese mit Gewalt in das Steckbrett zu platzieren, da die Steckbrett-Kontakte dauerhaft beschädigt werden können. Löten Sie hier dünnere Drähte an.

Die Anzahl der Bauteile, die Sie für dieses Buch benötigen, ist gering. Sie können bei Elektor ein Bauteileset bestellen oder die Bauteileübersicht im Anhang als Einkaufsliste verwenden. Beachten Sie, dass der GPIO-Anschluss des RPi aus hochstehenden Pins besteht, so dass Sie einpolige *male-female-Verbinder* benötigen. Diese finden sich auch im Bauteileset.

1.12 Software-Oszilloskop

Wenn Sie beispielsweise mit PWM arbeiten, kann ein Oszilloskop sehr nützlich sein. Das muss kein teures Gerät sein. Ein einfaches Programm, das auf einem PC läuft, ist für die Projekte in diesem Buch mehr als ausreichend. Das Programm braucht nicht installiert zu werden, es kann auf dem Computer von einem Speicherstick aus gestartet werden.

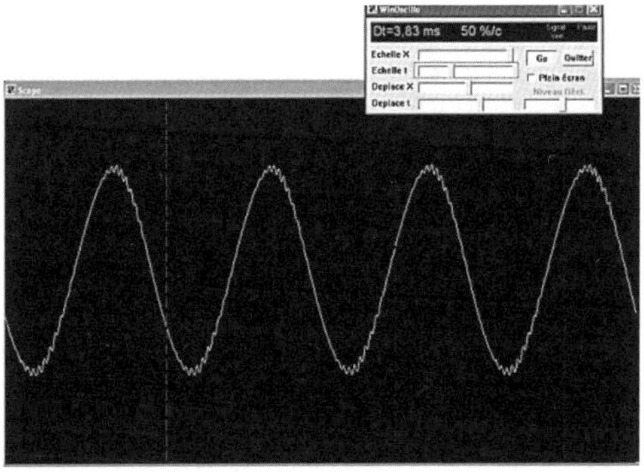

Abbildung 3. Software-Oszilloskop WinOscillo.

Das Software-Oszilloskop „WinOscillo“ verwendet die Soundkarte des PCs um Signale darzustellen – allerdings gibt es dadurch einige Einschränkungen. So müssen Sie ein Interface bauen (Abb. 4), das zwischen Testschaltung und den PC platziert wird, um die Soundkarte zu schützen.

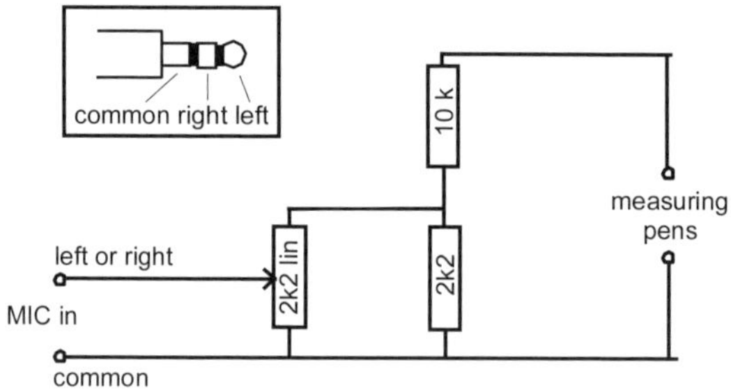

Abbildung 4. Interface für den Mic- oder Lin-Eingang der PC-Soundkarte.

Die Schaltung in der obenstehenden Abbildung begrenzt die Spannung am Mikrofon- oder Line-Eingang des PCs auf weniger als 0,9 Volt. Achten Sie darauf, dass Sie die Masse im Mikrofonstecker auch wirklich an Masse anschließen. Achten Sie auch darauf, dass Sie bei Verwendung dieses Interfaces die Masse an die Masse Ihrer Schaltung anschließen und den anderen Draht als Messanschluss verwenden. Dazu ist es praktisch für die Masse einen schwarzen Draht und für den Messanschluss einen roten Draht zu verwenden, um so Verwechselungen zu vermeiden. Im Inneren des PCs sind alle Massen (Mikrofon, RS232, USB etc.) miteinander verbunden. Schließen Sie also einen Draht verkehrt an, dann erzeugen Sie einen Kurzschluss und das kann Sie eine Sicherung oder Schlimmeres kosten.

Zusätzlich müssen Sie im Windows-Mixer den Mikrofonanschluss auf Maximum stellen. Eventuelle Rauschunterdrückung und andere Optionen müssen ausgeschaltet werden.

Danach kann WinOscillo eine Aufnahme des Signals machen und Abbildungen davon erzeugen, die sie speichern können. In diesem Buch machen wir davon regelmäßig Gebrauch.

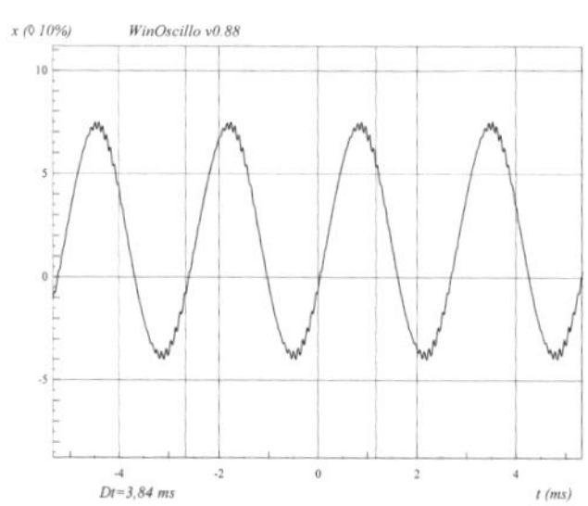

Abbildung 5. WinOscillo, abgespeichertes Bild mit Messlinien und Intervall.

Die Bedienung ist leider auf Französisch. Im Folgenden finden Sie einige Übersetzungen für die wichtigsten Befehle. In der Praxis benötigen Sie nur ein paar davon und die sind leicht zu merken.

Befehl	Bedeutung
F2	Wähle Oszilloskop...
F3	... oder Spektrum.
alt-enter	Vollbild (Bedienung bleibt im Vordergrund).
Strg-S	Signal abspeichern (mit Anhang .wav, oder .csv für Excel).
Strg-L	Signal laden (Erst pausieren, sonst dauert es sehr lang!).
Strg-M	Bild als .wmf speichern.
Strg-V	Vertikale Cursor-Linie.
Strg-H	Horizontale Cursor-Linie.
Strg-W	Zwischen den beiden wechseln (Wenn beide da sind).
Strg-G	Tongenerator (Level mit dezimalem Komma eingeben).

Auch die Darstellung ist auf Französisch. Die Übersetzung der wichtigsten Worte folgt in der nächsten Tabelle.

Text	Bedeutung
echelle	Skalierung.
deplace	Versatz.
niveau decl.	Trigger Level (wenn eingestellt).
Dt	Horizontale Zeit.
%/c	Prozentualer Anteil vom Maximum eines Blockes.

Von den zwei Cursorlinien können Sie die gestreifte mit der linken Maustaste verschieben und die gepunktete mit der rechten Maustaste. Sie springen zum Mauszeiger. Also können Sie erst den Punkt exakt auswählen und dann die Maustaste drücken. Welche Linien aktiv sind, steht im Fenster (Hor. oder Vert.).

Da WinOscillo die Soundkarte verwendet, ist der Frequenzbereich sehr begrenzt: von etwa 20 Hz bis 20 kHz. Aber der Preis lässt über vieles hinwegsehen (das Programm ist gratis). Das Programm ist Teil des Downloadpaketes zum Buch.

2. Eine kurze Tour rund um den RPi

Wenn Sie den RPi mit der SD-Karte, die Sie zu diesem Buch kaufen können, einschalten, landen Sie direkt in der grafischen Benutzerumgebung. Dies ist die LXDE-Version von *Xwindows*, die Linuxversion von *Windows*, so wie Sie es auf dem PC gewöhnt sind.

Abbildung 6. Xwindows auf dem RPi.

Oben befindet sich die Taskleiste und auf dem Desktop finden sich einige Programm-icons.[8] Sie können diese Programme durch einen Doppelklick auf das Icon starten. Der Ort der Icons und das Format des Hintergrunds sind abhängig von der Auflösung Ihres Monitors.

In der Taskleiste befinden sich kleine Icons. Links ist ein Vogel, das ist das LXDE-Menü. Von hieraus haben Sie Zugang zu Programmen, die nicht auf dem Desktop liegen. Daneben befindet sich der Dateimanager, die Linuxversion des Explorers. Das folgende Icon gehört zum Webbrowser *Midori*, wir kommen gleich darauf zurück. Daneben liegt ein Knöpfchen, mit dem alle geöffneten Programme auf einmal in die Taskleiste verkleinert werden können. Und zuletzt zwei Knöpfe, um zwischen Desktop 1 und Desktop 2 zu wählen.

In der rechten Hälfte der Leiste finden Sie ein Fensterchen, das angibt, wie beschäftigt der RPi ist. Wenn Sie auf ein Icon doppelklicken, sehen Sie sofort, wie die Belastung

[8] Normalerweise ist die Taskleiste unten auf dem Bildschirm, warum Sie hier nun oben ist, besprechen wir in Kapitel 3.2.4. Klicken Sie mit der rechten Maustaste irgendwo in die Leiste, um das Konfigurationsmenü aufzurufen, womit Sie die Leiste nach Ihren Wünschen ändern und verschieben können.

ansteigt. Wenn Ihnen eine Ausführung zu lange erscheint, können Sie dort sehen, woran das liegt. Daneben befindet sich die Zeit, ein Icon, um das Fenster zu schließen und ein Stoppknopf, mit dem Sie den RPi herunterfahren können.

Sie können den RPi auch ausschalten, indem Sie den Stecker herausziehen, aber das ist nicht sehr sinnvoll. Meistens wird sich Linux gut wiederherstellen, wenn Sie den Stecker ziehen, aber eben nicht immer. Haben Sie doch einmal den Stecker gezogen und der RPi startet nicht mehr, können Sie das Backup zurückspielen, wie in Kapitel 3.2.1 besprochen. Arbeiten, die nach dem Backup ausgeführt wurden, sind nun natürlich verloren und müssen erneut vorgenommen werden.[9]

Der RPi ist voller nützlicher Software, von denen wir *Python*, *IdleX* und *LXterminal* häufig verwenden. Auf dem Desktop befinden sich die folgenden Programme.

2.1 LXterminal

Hiermit öffnen Sie die Linux-Befehlszeile. Sie können so direkt Befehle eingeben, ohne *Xwindows* zu verwenden. In diesem Buch sind solche Befehle durch eine andere Schriftart erkennbar. Starten Sie *LXterminal* und geben Sie den folgenden Befehl ein:

```
ls
```

Sie erhalten nun eine Liste aller Dateien und Verzeichnisse, die sich im root-Verzeichnis befinden. Sie können mit den Pfeiltasten „rauf“ und „runter“ durch die Befehle scrollen, die Sie in derselben Sitzung eingegeben haben. Wir kommen darauf in Kapitel 4.1 zurück. Geben Sie den folgenden Befehl ein:

```
exit
```

Das Terminal schließt sich wieder. Sie können mehrere LXterminals verwenden. Das ist sehr praktisch, wenn Sie beispielsweise in einem LXterminal ein Programm laufen lassen und in einem anderen Befehle eingeben möchten.

2.2 LXterminal – Scrot

Scrot ist ein Programm, mit dem Sie Bildschirmfotos machen können. In LXterminal können Sie mit dem folgenden Befehl ein Foto mit dem Namen meinfoto.bmp machen:

```
scrot meinfoto.bmp
```

[9] Sie können den RPi auch über das Terminal mit dem Befehl „sudo shutdown -h now“ ausschalten.

Das Foto befindet sich in dem Verzeichnis, in dem Sie den Befehl eingeben. Sie können auch ein Foto nach fünf Sekunden erstellen:

```
scrot -d 5 meinfoto.bmp
```

Möchten Sie nicht den ganzen Bildschirm haben, können Sie auch einen Teil mit der Maus auswählen. Sie geben zuerst den Befehl, wählen dann den Bereich mit der Maus und das Foto wird gemacht, sobald Sie den Mausknopf loslassen:

```
scrot meinfoto.bmp -s
```

Sie können LXterminal wieder mit dem Befehl `exit` schließen.

2.3 LXterminal - Nano

Nano ist ein kleiner schneller Editor, der ohne Maus bedient wird. Sie können das Programm starten, indem Sie im Terminal *nano* eingeben und mit Enter bestätigen.

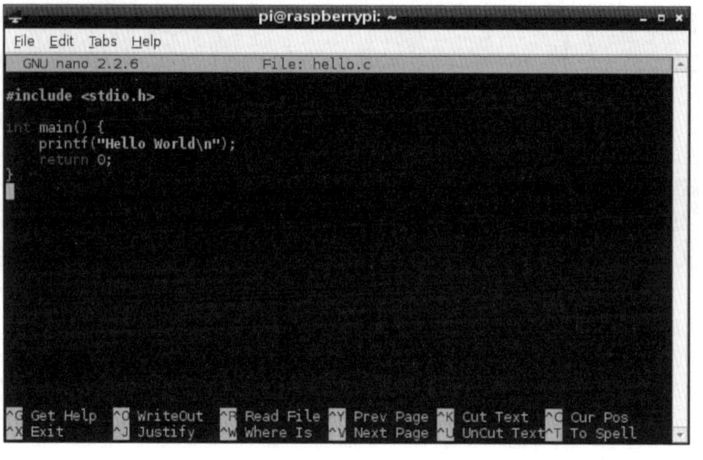

Abbildung 7. Nano, mit einem C-Programm.

Die Bedienung erfolgt über die Strg-Taste, die Sie zusammen mit anderen Buchstaben drücken müssen. Strg-O bedeutet beispielsweise, dass Sie die Strg-Taste drücken, kurz auf die O-Taste tippen und dann die Strg-Taste wieder loslassen. Mit den Bildauf- und Bildab-Tasten können Sie durch den Text blättern, wenn dieser nicht vollständig zu sehen ist. Sie können NICHT mit der Maus scrollen, damit scrollen Sie LXterminal, jedoch nicht Nano!

Strg-O	Speichere die Datei (eventuell Y eingeben, um eine Datei zu überschreiben) gefolgt von Enter.
Strg-X	Programm beenden.
Strg-G	Hilfe anzeigen (verlassen mit Strg-X).
Strg-K	Zeile ausschneiden.
Strg-U	Zeile einfügen.

Wir verwenden *Nano* in diesem Buch vor Allen, um Systemdateien anzupassen, Sie können damit aber auch programmieren. Für *Python* ist das nicht sehr praktisch, da *IdleX* hierfür bessere Möglichkeiten bietet, für *C* ist es aber recht praktisch. Den Evergreen „*Hallo Welt*", können Sie beispielsweise in *C* so schreiben:

1. Starten Sie LXterminal und geben Sie Folgendes ein:

   ```
   nano hallo.c
   ```

   Nano wird nun mit dem (leeren) Programm hallo.c gestartet.

2. Geben Sie folgendes C-Programm ein:

   ```
   #include <stdio.h>

   int main() {
       printf("Hallo Welt\n");
       return 0;
   }
   ```

3. Speichern Sie das Programm mit Strg-O gefolgt von Enter und schließen Sie Nano mit Strg-X.

4. Kompilieren Sie das Programm mit:

   ```
   gcc -o hallo hallo.c
   ```

   Es scheint nichts zu passieren, warten Sie, bis der Prompt wieder erscheint.

5. Geben Sie `./hallo` ein, um das neue Programm auszuführen. Auf dem Bildschirm erscheint nun der Text „Hallo Welt".

Sie können *LXterminal* wieder mit dem Befehl *exit* schließen. Übrigens verwenden wir in diesem Buch kein *C* sondern *Python*, Sie sehen aber, dass es möglich ist, *C* auf dem RPi zu verwenden.

2.4 IdleX

Dies ist der Python-Editor und die dazugehörige Programmierumgebung. Die Standardentwicklungsumgebung für *Python* ist *Idle*. Dieses Programm hält sich allerdings nicht an die Windowskonvention, dass mit der rechten Maustaste ein Menü mit *Copy/Paste* aufgerufen werden kann. Das ist wirklich unpraktisch. Daher verwenden wir eine angepasste Version, die das kann: *IdleX*. Wenn Sie *Idle* starten, wird tatsächlich *IdleX* gestartet. Wir kommen darauf in Kapitel 4.3 zurück.

2.5 Debian Reference

Die Linux-Version, die auf dem RPi läuft, heißt *Debian*. Mit diesem Programm können Sie die englische Dokumentation zu *Debian* lesen. Wählen Sie nach dem Start des Programms HTML und Sie können nach Ihrem Wunsch durch die Seiten blättern. Alle Seiten befinden sich auf dem RPi, Sie benötigen also keine Internetverbindung.

2.6 Midori

Dies ist ein Webbrowser, mit dem Sie im Internet surfen können. Der Webbrowser startet das erste Mal mit einer Hilfsseite, die einige praktische Tipps und Hinweise enthält z. B. zu privatem Surfen. Danach startet *Midori* immer mit der Seite, die Sie bei der letzten Sitzung geöffnet hatten.

Das Menü befindet sich hinter dem Icon rechts oben im Fenster. Sie können dort die Hilfsseite unter „*Frequent Questions*" wiederfinden

Im linken Textfeld können Sie die URL der gewünschten Webseite eingeben, im rechten Textfeld Suchbegriffe.

Midori versteht kein Flash, also können Sie keine Videos bei YouTube sehen. Optional können Sie *gnash* installieren (eine Opensource-Variante von Flash), aber die Geschwindigkeit ist zu niedrig, um brauchbar zu sein.

2.7 WiFi config

Hiermit können Sie WiFi-Verbindungen einstellen und verwalten. In Abschnitt 1.6 wird beschrieben, wie Sie mit diesem Programm eine WiFi-Verbindung erstellen können. Natürlich geht das nur, wenn Sie einen WiFi-Adapter an den RPi angeschlossen haben.

2.8 Scratch

Mit diesem Programm können Sie auf einfache Weise Spiele generieren. Das Programm ist vor allem für Kinder gedacht und verwendet eine einfache grafische Programmiersprache. Trotz der Einfachheit können überraschend schöne Spiele damit erstellt werden. Falls Sie noch eine „kindliche Ader“ besitzen oder selbst Kinder haben, dann ist das sicher ein interessantes Programm, um sich damit zu beschäftigen. Als Erwachsener können Sie damit übrigens auch hübsche Animationen erstellen. Schauen Sie sich mal Daydream von Cremeglace an, dass Sie über „File → Open → Animations → Daydream“ öffnen können. Nach dem Laden können Sie die Animation mit der grünen Taste rechts oben starten.[10]

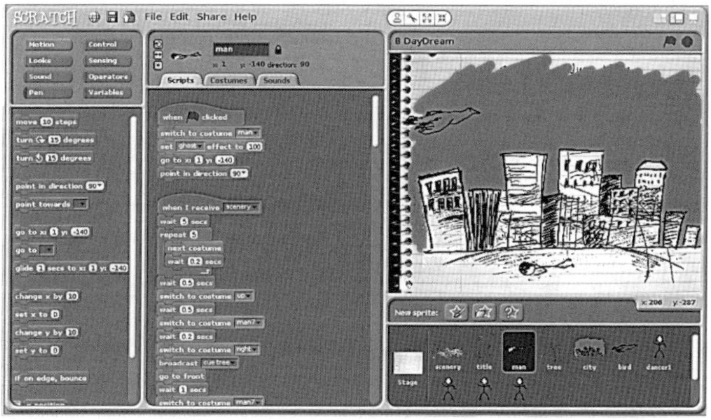

Abbildung 8. Daydream von Cremeglace in Scratch.

2.9 Accessories – Leafpad

Über das Menü (zu erreichen über das Vögelchen links in der Taskleiste) erhalten Sie Zugriff auf noch viel mehr Programme und Werkzeuge, von denen wir hier ein paar besprechen. Vor dem Namen des Programms steht das Untermenü, das Sie wählen müssen, um das Programm zu erreichen. *Leafpad* befindet sich also im Menü „Accessories“.

Leafpad ist ein einfacher grafischer Editor, mit dem Sie Dateien erstellen und anpassen können. Das ist vor allem praktisch, wenn Sie in „Bash“ oder „C“ programmieren und einen grafischen Editor gewöhnt sind.

[10] Sie können *Scratch* übrigens auch für Ihrem Windows-PC von der Webseite des Herstellers herunterladen: scratch.mit.edu. Dort finden Sie auch mehr (englische) Informationen über das Programm.

2.10 Accessories – File Manager

Sie können dieses Programm als eine einfache Version des Windows-Explorer sehen. Sie können grafisch durch Verzeichnisse blättern, Dateien öffnen und starten. Mit der rechten Maustaste erhalten Sie Zugang zu einem kleinen Menü mit Eigenschaften. Sie können hier die Rechte (Permissions) der Dateien anpassen. Wir kommen darauf in Kapitel 4.1 zurück.

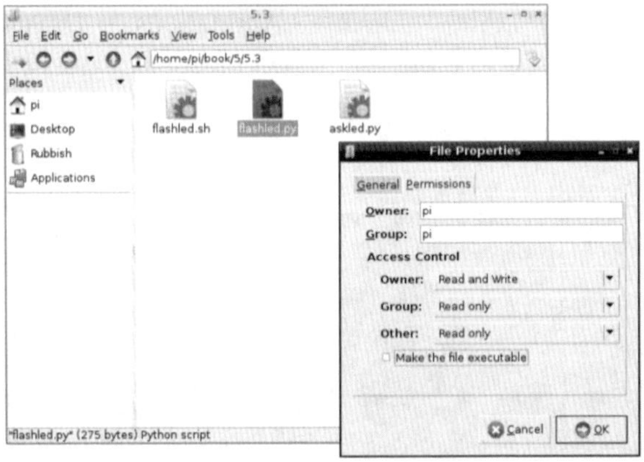

Abbildung 9. Der File Manager, mit geöffnetem Permissions Fenster.

2.11 System Tools – Task Manager

Hier können Sie sehen, welche Programme laufen, wie die Prozessorauslastung ist und wie viel Speicher noch frei ist. Optional können Sie hier Programm manuell beenden, wenn das auf andere Art nicht mehr möglich ist. Natürlich nur, wenn Sie wissen, was Sie tun! Das Beenden von Programmen kann unangenehme Folgen haben.

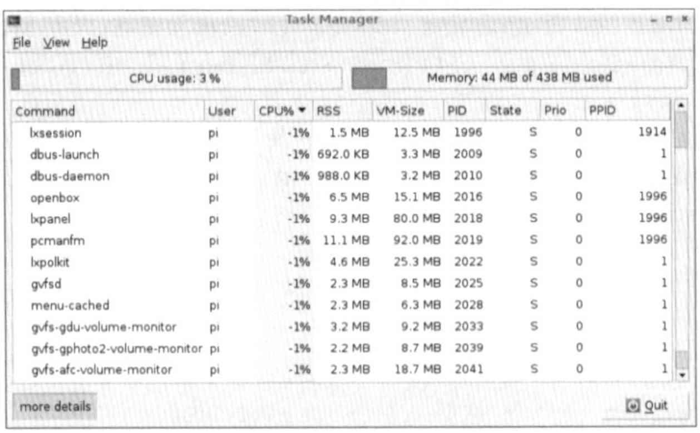

Abbildung 10. Task Manager.

3. Installation der Software

3.1 RPi

Die RPi-Software ist schon auf der SD-Karte installiert, die Sie zu diesem Buch kaufen können. Sie müssen also keine Software installieren. Allerdings ist es sinnvoll ein Backup der SD-Karte anzulegen, bevor Sie den RPi verwenden. So können Sie immer wieder den Originalzustand herstellen, wenn etwas „schief geht". Dazu können Sie den *Disk Imager* verwenden. Wie das funktioniert, erklären wir in Kapitel 3.2.1.

3.1.1 Tastatur

Die SD-Karte unterstützt eine Tastatur, wie sie in Abbildung 11 dargestellt ist. Über der Ziffer „2" befindet sich der Klammeraffe „@" und über dem Schrägstrich „/" befindet sich das Fragezeichen „?".

Abbildung 11. Tastatur „101 keys USA International".

Falls Sie eine andere Tastatur verwenden, können Sie dies einfach ändern. Starten Sie den RPi, doppelklicken Sie auf *LXterminal* und geben nun den folgenden Befehl ein:

```
sudo raspi-config
```

Wählen Sie „*Set Keyboard Layout*" und folgen den Anweisungen auf dem Bildschirm, um die richtige Tastatur auszuwählen. Sie können übrigens nicht unbedingt davon ausgehen, dass Sie eine deutsche Tastatur haben. Die Tastatur in der obigen Abbildung wird auch in Europa viel verkauft, ist aber vom Typ „101 keys USA International". Falls Sie sich nicht sicher sind, welchen Tastaturtyp Sie verwenden, vergleichen Sie ihre Tastatur am besten auf englischer Seite von Wikipedia unter dem Suchbegriff „keyboard layout" und öffnen dann den ersten Treffer.

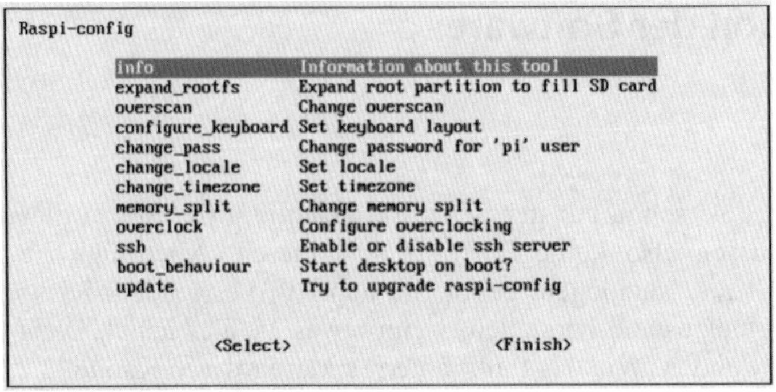

Abbildung 12. Bildschirm von raspi-config.

Haben Sie eine Tastatur gewählt und möchten die Auswahl überprüfen, müssen Sie einige Sonderzeichen eingeben, beispielsweise @ / ? #. Erscheinen diese korrekt, haben Sie die richtige Belegung gewählt (oder zumindest eine ausreichend ähnliche). Stimmen die Zeichen nicht, starten Sie das Programm erneut und treffen eine andere Wahl.

3.1.2 Größere SD-Karte

Mit demselben Programm können Sie das Dateisystem vergrößern. Das ist wichtig, wenn Sie eine größere SD-Karte gekauft haben, denn anders können Sie den zusätzlichen Speicherplatz nicht verwenden. So wechseln Sie auf eine größere SD-Karte:

1. Erstellen Sie ein Backup der alten SD-Karte.
2. Speichern Sie dieses Backup auf der neuen SD-Karte.
3. Starten Sie den RPi mit dieser Karte.
4. Starten Sie LXterminal und geben Sie ein: `sudo raspi-config`
5. Wählen Sie die Option „*Expand root partition to fill SD card*".
6. Starten Sie den RPi neu.

Achtung: Sie können das Dateisystem vergrößern, aber nicht verkleinern, also ist dieser Vorgang unumkehrbar!

3.1.3 Andere Speicheraufteilung (memory split)

Eine andere, wichtige Einstellung in *raspi-config* ist „*Change memory split*". Der RPi enthält zwei Prozessoren. Einen für Berechnungen und einen für die Grafik. Sie können hier eine (andere) Aufteilung einstellen. Dies kann wichtig sein, wenn Sie viele oder auch sehr wenig grafische Anwendungen wie Videos oder Spiele benutzen. Sie müssen den RPi neu starten, um die Änderungen durchzuführen. Sie können diese Einstellung nach Belieben anpassen, so oft Sie möchten.

3.1.4 IP-Adresse

Um die Webserver- und Client-Server-Projekte in diesem Buch durchführen zu können, benötigen Sie minimal einen RPi und einen PC, die beide mit einem Router verbunden sind. Wenn Sie das nicht haben (oder möchten), können Sie zu Abschnitt 3.2 springen.

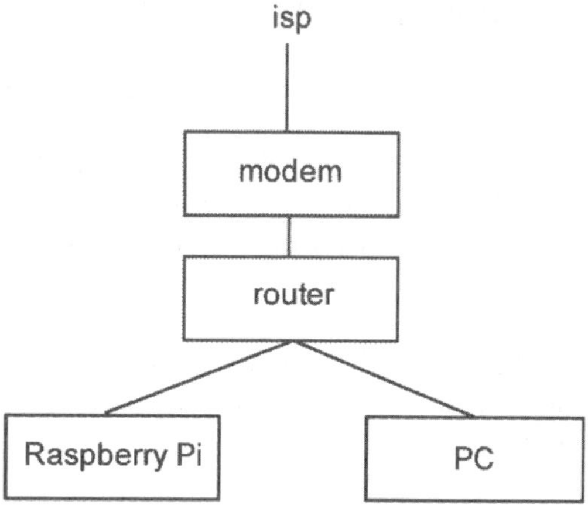

Abbildung 13. Netzwerk-Aufbau.

Modem und Router können auch in einem Gerät kombiniert sein. Wenn Sie mehrere Computer an Ihr Gerät anschließen können, ist es ein Router oder ein Modem mit eingebautem Router. Können Sie nur einen Computer anschließen, haben Sie wahrscheinlich nur ein Modem. Im letzteren Fall müssen Sie einen zusätzlichen Router anschaffen und ihn zwischen Modem und PC anschließen. Wie das funktioniert, ist in der zugehörigen Anleitung beschrieben; meistens sind nur ein paar Stecker anzuschließen.

Um über den PC eine Verbindung mit dem RPi herzustellen, muss die IP-Adresse des RPi bekannt sein. Die IP-Adresse ist eine eindeutige Nummer, die jedes Gerät, das mit dem Internet oder Intranet verbunden ist, haben muss. Ihr Modem hat beispielsweise eine IP-Adresse von Ihrem ISP erhalten (ISP bedeutet Internet Service Provider, das Unternehmen, das den Internetzugang zur Verfügung stellt). In dem eigenen Netzwerk werden lokale Adressen verwendet, die von Ihrem Router vergeben werden. Die lokalen IP-Adressen gelten nur im eigenen Netzwerk und sind vom Internet aus nicht zu sehen. Jeder, der den gleichen Router mit identischen Einstellungen benutzt, hat also dieselben lokalen IP-Adressen.

Um die IP-Adresse des eigenen RPis zu sehen, müssen Sie sich in Ihren Router einloggen. Wie das funktioniert, ist in der Anleitung des Routers zu lesen. Wenn Sie eingeloggt sind, können Sie eine Übersicht aller Geräte aufrufen, die gerade mit dem Router verbunden sind.

Benutzer

Host Name	Mac Adres	IPadres	Verbinding
laptop-PC	[redacted]	192.168.178.11	wireless
raspberrypi	[redacted]	192.168.178.19	ethernet

Abbildung 14. IP-Adressen im Router.

Das Beispiel meines eigenen Routers zeigt, dass der RPi und ein Laptop-PC mit dem Router verbunden sind, wobei der Laptop wireless (über WiFi) und der RPi über Ethernet (mit Kabel) verbunden ist. Notieren Sie sich die IP-Adresse des RPi, so dass Sie sie gleich verwenden können.

Achtung: Wenn Sie den RPI aus- und später wieder einschalten, kann sich die IP-Adresse geändert haben. Der Router wählt Sie nämlich selbst. Es gibt zwei Möglichkeiten immer dieselbe IP-Adresse zu erhalten:

1. *Static Lease.* Der Router speichert, dass der RPi immer dieselbe IP- Adresse erhalten soll und welche das ist.
2. *Static IP.* Der RPi teilt dem Router selbst mit, welche IP-Adresse er haben möchte.

Die erste Möglichkeit hat den Vorteil, dass am RPi nichts angepasst werden muss. Das bedeutet, dass der RPi auch noch woanders funktioniert, beispielsweise, wenn Sie Freunde besuchen und dort etwas vorführen möchten. Außerdem funktioniert es sowohl für kabelgebundene und auch WiFi Verbindungen.

Die zweite Möglichkeit wird hier trotzdem besprochen, für den Fall, dass der Router kein *Static Lease* zulässt.

3.1.4.1 Feste IP-Adresse mit *Static Lease*

Static Lease bedeutet, dass der Router speichert, dass der RPi immer dieselbe IP-Adresse erhalten soll und welche das ist. Um das zu ermöglichen, muss der Router den RPi natürlich wiedererkennen, was über die MAC-Adresse geschieht. Dies ist eine Kombination von sechs Ziffernpaare (hexadezimal); das ist eindeutig. Jedes Gerät, das mit dem Internet verbunden werden kann, hat eine eigene MAC-Adresse. Mit „Gerät" wird in diesem Fall der Adapter bezeichnet, also der Teil der Hardware, der tatsächlich mit dem Internet verbunden ist. Wenn der RPi sowohl eine kabelgebundene wie auch eine WiFi-Verbindung mit dem Router hat, sieht der Router also zwei MAC-Adressen. Eine des Internetadapters mit dem Kabel (eingebaut im RPi) und eine des WiFi-Adapters (im USB-Port). Sie können in diesem Fall beiden MAC-Adressen eine feste IP zuweisen.

Zunächst müssen Sie sich in den Router einloggen und nachsehen, welche MAC-Adresse der RPi hat. Bei meinem Router steht das in der Benutzerübersicht. Notieren Sie sich die Adresse und gehen Sie danach auf die Seite des Routers, wo Sie den *Static Lease* einstellen können. Bei meinem Router steht das unter *„erweiterte Einstellungen – Static Lease“*.[11] Danach tragen Sie die MAC-Adresse ein und wählen eine IP-Adresse. Im Beispiel aus Abbildung 15 sehen Sie, dass zwei Adressen zugewiesen wurden, eine für die direkte Verbindung mit dem RPi und eine für die WiFi-Verbindung.

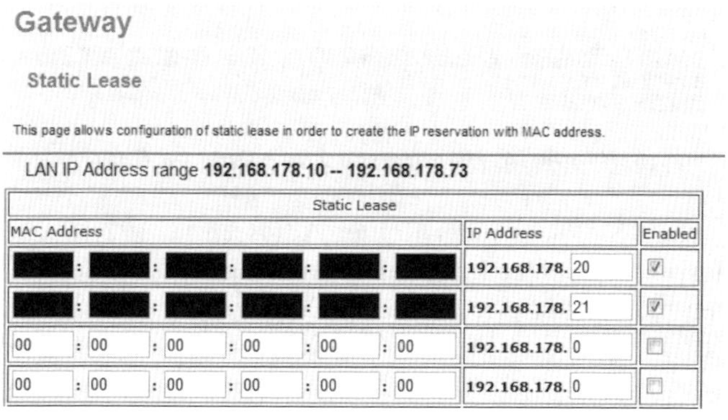

Abbildung 15. Festlegen einer static lease IP-Adresse im Router.

Auf dem RPi müssen Sie nichts ändern. Wenn sich der RPi mit Ihrem Router verbindet, erhält er immer die richtige IP Adresse. Sind Sie zu Besuch bei Freunden, erhält der RPi eine Adresse vom dortigen Router.

Normalerweise können Sie nicht zuverlässig beide Verbindungen gleichzeitig verwenden. Bevor Sie den RPi starten, müssen Sie entweder das Kabel oder den WiFi-Adapter einstecken, aber nicht beide.

3.1.4.2 Feste IP-Adresse mit *Static IP*

Static IP bedeutet, dass der RPi dem Router selbst mitteilt, welche IP-Adresse er haben möchte. Wir können nicht einfach eine willkürliche Adresse nehmen, denn dann laufen wir Gefahr, dass der Router bei ausgeschaltetem RPi diese Adresse für etwas anderes verwendet und beim nächsten Neustart sich der RPi dann nicht mehr mit dem Router verbinden kann. Der Router hat eine Reihe IP-Adressen, die nicht für die automatische Zuweisung verwendet werden und davon können Sie eine wählen. Bei meinem Router steht das unter *„erweiterte Einstellungen – DHCP“*.

[11] Bei manchen Routern wird die offizielle Bezeichnung *„static lease“* nicht verwendet, auch wenn Sie die Funktionialität bieten. Bei ZyXel-Routern können Sie unter Network, LAN, Client List eine Übersicht der aktuellen Verbindungen sehen. Sie können hier einen *Static Lease* zuweisen, indem Sie das Häkchen bei *„Reserve“* setzen.

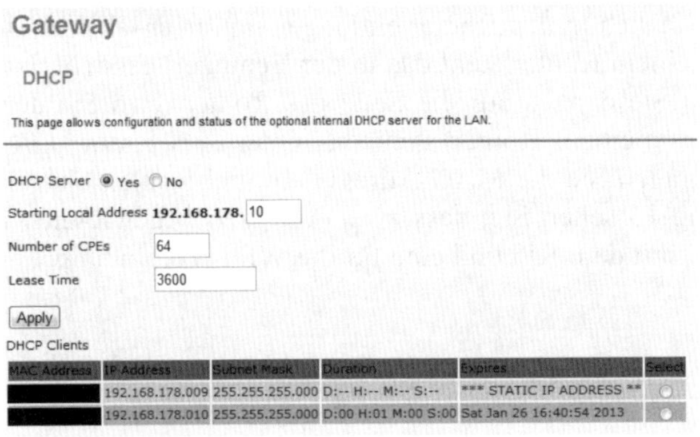

Abbildung 16. IP-Adressen Zuweisung im Router.

In Abbildung 16 sehen Sie, dass mein Router Adressen ab 192.168.178.10 vergibt, das bedeutet, dass alles, was darunter liegt, durch uns zugewiesen werden kann. Die ersten drei Zifferngruppen müssen für alle Geräte im Netzwerk identisch sein, Sie können nur die letzten drei Ziffern variieren. Merken Sie sich, welche das ist, so dass Sie sie nicht später an ein anderes Gerät vergeben. Am besten notieren Sie sich hier die gewählten IP-Adressen.

Feste IP-Adressen meines RPi	Feste IP-Adressen Ihres RPi
192.168.178.9 (Kabel)	..................................(Kabel)
192.168.178.7 (WiFi)	..................................(WiFi)

Die Internetdaten stehen auf dem RPi in der Datei „interfaces“. Geben Sie auf dem RPi den folgenden Befehl ein:[12]

```
sudo nano /etc/network/interfaces
```

Damit wird die Datei „interfaces“ in den Editor *nano* geladen. Welche Aktion nun erforderlich ist, hängt von der Verbindungsart ab.

❑ Kabelverbindung

Wenn Sie ein Kabel verwenden, das mit dem Router verbunden ist, müssen Sie die „*eth0 settings*“ anpassen. Der Begriff „DHCP“ steht für die Anfrage an den Router nach einer IP-Adresse, also ersetzen Sie:

[12] Wissen Sie noch, dass Sie *LXterminal* verwenden müssen, um Befehle auf dem RPi einzugeben?

```
iface eth0 inet dhcp
```

durch:

```
#iface eth0 inet dhcp
iface eth0 inet static
address 192.168.178.9
netmask 255.255.255.0
network 192.168.178.0
broadcast 192.168.178.255
gateway 192.168.178.1
```

Wobei Sie anstelle von „192.168.178“ natürlich die Zahlen wählen, die der aktuelle Router verwendet und anstelle von „.9“ wählen Sie eine eigene Zahl.

Sonst ändern Sie nichts weiter, lassen Sie den Rest der Datei so wie er ist!

Wenn Sie fertig sind, müssen Sie die Datei mit Strg-X und dann mit Y und Enter abspeichern. Sie können den RPi nun mit dem Befehl

```
sudo reboot
```

neu starten, um die neuen Einstellungen zu aktivieren. Wenn Sie nun in den Router schauen, sehen Sie in den meisten Fällen nicht mehr den Namen des RPi, sondern die Bezeichnung Static-IP, mit der neuen von Ihnen vergebenen IP dahinter.

Haben Sie sowohl eine Kabel- wie auch eine WiFi-Verbindung, können Sie beide Änderungen in der Datei durchführen. Aber Sie können nicht beide Verbindungen gleichzeitig verwenden. Bevor Sie den RPi starten, müssen Sie entweder das Kabel oder den WiFi-Adapter einstecken, aber nicht beide.

❑ WiFi-Verbindung

Wenn Sie eine WiFi-Verbindung mit Ihrem Router herstellen, müssen Sie die Default Einstellungen von „*wlan0*“ anpassen und ändern. Der Begriff „DHCP“ steht für die Anfrage an den Router nach einer IP-Adresse, also ersetzen Sie:

```
iface default inet dhcp
```

durch:

```
#iface default inet dhcp
iface wlan0 inet static
  address 192.168.178.7
  netmask 255.255.255.0
  network 192.168.178.0
  broadcast 192.168.1.255
  gateway 192.168.178.1
```

Wobei Sie anstelle von „192.168.178“ natürlich die Zahlen wählen, die der aktuelle Router verwendet und anstelle von „.7“ wählen Sie eine eigene Zahl.

Sonst ändern Sie nichts weiter, lassen Sie den Rest der Datei so wie er ist!

Wenn Sie fertig sind, müssen Sie die Datei mit Strg-X und dann mit Y und Enter abspeichern. Sie können den RPi nun mit dem Befehl

```
sudo reboot
```

neu starten, um die neuen Einstellungen zu aktivieren. Wenn Sie nun in den Router schauen, sehen Sie in den meisten Fällen nicht mehr den Namen des RPi, sondern die Bezeichnung Static-IP, mit der neuen von Ihnen vergebenen IP dahinter.

Haben Sie sowohl eine Kabel- wie auch eine WiFi-Verbindung, können Sie beide Änderungen in der Datei durchführen. Aber Sie können nicht beide Verbindungen gleichzeitig verwenden. Bevor Sie den RPi starten, müssen Sie entweder das Kabel oder den WiFi-Adapter einstecken, aber nicht beide.

3.2 Windows-PC (optional)

Wenn Sie einen Windows-PC zur Verfügung haben, können Sie interessante Projekte mit dem RPi als Webserver oder als Server in Client-Server-Projekten ausprobieren. Client-Server bedeutet, dass ein Teil des Programms auf dem RPi läuft und ein Teil auf dem Windows-PC. Außerdem können Sie den RPi von Ihrem PC aus bedienen, ohne dass der RPi über einen eigenen Monitor, Maus oder Tastatur verfügt. In der englischsprachigen IT-Terminologie wird dies dann als „headless control“ bezeichnet: kopflose Steuerung.[13]

3.2.1 Disk Imager

Dieses Programm (gehört zum Download-Softwarepaket des Buches) wird verwendet, um ein Backup der SD-Karte des RPi zu erstellen und es wieder zurück zu spielen. Am besten erstellen Sie ein Backup, bevor Sie die Karte das erste Mal benutzen, so dass Sie immer zurück zum Originalzustand können. Um dieses Programm verwenden zu können, müssen Sie natürlich einen SD-Kartenleser in Ihrem Computer haben oder sich einen getrennten besorgen. Teuer sind sie nicht, aber wirklich praktisch, um ab und zu ein Backup zu erstellen.

Das Programm muss nicht installiert werden. Wenn Sie das Programm starten, erhalten Sie vielleicht eine Warnung von Windows mit der Anfrage, ob das Programm Änderungen

[13] Anstelle eines Windows-PCs können Sie natürlich auch einen Apple- oder Linux-PC verwenden, aber dann müssen Sie sich die nötige Software selbst im Internet suchen.

an Ihrem Computer durchführen darf. Die Antwort ist „ja". Es ist möglich, dass Sie danach eine Fehlermeldung erhalten, die mit „Error1: incorrect function" endet. Die Fehlermeldung können Sie einfach ignorieren, indem Sie auf „OK" klicken: das Programm arbeitet trotzdem korrekt. Wählen Sie einen passenden Namen für Ihr Backup, der noch nicht existiert und kontrollieren Sie, ob der dabeistehende Laufwerksbuchstabe auch zu Ihrer SD-Karte gehört. Klicken Sie danach auf „Read". Das Programm kontrolliert nicht, ob auf der Karte Daten vorhanden sind, sondern kopiert sie vollständig.[14]

Sie können das Backup mit demselben Programm wieder zurückspielen. Dazu wählen Sie die Backupdatei auf Ihrer Festplatte aus, indem Sie den richtigen Namen eingeben oder nach ihr suchen, indem Sie auf das Icon mit dem blauen Verzeichnis klicken. Kontrollieren Sie wieder, ob der gewählte Laufwerksbuchstabe zu Ihrer SD-Karte gehört. Passen Sie hier gut auf, wenn Sie aus Versehen eine Festplatte in Ihrem Computer auswählen, wird diese einfach überschrieben und dadurch unbrauchbar. Wenn der Buchstabe stimmt, können Sie auf „Write" klicken und das Backup wird zurückgeschrieben.

3.2.2 Python, wxPython und IdleX

Um die Webserver- und Client-Server-Projekte in diesem Buch ausführen zu können und um über eine Remote-Verbindung mit dem RPi arbeiten zu können, benötigen Sie mindestens einen RPi und einen PC. Diese müssen beide mit Ihrem Internet-Router verbunden sein, wie in der folgenden Abbildung dargestellt. Wenn Sie das nicht haben (oder nicht möchten), überspringen Sie den Rest von Kapitel 3 und fahren mit Kapitel 4 fort

.

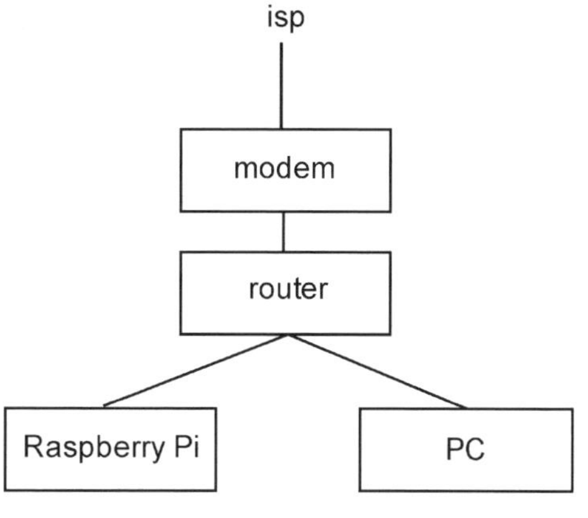

Abbildung 17. Netzwerk-Aufbau.

[14] Das kann unerwartete Effekte haben. Angenommen, Sie haben ein 4 GB Image auf eine 8 GB Karte geschrieben. Wenn Sie nun ein Backup dieser neuen Karte machen, ist das Backup also 8 GB groß, wovon 4 GB leer sind. Aber das weiß Disk Imager nicht.

Python ist die Programmiersprache, die standardmäßig auf dem RPi installiert ist und in diesem Buch verwendet wird, um den RPi zu programmieren. Sie können dieselben Programme auch auf dem PC verwenden; in Kapitel 12 über Client-Server-Anwendungen ist dies auch der Fall. Daher werden wir *Python* auch auf Ihrem Windows-PC installieren. Außerdem installieren wir *wxPython*, eine Erweiterung zur Erstellung grafischer Programme. Auf dem RPi ist die Erweiterung schon auf der SD-Karte, die zu diesem Buch gehört, aber auf dem PC müssen Sie sie selbst installieren.

Für *Python* besuchen Sie diese Webseite:

www.python.org/download/

Sie können hier die Installation auswählen, die zu Ihrem Betriebssystem passt. Achtung: Sie müssen „Python Version 2.7" herunterladen, also nicht etwas mit Version 3. Wenn Sie beispielsweise einen „Windows 7 64 Bit PC" haben, wählen Sie als Download „Python 2.7.3 Windows X86-64 Installer" also die Datei python-2.7.3.amd64.msi.

Für *wxPython* besuchen Sie diese Webseite:

www.wxpython.org/download.php#stable

Sie können hier das Installationsprogramm suchen, das zu Ihrem Betriebssystem passt. Achtung: Sie müssen die „wxPython Datei" herunterladen, die zu Python 2.7 passt. Wenn Sie beispielsweise einen „Windows 7 64 Bit PC" haben, wählen Sie als Download „64-bit Python 2.7" also die Datei „wxPython2.8-win64-unicode-2.8.12.1-py27.exe".

Installieren Sie erst *Python* und danach *wxPython*. Übernehmen Sie die Defaulteinstellungen.

Die Standardentwicklungsumgebung für *Python* ist *Idle*. Dieses Programm hält sich allerdings nicht an die Windowskonvention, dass mit der rechten Maustaste ein Menü mit „Copy/Paste" aufgerufen werden kann. Das ist wirklich unpraktisch. Daher verwenden wir eine angepasste Version, die das kann: *IdleX*.[15] Dieses Programm ist Teil des Downloads. Entpacken Sie das Programm und verschieben Sie das neue IdleX-Verzeichnis komplett in das Python27-Verzeichnis (so entsteht also das Verzeichnis c:\python27\idlex-1.11.2). Erstellen Sie von idlex.pyw eine Verknüpfung auf dem Desktop, so dass Sie *IdleX* damit starten können. Starten Sie das Programm, gehen Sie in das Menü „Shell" und aktivieren Sie „Use wx" und „Enable GUI eventloop". *IdleX* ist nun bereit zur Verwendung.

[15] *IdleX* hat noch mehr Vorteile: Sie können Logo-Befehle verwenden, ohne das der Editor abstürzt, mehrere Programme gleichzeitig öffnen, Quellcodes nach HTML exportieren und Teile von Programmen laufen lassen.

3.2.3 Putty (SSH)

Putty ist ein Kommunikationsprogramm, mit dem Sie eine Verbindung zwischen dem PC und dem RPi herstellen können. Diese Verbindung verwendet ein gesichertes Protokoll, nämlich SSH (Secure Shell). *Putty* muss nicht installiert werden, Sie können das Programm in ein beliebiges Verzeichnis kopieren und von dort benutzen.

Starten Sie das Programm und geben Sie die IP-Adresse Ihres RPi ein. Überprüfen Sie, dass Port 22 ausgewählt und SSH aktiviert ist. Sie können die Sitzung abspeichern, indem Sie unter „Saved Sessions" einen Namen eingeben, z. B. RPi, und auf „Save" klicken. So müssen Sie nicht immer die IP-Adresse eingeben. Natürlich ist das nur sinnvoll, wenn Sie in Kapitel 3.1.4 eine feste IP-Adresse eingestellt haben.

Klicken Sie nun auf „Open". Sie erhalten evtl. eine Meldung von *Putty*, dass Sie diese IP-Adresse bisher noch nicht verwendet haben und ob sie richtig ist. Klicken Sie auf „OK" und nach kurzer Zeit sind Sie mit dem RPi verbunden und werden nach Namen und Passwort gefragt. Der voreingestellte Login ist:

name	pi
password	raspberry

Achtung: Während Sie das Passwort eingeben, sehen Sie nichts, nicht einmal Sternchen! Es sieht zwar aus, als ob nicht passiert, die Eingabe klappt aber trotzdem.

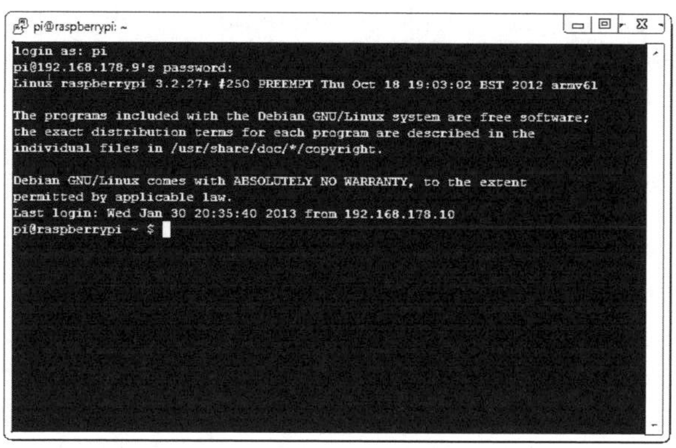

Abbildung 18. Eingeloggt auf dem RPi mit Putty von einem Windows-PC.

Sie haben nun eine Terminalverbindung mit dem RPi und können Befehle eingeben, inklusive „sudo-Befehlen". Sie können mit den Pfeiltasten „rauf" und „runter" durch die Befehle der aktuellen Sitzung scrollen. Sie können Programme laufen lassen, aber keine grafischen Programme, dazu lesen Sie den folgenden Abschnitt.

Wenn Sie die Sitzung gespeichert haben, können Sie die Verbindung mit dem RPi herstellen, indem Sie auf den Sitzungsnamen klicken. Natürlich funktioniert das nur, wenn der RPi eine feste IP-Adresse hat, denn sonst kann die IP-Adresse jedes Mal anders sein.

Sie können mehrere Putty-Sitzungen gleichzeitig öffnen. Das ist praktisch, wenn Sie beispielsweise in einer Putty-Sitzung ein Programm laufen lassen und in einer anderen Befehle eingeben möchten.

3.2.4 Xming (Xwindows)

Über *Putty* können Sie den RPi bedienen und von Ihrem Windows-PC aus Programme laufen lassen. Mit grafischen Programmen funktioniert das allerdings nicht, da Windows nicht weiß, wie solche dargestellt werden müssen. Der RPi läuft immer mit *Linux* und das verwendet *Xwindows*. Das klingt zwar wie *Windows*, ist aber etwas völlig anderes. Wir können das mit etwas Software lösen: *Xming*. Im Download befinden sich die Programme:

Xming-6-9-0-31-setup
Xming-fonts-7-5-0-47-setup

Wir installieren zuerst das Fontpaket und akzeptieren alle Defaulteinstellungen (also Bitmap, 75dpi und TrueType Fonts).

Installieren Sie danach *Xming* in dasselbe Verzeichnis und verneinen Sie die Warnung des Installationsprogramms, dass beide Programme im selben Verzeichnis installiert werden, da Sie genau das möchten. Akzeptieren Sie alle Standardeinstellungen, bis auf diese:

1. Wählen Sie bei „Select Components" die Option „don't install SSH client", weil Sie schon *Putty* haben.
2. Wählen Sie bei „Select Additional Tasks" die Option „Make desktop icons" (es sei denn, Sie verwenden keine Desktop-Icons).

Starten Sie *Xming*, rechts unten erscheint ein Symbol in der Taskleiste. Wenn der PC eine Firewall hat, erhalten Sie jetzt eine Warnung. Wählen Sie „Erlauben in privaten Netzwerken". Vergessen Sie nicht, dass Sie zunächst *Xming* starten, wenn Sie eine grafische Anwendung auf dem RPi benutzen möchten.

Abbildung 19. Xming ist aktiv.

Starten Sie danach *Putty*. Haben Sie Ihre Sitzung abgespeichert, klicken Sie darauf und danach auf „open“. Überprüfen Sie die IP-Adresse und dass Port 22 ausgewählt ist. Wir fügen nun „X11 Forwarding“ zu unserer Sitzung hinzu (X11 ist die Abkürzung von Xwindows):

1. Gehen Sie zu Connection > SSH > X11.
2. Machen Sie einen Haken „Enable X11 Forwarding“.
3. Wählen Sie in Display location localhost:0.
4. Die remote authentication muss auf MIT-Magic-Cookie-1 eingestellt sein.
5. Gehen Sie zurück zu Session.
6. Speichern Sie die Einstellungen.[16]
7. Öffnen Sie nun Putty.

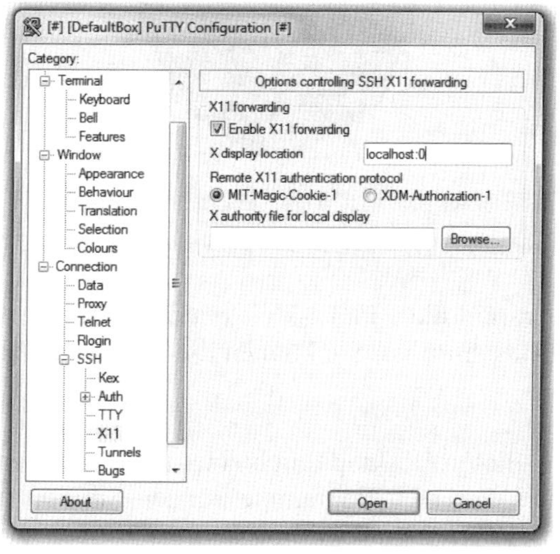

Abbildung 20. Einstellungen in Putty für die X11 Kommunikation.

Starten Sie *Xming*, und loggen Sie sich in *Putty* ein. Geben Sie folgenden Befehl ein, um die grafische Oberfläche des RPi zu starten:

```
startlxde
```

Sie erhalten folgende Meldungen:

```
Obt-Message: Xinerama extension is not present on the server
Openbox-Message: A window manager is already running on screen 0
```

[16] So müssen Sie nicht immer die IP-Adresse und alle Einstellungen eingeben. Natürlich ist das nur sinnvoll, wenn Sie in 3.1.4 eine feste IP-Adresse eingestellt haben.

Das ist normal, machen Sie nichts und warten Sie ruhig ab. Anschließend startet die normale RPi-Umgebung, aber auf Ihrem Windows-PC. Sie können den RPi nun bedienen, wie Sie das am RPi selbst gewohnt sind. Abhängig von der Geschwindigkeit der Netzwerkverbindung zwischen RPi und Router und von da zum PC kann alles etwas träger sein als normal.

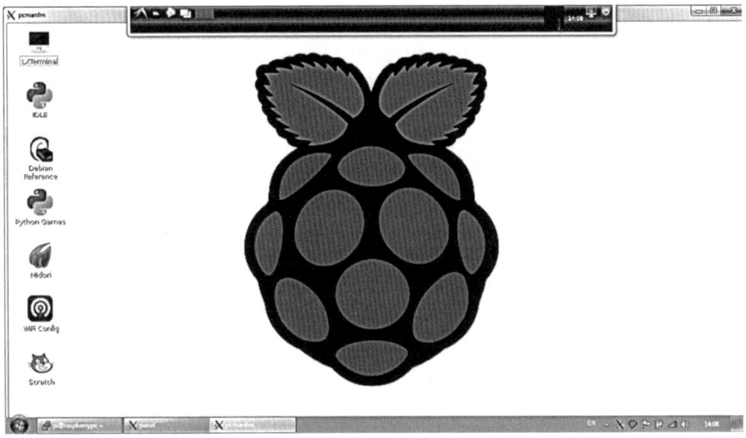

Abbildung 21. Xwindows auf einem Windows-PC.

Nun ist auch deutlich, warum die RPi-Taskleiste auf der SD-Karte, die zu diesem Buch gehört, oben auf dem Bildschirm ist: Sie können die Windows Taskleiste Ihres PCs auch noch normal bedienen.[17]

Das Schöne ist, dass Sie diesen Desktop durch einen Klick auf den blauen Streifen rechts oben verkleinern können. Die RPi-Programme können Sie nun über die RPi-Taskleiste starten und bedienen; bei den Windows-Programmen einfach über die Windows-Taskleiste, das Startmenü oder indem Sie auf die Icons klicken. Das Bildschirmfoto von meinem PC zeigt in der Abbildung 22, dass auf dem RPi *IdleX* mit einem Python-Programm geöffnet ist und auf dem Windows-PC gleichzeitig JALedit mit einem Piccolino-Programm. Das ist schon eine wirklich schöne Art, um gleichzeitig mit Windows- und Linux-Programmen arbeiten zu können!

[17] Möchten Sie das nicht, dann klicken Sie mit der rechten Maustaste auf die Leiste und bewegen Sie die Maus. Dann erscheint ein Menü und Sie können die Leiste an eine andere Stelle legen oder ihr ein anderes Format geben.

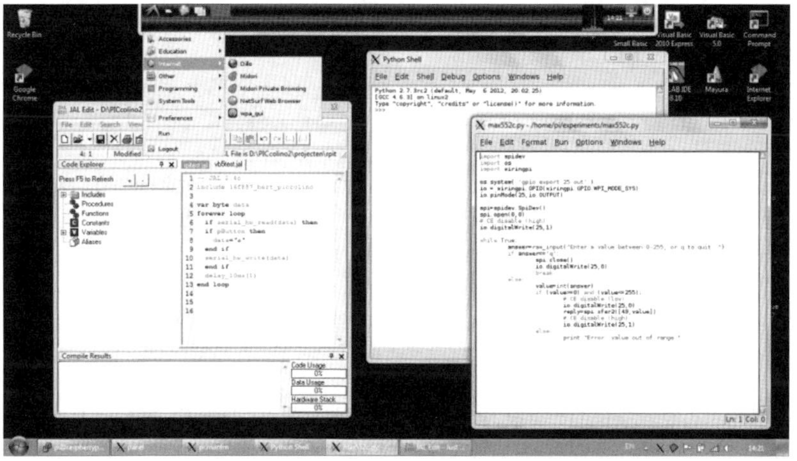

Abbildung 22. Xwindows- und Windows-Programme gleichzeitig aktiv.

Wenn Sie fertig sind, können Sie auf das Xming-Icon rechts unten klicken, um den Server zu stoppen. *Xming* meldet, wenn noch Fenster geöffnet sind, es ist wahrscheinlich das Klügste, sie vorher zu schließen.

Mögliche Fehlermeldungen:

```
Keine Meldung, aber es passiert nichts
```

Sie versuchen *IdleX* ohne *Xming* zu starten. Starten Sie erst *Xming* und dann *IdleX*.

```
Unable to access the X Display, is $DISPLAY set properly?
```

Sie haben vergessen *Xming* zu starten. Machen Sie das zunächst und probieren Sie es dann wieder.

```
PuTTY X11 proxy: MIT-MAGIC-COOKIE-1 data did not matchUnable to access the X Display, is $DISPLAY set properly?
```

Sie versuchen ein grafisches Programm mit *sudo* zu starten. Das ist möglich, aber dann muss erst der sudo-Benutzer zustimmen. Dazu müssen die folgenden zwei Befehle eingegeben werden (jeden mit Enter bestätigen):

```
cd
sudo bash sudoset.sh
```

Das gilt, bis Sie den RPi ausschalten, wenn der RPi also aus gewesen ist, müssen Sie den Befehl wieder eingeben.

```
Only 1 xsession can be established at a time
```

Sie haben „X11 Forwarding in Putty“ nicht aktiviert. Gehen Sie zurück zum Text unter Abbildung 19 und vergessen Sie nicht zu speichern, nachdem Sie die beschriebenen Änderungen durchgeführt haben.

```
Obt-Message: Xinerama extension is not present on the server
Openbox-Message: A window manager is already running on screen 0
```

Das ist keine Fehlermeldung, dieser Text ist normal. Machen Sie nichts und warten Sie ruhig ab.

3.2.5 WinSCP

WinSCP ist ein Programm, mit dem Sie Dateien vom PC zum RPi kopieren können und umgekehrt. Außerdem können Sie Dateien betrachten, Rechte anpassen und Verzeichnisse grafisch durchsuchen. Das Programm braucht nicht installiert werden. Im Verzeichnis liegen zwei Programme mit demselben Namen, aber mit verschiedenen Erweiterungen. Wir verwenden das Programm mit der.exe-Erweiterung, also winscp.exe.

1. Starten Sie das Programm.
2. Gehen Sie zu „Preferences“ und wählen Sie Commander.
3. Gehen Sie zurück zu „sessions“ und geben Sie bei „Hostname“ die IP des RPi ein.
4. Überprüfen Sie, dass Port 22 ausgewählt ist.
5. Optional können Sie hier Userid (pi) und Passwort (raspberry) fest eingeben.

Wenn Sie eine IP-Adresse zum ersten Mal verwenden, können Sie eine Warnung erhalten, dass Sie diese IP-Adresse noch nicht verwendet haben und ob sie stimmt. Klicken Sie auf „OK“. Nach kurzer Zeit erscheint das Fenster aus Abbildung 23.

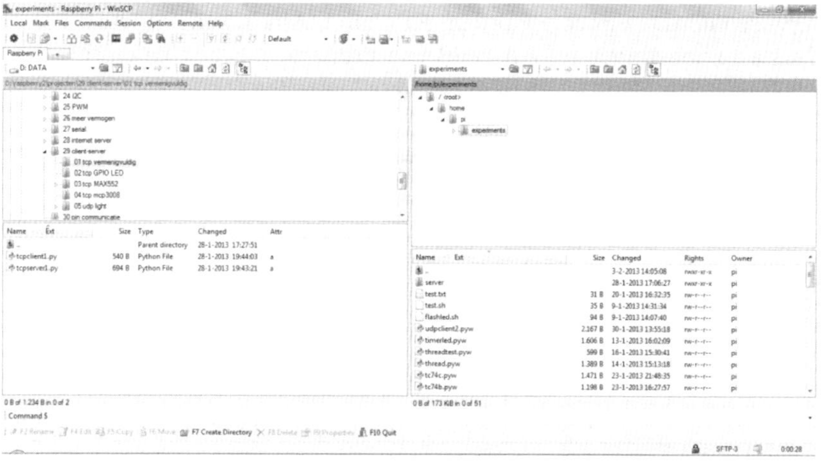

Abbildung 23. WinSCP, links der Windows-PC, rechts der RPi.

Wenn die Anzeige nur aus zwei Fenstern mit Dateien besteht aber keine Übersicht der Verzeichnisse enthält, können Sie diese einblenden mit der Funktion „Hide/show directory tree". Der Button dafür ist in Abbildung 24 markiert.

Abbildung 24. Hide/show directory tree Button.

Links sehen Sie die Verzeichnisse von Ihrem Windows-PC mit den Dateien darunter. Rechts sehen Sie die Verzeichnisse auf dem RPi mit den Dateien darunter. Natürlich haben Sie andere Verzeichnisse und Dateien, aber das Prinzip bleibt identisch. Ein paar praktische Dinge, die Sie mit *WinSCP* machen können:

1. Kopieren von Dateien durch Verschieben mit der Maus von einer Seite auf die andere.
2. Dateien bearbeiten durch Markieren mit der Maus und drücken von F4. Wenn Sie eine Datei zum ersten Mal speichern möchten, werden Sie nach Ihrem Passwort (raspberry) gefragt, danach nicht mehr.
3. Erzeugen neuer Dateien, durch Klicken in das Verzeichnis, in dem die neue Datei landen soll und danach wählen des Menüs „Files", „New" und dann „File".
4. Erzeugen neuer Verzeichnisse, durch Klicken in das Verzeichnis, in dem das neue Verzeichnis landen soll und danach wählen des Menüs „Files", „New" und dann „Directory".

5. Anpassen der Dateirechte auf dem RPi durch Anklicken der Datei mit der rechten Maustaste und folgender Auswahl von Properties. Sie erhalten folgendes Fenster und können mit den Häkchen die Rechte einstellen.

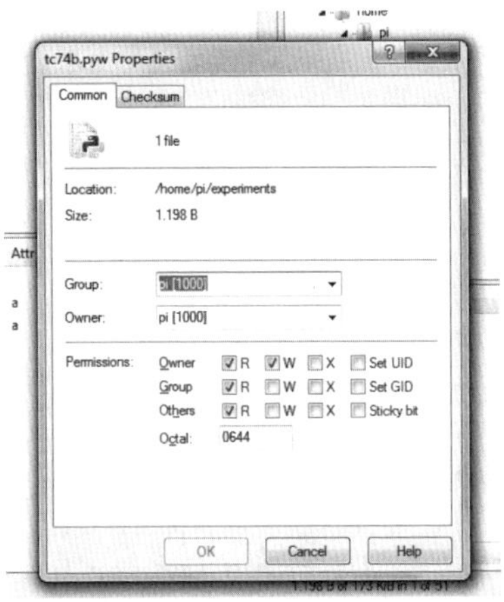

Abbildung 25. Dateirechte einstellen.

Sie können mit diesem Programm noch viel mehr, eine englische Anleitung finden Sie auf der Seite des Herstellers (www.winscp.net). Sudo-Befehle sind nicht möglich, Sie können nur eigene Dateien und Verzeichnisse bearbeiten und ändern.

Achtung: Wenn Sie außerhalb des Programms Dateien geändert oder verschoben haben, dann „weiß“ *WinSCP* das nicht. Sie können das beheben, indem Sie das Programm die Verzeichnisse erneut durchsuchen lassen. Für den RPi klicken Sie auf „Remote“ und dann „Refresh“, für den Windows-PC auf „Local“ und dann „Refresh“.

4. Kurze Einführung in ...

Für die meisten RPi-Anwender sind *Linux*, *Bash* und *Python* neu. In diesem Kapitel erhalten Sie eine kurze Einführung, so dass Sie die Projekte einfacher verstehen können. Wenn Sie (noch) nicht planen zu programmieren, sondern einfach die Projekte nachbauen möchten, können Sie die Abschnitte *Bash*, *Python* und *Javascript* vorläufig überschlagen.

4.1 Debian Linux

Das Betriebssystem des RPi ist „Debian Linux". *Linux* ist ein Betriebssystem, das von einer Gruppe Freiwilliger entwickelt wird. *Linux* gibt es in mehreren Varianten, eine davon ist *Debian*. Und von *Debian* wiederum gibt es verschiedene Implementationen, darunter die Version „Squeeze", die auf dem RPi läuft.

Die Entwicklungsphilosophie von *Linux* und *Windows* unterscheidet sich stark voneinander. Das bedeutet nicht, dass das eine System besser ist als das andere, aber wohl, dass es deutliche Unterschiede gibt. Und von denen werden Sie bei der Arbeit mit dem RPi einige kennenlernen. Die wichtigsten Unterschiede sind in der folgenden Tabelle aufgelistet.

Windows	Linux
Es gibt grundsätzlich einen Benutzer und das sind Sie selbst. Es heißt nicht umsonst „Personal Computer" (PC) oder persönlicher Computer. Es gibt zwar die Möglichkeit mehrere Benutzer anzulegen, aber das wurde erst später hinzugefügt, mehr um zu verhindern, dass Kinder alles verändern, wenn Sie den PC der Eltern benutzen.	Es gibt grundsätzlich mehrere Benutzer. Jede Datei, jedes Verzeichnis, alles auf dem RPi gehört Jemandem. Und nur der, dem der Besitzer es erlaubt, darf sie verwenden. Dieser Jemand muss kein Mensch sein, auch Maschinen oder Programme können eigene Rechte haben. Dies ist eine fundamentale Grundlage von Linux.
Da es nur einen Benutzer gibt, der alles darf, war *Windows* anfällig für Viren, die dadurch alles konnten. Um das zu beheben, wurde der Administrator-Benutzer eingeführt, der als Einziger einige Dinge darf, wie Software installieren und Systemdateien anpassen. Dazu ist dann das Administratorpasswort nötig.	Es gibt einen Benutzer, der alles darf, den „root". Ein normaler Benutzer kann kurzzeitig mit dem Befehl „sudo" dieselben Rechte wie ein „root" erhalten. Dafür ist vorab die Zustimmung von „root" notwendig. Da die meisten Benutzer sehr wenig dürfen, ist der sudo-Befehl von Zeit zu Zeit nötig, wenn Sie mit dem RPi arbeiten.

Windows basiert auf einer grafischen Oberfläche. Die Bedienung des PCs erfolgt mit grafischen Programmen und einer Maus oder einem Touchscreen. Der Grund dafür ist die Bedienung so einfach wie möglich zu machen, damit jeder Mensch damit umgehen kann, auch Menschen, die keine Affinität zu oder Interesse an Computern haben.	*Linux* basiert auf dem Terminal, in das Befehle eingegeben werden können. Die Befehle wurden kurzgehalten, so dass die „Tipperei" einigermaßen begrenzt bleibt, mit der Folge, dass es für einen Laien unverständlich und sogar befremdlich sein kann. Um *Linux* für weniger technikaffine Anwender anziehend zu gestalten, gibt es einige windowsartige Varianten, wie *LXDE* auf dem RPi. Diese nennt man *Xwindows*.
Windows hat auf dem PC einen Marktanteil von mehr als 80 %. Die Folge davon ist, dass es viel Software, sowohl gratis wie auch kommerziell für Windows gibt. Für noch so verrückte Ideen gibt es oft schon mehr als ein Programm und eins ist schöner als das andere. Außerdem ist es praktisch, um Wissen und Informationen auszutauschen.	*Linux* hat auf dem PC einen Marktanteil von nicht einmal 2%. Darum gibt es weniger Software, vor allem kaum kommerzielle, da es sich nicht lohnt. Da Linux in erster Line von Enthusiasten verwendet wird, ist das Niveau der Informationen und Unterstützung im Internet deutlich höher als normal.
Windows benötigt einen starken Prozessor, viel Speicher und eine schnelle Festplatte. Die schöne Oberfläche nötigt dem PC nämlich so Einiges ab. Daher ist ein Windows-PC nicht eben günstig, denn jede Rechenleistung muss bezahlt werden.	*Linux* kann, auf jeden Fall, wenn kein *Xwindows* aktiv ist, auf so ziemlich alle Plattformen laufen. Ein schönes Beispiel dafür ist der RPi, der die Rechenleistung eines Mikrocontrollers hat, aber gut damit zurechtkommt. Bei intensiveren Anwendungen bleibt der RPi etwas zurück, aber eine schnellere SD-Karte kann Wunder bewirken.
Ausführbare Dateien (Programme) sind an ihrer Erweiterung erkennbar.	Ob eine Datei ausführbar ist oder nicht, wird durch (einstellbare) Eigenschaften bestimmt.

Tabelle 1. Auffallendste Unterschiede zwischen Windows und Linux.

Terminal

Im Gegensatz zu *Windows*, wo fast alles auf einer grafischen Oberfläche geschieht, werden in *Linux* oft getippte Befehle verwendet. Die Befehle werden über ein Terminal eingegeben.[18] Sie können mit den Pfeiltasten „rauf" und „runter" durch die Befehle scrollen, die Sie in der aktiven Sitzung eingegeben haben. Wir verwenden hierfür *LXterminal*, das Sie über den Desktop oder das Menü erreichen können. Es ist NICHT Sinn der Sache, dass Sie das Rootterminal verwenden.

Rootbenutzer

Die meisten Linux-Systeme haben einen Rootbenutzer und daneben mehrere normale Benutzer. Der Rootbenutzer kann und darf alles und das ist ein Risiko. Ein kleiner Tippfehler und das halbe System wird gelöscht. Darum ist es unüblich, sich als Root einzuloggen und zu arbeiten. Auf dem RPi ist üblicherweise kein Rootbenutzer eingerichtet. Sie können natürlich selbst einen anlegen, aber es ist sinnvoller dem Rat der Entwickler zu folgen und dies nicht zu tun. Eine Alternative ist das Rootterminal, aber auch dieses sollten Sie nicht verwenden.

Ein normaler Anwender kann kurzzeitig durch den Befehl „sudo" Rootrechte erhalten. Dieser ist zusammengesetzt aus „su", dem Befehl, um etwas als ein anderer Benutzer ausführen zu können, und „do", Englisch für tun. Natürlich geht das nur, wenn der betreffende Benutzer die Rechte hat, den sudo-Befehl zu verwenden. Auf dem RPi hat der Benutzer pi (also Sie) das Recht, diesen Befehl zu verwenden. Abhängig von den Umständen kann *Linux* Sie nach dem Passwort fragen. Gemeint ist damit das persönliche Passwort, nicht das des Rootbenutzers (was auch nicht geht, da es keinen Rootbenutzer gibt). Bei normaler Verwendung, d. h. wenn Sie direkt am RPi oder über SSH vom PC aus arbeiten, wird nicht nach dem Passwort gefragt.

Rechte

Die Rechte für Dateien und Verzeichnisse sind in drei unterschiedlichen Gruppen festgelegt:[19]

User	Etwas verwirrend vielleicht, da jeder ein User (Benutzer) ist, aber hier ist damit der Eigentümer der Datei gemeint. Normalerweise ist das der User, der sie angelegt hat. Wenn Sie eine Datei erzeugen und speichern, sind

[18] Ein Linuxterminal ist also etwas anderes als ein Windowsterminal. In *Linux* ist ein Terminal der Ort, an dem Sie Befehle eingeben, in *Windows* ist ein Terminal ein Programm, um mit anderen Computern kommunizieren zu können.

[19] Wir verwenden in diesem Abschnitt über Rechte immer das Wort „Datei", aber für *Linux* ist eine Datei und ein Verzeichnis dasselbe, also ist hier mit Datei auch Verzeichnis gemeint.

	Sie der Eigentümer. Sie können Alles mit der Datei machen, außer Sie haben selbst etwas anderes eingestellt.[20]
Group	Sie können Rechte an bestimmte Benutzergruppen vergeben, die alle dasselbe dürfen.
Other	Das ist jeder, der nicht der Besitzer und nicht in der Gruppe ist. Der Rest der Welt also, der auf die eine oder andere Weise Zugang zu dem RPi hat. Wenn Sie einen Dateiserver laufen haben, der am Internet hängt, müssen Sie „Rest der Welt" also wörtlich nehmen.

Die Rechte selbst sind auch wieder in drei Möglichkeiten aufgeteilt:

Lesen	Darf den Inhalt der Datei betrachten.
Schreiben	Darf den Inhalt der Datei ändern. Betrifft es ein Verzeichnis, dürfen darin Dateien und Unterverzeichnisse angelegt und gelöscht werden.
Ausführen	Die Datei darf als Programm ausgeführt werden.

Sie können den Status aller Dateien mit dem Befehl „ls –l" abfragen. Sie erhalten eine Übersicht aller Dateien und Verzeichnisse, wie in diesem Beispiel:

```
drwxr-xr-x 2 pi pi 4096 Oct 28 23:54 Desktop
-rw-r--r-- 1 pi pi    5 Jan 11 13:26 myprogram.py
```

Das erste Zeichen gibt an, ob es sich um eine Datei (-) oder ein Verzeichnis (d) handelt. Danach kommen die Zeichen, die die Rechte angeben in Gruppen von jeweils drei Zeichen für Eigentümer, Gruppe und den Rest. Die Reihenfolge der Zeichen ist Lesen (r, für read), Schreiben (w für write) und Ausführen (x für execute). Wenn auf einer Position ein Buchstabe steht, ist das Recht zugewiesen, steht dort ein Strich, ist es das nicht.

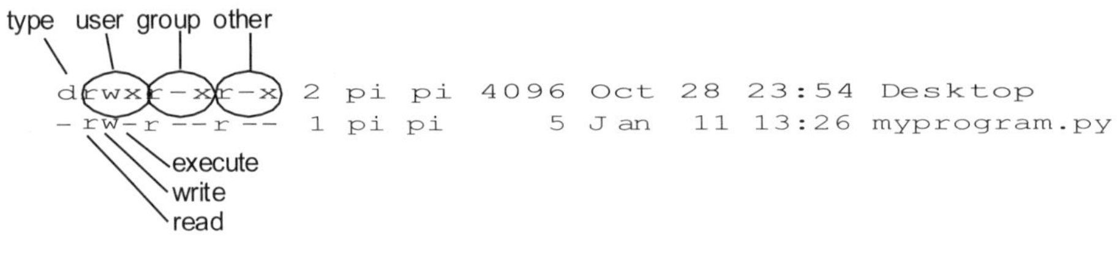

Abbildung 26. Gruppierung von Rechten.

Die erste Zeile enthält also ein Verzeichnis. Der Eigentümer hat alle Rechte (rwx), die Gruppe darf lesen und ausführen (r-x) und auch die Anderen dürfen lesen und ausführen

[20] Genau genommen stimmt das nicht ganz, denn die Rechte zum Ausführen werden nicht standardmäßig zugewiesen.

(r-x). In der zweiten Zeile steht eine Datei. Der Eigentümer darf lesen und schreiben (rw-), die Gruppe und der Rest dürfen nur lesen (r--).

Das Ändern von Rechten erfolgt mit dem Befehl „chmod". Bei diesem Programm geben Sie an, wen es betrifft: u für user, g für group, o für other, danach, ob Sie ein Recht zuweisen (+) oder aberkennen (-) möchten, dann um welches Recht es geht (r,w oder x) und zuletzt die betreffende Datei.

Angenommen, Sie möchten sich selbst für „myprogram.py" aus der vorhergehenden Abbildung Ausführrechte zuerkennen. Dann verwenden Sie den folgenden Befehl:

```
chmod u+x myprogram.py
```

Wenn Sie zur Kontrolle wieder „ls –l" eingeben, ist dies das Ergebnis:

```
drwxr-xr-x 2 pi pi 4096 Oct 28 23:54 Desktop
-rwxr--r-- 1 pi pi    5 Jan 11 13:26 myprogram.py
```

Auf dieselbe Weise können Sie auch die Rechte der Gruppe und aller anderen ändern.

> Tipp: Wenn Sie mit einer Datei nicht machen können, was Sie möchten, ist es oft ein Rechteproblem.

Sie können im Internet Befehle finden wie „cmod 715 myprogram.py". Das scheint ein völlig anderer Befehl zu sein, ist aber derselbe. Mit dem Zifferncode werden die Rechte für alle drei Gruppen gleichzeitig angepasst. Das funktioniert so: Die erste Ziffer (hier die 7) gehört zum User, die zweite Ziffer (die 1) zur Gruppe und die dritte Ziffer (die 5) zu den Übrigen. Jede Ziffer wird so aufgebaut:

```
4 = r
2 = w
1 = x
0 = -
```

Die Ziffer 7 können Sie nur auf eine Weise erreichen: 4+2+1, also die Rechte r, w und x. Die Ziffer 1 bedeutet also 0+0+1, also die Rechte --x. Die Ziffer 5 bedeutet 4+0+1, also die Rechte r-x. Wenn wir also „chmod 715 myprogram.py" eingeben, wird das Ergebnis so aussehen:

```
drwxr-xr-x 2 pi pi 4096 Oct 28 23:54 Desktop
-rwx--xr-x 1 pi pi    5 Jan 11 13:26 myprogram.py
```

Sie sehen, dass das schneller geht, als für jede Gruppe einen chmod-Befehl einzugeben. Daher ist diese eher die übliche Methode.

Wer *Windows* gewöhnt ist, findet es vielleicht praktischer, die Rechte mit dem Programm „File Manager“ anzupassen, die Linux-Variante des Windows-Explorers. Sie können dieses im Menü „Accessories“ und dann „File Manager“ finden. Klicken Sie mit der rechten Maustaste auf eine Datei und wählen Sie den Permissions-Tab. Sie können nun die gewünschten Einstellungen treffen und mit „OK“ bestätigen.

Eine andere Möglichkeit jemandem Rechte zu geben, ist ihn zum Mitglied einer Gruppe mit bestimmten Rechten zu machen. Angenommen, es gibt die Gruppe I^2C, die Rechte hat etwas mit I^2C zu machen. Sie können sich mit dem Befehl „adduser“ selbst zu dieser Gruppe hinzufügen und somit deren Rechte erhalten. Danach geben Sie Ihren eigenen Benutzernamen (pi) und den Namen der Gruppe ein, zu der Sie beitreten möchten (i2c). Es gibt einen kleinen Haken: Da Sie kein Mitglied der Gruppe sind, haben Sie auch nicht das Recht, sich selbst zum Mitglied zu machen. Sie müssen sich kurz die Rechte des Rootbenutzer geben, indem Sie den sudo-Befehl voranstellen. Also so:

```
sudo adduser pi i2c
```

Arbeitsweise

Für Windowsanwender erscheint diese ganze Rechtegeschichte sehr unpraktisch. Die Versuchung ist groß, einfach als Root zu arbeiten und damit das Recht zu haben, wirklich alles zu tun. Das macht es sicher einfacher, wenn Sie einen Internetserver mit SPI aufsetzen möchten. Es ist jedoch besser sich daran zu gewöhnen, mit Rechten zu arbeiten. Wenn Sie sich einmal daran gewöhnt haben, fällt es in der Praxis recht leicht und es kommt der Sicherheit zu Gute.

Linux Befehle

In diesem Abschnitt behandeln wir die Linux-Befehle, denen Sie in diesem Buch begegnen. Dies ist keine vollständige Übersicht: Es gibt viel mehr Befehle und die hier besprochenen können noch viel mehr, als hier beschrieben.

Befehl	Wirkung
ls	Verzeichnisinhalt anzeigen.
cat x	Dateiinhalt von x anzeigen.
mkdir x	Verzeichnis x anlegen.
cd x	Gehe zu Verzeichnis x.
cd x/y	Gehe zu Verzeichnis y in Verzeichnis x.
cd ..	Gehe 1 Verzeichnis zurück (Leerzeichen zwischen cd und .. beachten).

cd ~/x	Gehe zu Verzeichnis x, das im Arbeitsverzeichnis liegt. Das Arbeitsverzeichnis ist das, in dem Sie landen, wenn Sie mit *LXterminal* (oder *Putty*) arbeiten. Es wird durch eine Tilde „~“ dargestellt. Der Prompt sieht dann so aus: pi@raspberrypi ~ $ Das Arbeitsverzeichnis ist das Benutzerverzeichnis. Es sieht so aus, als gebe es nichts darüber. Das Benutzerverzeichnis hat den Pfad /home/pi und darüber liegen Verzeichnisse, auf die Sie ohne „sudo“ oder „root“ keinen Zugriff haben. Sie können den Pfad Ihres Benutzerverzeichnisses mit pwd erfragen.
rmdir x	Lösche Verzeichnis x, aber nur, wenn es leer ist.
rm x	Lösche Datei x ohne weitere Nachfrage. Zusätzliche Optionen: f = lösche auch schreibgeschützte Dateien i = frage nach Bestätigung Beispiel: rm -i x Lösche Datei x, aber frage erst nach einer Bestätigung (Antwort y oder n).
rm -r x	Lösche Datei x, und wenn x ein Verzeichnis ist, lösche x und alle Dateien und Verzeichnisse darin ohne Nachfrage.[21]
cp -i x y	Kopiere Datei x nach y. Die Option i sorgt dafür, dass Sie gewarnt werden, wenn die Datei schon existiert. Ist y ein Verzeichnis, wird x dorthinein kopiert.
mv -i x y	Genauso, aber nun wird Datei x nicht kopiert sondern, verschoben. Sie können diesen Befehl auch verwenden, um einer Datei (oder Verzeichnis) einen anderen Namen zu geben. Wenn Datei y nicht existiert, benennt mv tatsächlich x in y um.
df -h	Zeigt, wie voll die Festplatten sind. In unserem Fall die virtuelle Festplatte auf der SD-Karte, da der RPi keine Festplatte besitzt.
du -sh x	Zeigt, wie viel Platz Verzeichnis x benötigt.
man x	Zeigt die Anleitung von Befehl x. Wenn vorhanden, ist das eine Datei, durch die Sie mit den Pfeiltasten scrollen können. Mit h können Sie Hilfe erhalten und mit Q beenden.

Tabelle 2. Einige Linuxbefehle, die in diesem Buch verwendet werden.

[21] In Anekdoten über Linux- oder Unix-Katastrophen treffen Sie vielleicht auf „rm -rf /“. Damit wird in unserem Fall das gesamte Verzeichnis gelöscht und wenn Sie root-Anwender sind, auch der gesamte RPi! Sie sehen, warum es klug ist, nicht als root zu arbeiten.

Installieren von Anwendungen

Dies funktioniert anders als unter Windows. Zunächst muss das Repository auf dem RPi geupdated werden, so dass der RPi weiß, welche Software wo zu finden ist.

```
sudo apt-get update
```

Danach müssen wir die Software, die wir installieren möchten, suchen. Angenommen wir möchten die Software „aprogram" suchen:

```
sudo apt-cache search aprogram
```

Wenn die Software gefunden wurde, kann Sie geladen und installiert werden:

```
sudo apt-get install aprogram
```

Brauchen Sie die Software nicht mehr, kann sie auch wieder entfernt werden:

```
sudo apt-get remove aprogram
```

Es kann sein, dass die Software, die Sie suchen auf eine andere Art geladen und installiert werden muss. Folgen Sie in dem Fall der Anleitung zu der Software.

Es ist ratsam, vor der Installation neuer Software zunächst ein Backup der SD-Karte mit dem Programm „Disk Imager" anzulegen, wie in Kapitel 3.2.1 beschrieben. Es kann immer vorkommen, dass ein neues Programm Probleme verursacht. Wenn Sie ein Backup haben, müssen Sie nicht darauf vertrauen, dass das Entfernen der Software mit „remove" reibungslos funktioniert.

4.2 Programmieren in Bash

Bash ist die Linuxversion von Batchdateien, die Sie vielleicht von Windows kennen. Es ist eine einfache Sprache, mit der Sie häufig vorkommende Handlungen auf dem RPi automatisieren und z. B. Texte auf dem Bildschirm anzeigen können.

In diesem Kapitel behandeln wir nur die Bash-Befehle, die Sie für dieses Buch benötigen. *Bash* ist deutlich umfangreicher und mächtiger als wir hier besprechen!

Als Beispiel eines Bashprogramms erzeugen wir ein einfaches Programm, dass „Hallo Welt" auf dem Bildschirm ausgibt. Das Programm sieht so aus:

```
echo Hello World
```

Es geht fast nicht einfacher. „Echo“ bedeutet „gebe auf dem Bildschirm aus“ und alles, was danach kommt, wird ausgegeben. Um dieses Programm auf dem RPi einzugeben, verwenden wir *Leafpad.* Das ist ein einfacher grafischer Editor, so wie Sie das unter *Windows* gewöhnt sind. Sie können das Programm aus dem Menü starten (*Accessories – Leafpad*) oder im Terminal (*leafpad* und dann Enter).

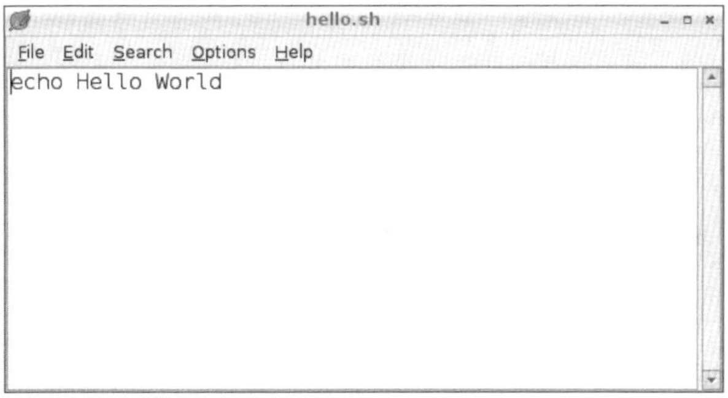

Abbildung 27. Leafpad.

Viele Linuxanwender halten nichts von derlei grafischen Anwendungen, sie können Nano verwenden. Sie können dieses Programm starten, indem Sie im Terminal *nano* eingeben, gefolgt von Enter. *Nano* ist ein schneller, kleiner Editor, der ohne Maus bedient wird.

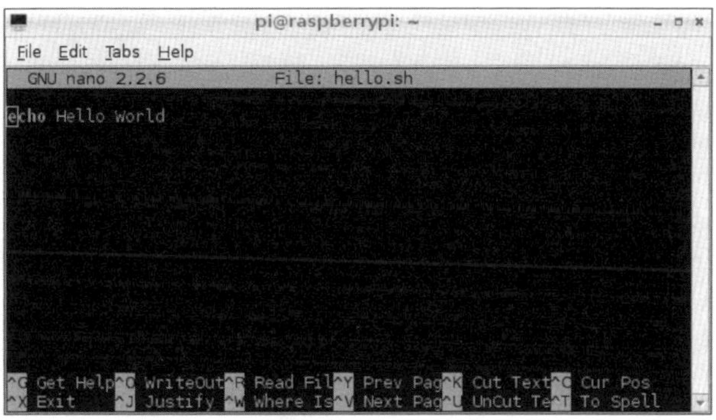

Abbildung 28. Nano.

Falls Sie die SSH-Verbindung verwenden, können Sie auch den eingebauten Editor von *WinSCP* nutzen. Mehr über die Installation von SSH und *WinSCP* beschreibt Abschnitt 3.2.

Abbildung 29. Editor von WinSCP.

Speichern Sie das Programm unter dem Namen „hello.sh" im Verzeichnis *pi*. Da Sie der Benutzer pi sind, ist das „Ihr Verzeichnis". Starten Sie es mit

```
bash hello.sh
```

Auf dem Bildschirm erscheint nun der Text „Hallo Welt". Wir können dieses Programm noch schöner machen, indem wir nach dem Namen des Benutzers fragen und ihn dann begrüßen.

```
echo What is your name
read name
echo Hello $name
```

Die zweite Zeile des Programms überprüft, was der Benutzer eingibt und speichert das in einer Variablen namens „name". In der dritten Zeile wird der Text „Hello" ausgegeben und dahinter der Inhalt der Variablen „name". Um anzugeben, dass wir den Inhalt der Variablen „name" haben möchten und nicht das Wort selbst, wird das „$"-Zeichen verwendet.

Genauso können Sie auch mit Zahlen arbeiten. Das folgende Programm fragt nach einer Zahl und gibt dann das Doppelte von ihr aus:

```
echo Enter a number
read number
echo Two times $number equals $(($number*2))
```

Die Klammern sind deshalb erforderlich, damit *Bash* die Summe auch tatsächlich ausrechnet. Das Programm kann auch nur ganze Zahlen verarbeiten.

Bash ist vor allem praktisch, um mehrere Befehle mit einem Mal automatisch ausführen zu lassen. Angenommen, Sie möchten die Datei *blonde.mp3* in drei verschiedenen Lautstärken abspielen, dann können Sie dafür ein Bash-Programm anlegen:

```
amixer set PCM 20%
mpg321 blonde.mp3
amixer set PCM 60%
mpg321 blonde.mp3
amixer set PCM 80%
mpg321 blonde.mp3
```

Das Programm *amixer* stellt die Lautstärke ein und mit *mpg321* wird *blonde.mp3* abgespielt.

Bis jetzt wurden alle Befehle einmal ausgeführt. Es ist auch möglich, Befehle mehrere Male auszuführen, beispielsweise so lange, bis eine bestimmte Bedingung erfüllt ist. Das geht z. B. mit dem for-Befehl. Die Struktur ist folgendermaßen:

```
for [Variable] in [ Reihe ]
do
        Befehle, die wiederholt
        werden müssen
done
```

Die Variable erhält nacheinander einen der Werte aus der Reihe und bei jedem Wert werden die Befehle zwischen do und done wiederholt. Das Stück, das wiederholt werden muss, nennen wir eine Schleife (Englisch: loop). Sie können die Variable als einfachen Zähler verwenden, beispielsweise, wenn Sie *blonde.mp3* fünfmal hintereinander abspielen möchten:

```
for i in 1 2 3 4 5
do
        mpg321 blonde.mp3
done
```

Der Name der Variablen ist in dem Fall i. Programmierer verabscheuen es zu tippen, daher wählen sie die Namen von Variablen so kurz wie möglich.

Sie können die Variable auch in der Schleife verwenden. Im folgenden Programm wird die Lautstärke als Variable verwendet. Die Schleife wird dreimal ausgeführt, wobei die Variable i nacheinander die Werte 20, 60 und 80 annimmt. Sie sehen, dass Sie mit ein wenig Tipperei das Programm zu mehr unterschiedlichen Lautstärken erweitern können. Sachen wie diese machen Bash-Programme sehr praktisch.

```
for i in 20 60 80
do
        echo Volume is $i
        amixer set PCM $i%
        mpg321 blonde.mp3
done
```

Es ist üblich, die Befehle in der Schleife einzurücken. So ist gut zu erkennen, wo die Schleife beginnt und wo sie aufhört.

Es kann auch sein, dass vorher nicht bekannt ist, wie oft die Schleife ausgeführt werden soll, aber wohl, dass eine bestimmte Bedingung erfüllt sein muss. Ein Befehl der solche Bedingungen verwendet, ist „while“. Dieser Befehl wiederholt ein Stück des Programms so lange, bis eine bestimmte Bedingung erfüllt ist. Eine Bedingung ist erfüllt, wenn sie „wahr“ ist (English: true). Die Struktur ist folgendermaßen:

```
while [ Bedingung ]
do
        Befehle, die wiederholt
        werden müssen
done
```

Im folgenden Programm müssen Sie raten, welche Zahl sich der RPi ausgedacht hat. Ihre Eingabe wird mit der Lösung (2) verglichen und so lange Sie nicht die richtige Zahl eingeben, wiederholt der RPi die Frage.

```
number=0
while [ $number -ne 2 ]
do
        echo Take a guess
        read number
done
echo Correct!
```

In der ersten Zeile erhält die Variable „number“ den Wert 0, so dass das Programm weiß, dass es in der folgenden Zeile um eine Zahl geht. Ohne diese Zeile schätzt das Programm, dass es um ein Wort geht und Sie erhalten in Zeile zwei sofort eine Fehlermeldung. In der folgenden Zeile wird überprüft, ob der Inhalt der Variablen „number“ ungleich der Zahl 2 ist (-ne, von not equal). Ist sie ungleich, haben Sie die richtige Antwort nicht erraten und müssen es noch einmal probieren. In diesem Fall ist das Programm gerade gestartet und Sie hatten noch nicht einmal die Möglichkeit, eine Zahl einzugeben. Der Teil des Programms, der wiederholt wird, steht zwischen den Wörtern do und done. Das Programm fragt Sie danach, eine Zahl zu raten (Take a guess) und speichert die Antwort in der Variablen „number“. Dann springt das Programm wieder in die while-Zeile und vergleicht die Antwort mit der korrekten Angabe. Stimmt sie, wird die Whileschleife übersprungen und Sie bekommen „Correct“ angezeigt, stimmt sie nicht, wird die Schleife wiederholt.

Eine spezielle Form ist die „while true"-Schleife. Da „true" immer „true" ist (wahr ist immer wahr), wird die Schleife ewig wiederholt oder bis Sie das Programm manuell beenden mit (Strg-C) oder den RPi ausschalten.[22]

```
while true
do
        echo Press Ctrl-C to stop!
done
```

4.3 Programmieren in Python

Die Standardprogrammierspreche des RPi ist *Python*.[23] Auf dem RPi ist alle Software vorinstalliert und Sie können sofort loslegen. Wenn Sie *Python* auch auf Ihrem Windows-PC verwenden möchten, müssen Sie es zuerst installieren. Lesen Sie dazu Kapitel 3.2.2. Da *Python* eine Multiplattform-Programmiersprache ist, kann sie sowohl auf dem PC, aber auch auf dem RPi verwendet werden. Sie können auf beiden Computern exakt dieselben Programme laufen lassen![24] Auf dem Windows-PC verwenden wir in diesem Buch *Python* für Client-Server-Anwendungen, dass bedeutet, dass ein Teil des Programms auf dem Windows-PC und ein Teil auf dem RPi läuft.

IdleX bietet die einfachste Möglichkeit, Programme in *Python* zu schreiben.[25]

[22] Strg-C bedeutet, dass Sie die Strg-Taste und dann kurz auf C drücken.

[23] Auf dem RPi befinden sich zwei Versionen von Python: Version 2 und 3. Viele Erweiterungen, die es für *Python* gibt, funktionieren nur mit Version 2. Daher verwendet dieses Buch *Python 2*. Übrigens wird *Python 2* noch immer gepflegt und es erscheinen regelmäßig Bugfixes.

[24] Außer natürlich, Sie verwenden Hardware, die nicht überall vorhanden ist. So hat Ihr PC beispielsweise keinen GPIO-Port, also wird ein Programm, das diesen Port benötigt, auf Ihrem PC nicht funktionieren.

[25] Wer Erfahrung mit *Python* hat, erwartet vielleicht *Idle*. Dieses Programm hält sich allerdings nicht an die Windowskonvention, dass mit der rechten Maustaste ein Menü mit „Copy/Paste" aufgerufen werden kann. Das ist ziemlich unpraktisch. Daher verwenden wir eine angepasste Version, die das kann: *IdleX*. Diese ist auf der zum Buch gehörenden SD-Karte installiert. Wenn Sie auf dem RPi *Idle* starten, wird in Wirklichkeit *IdleX* gestartet.

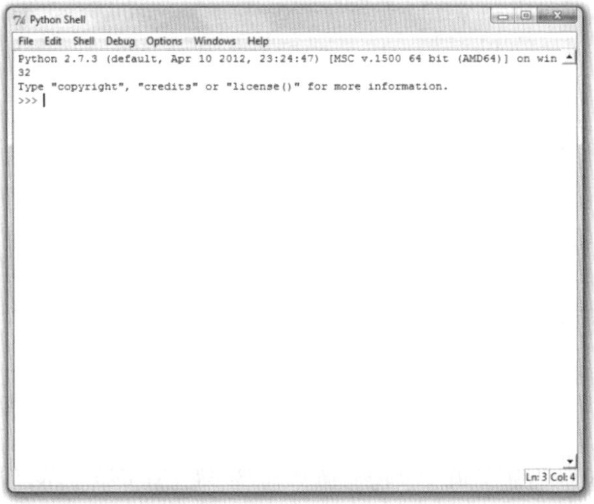

Abbildung 30. IdleX auf einem Windows-PC.

Auf dem RPi können Sie *IdleX* über das Menü („Programming" und dann „Idle"), den Desktop (Doppelklick auf das Idle-Icon) oder in *LXterminal* („idle" eingeben und Enter drücken) starten. Beachten Sie, dass Sie „Idle" eingeben/wählen und doch „IdleX" erhalten.

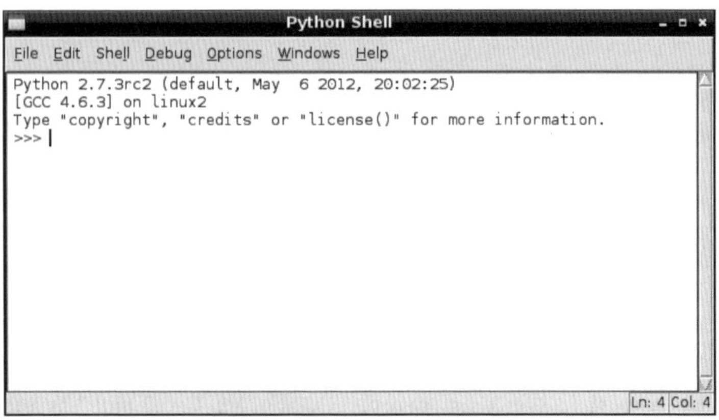

Abbildung 31. IdleX auf dem RPi.

Arbeiten Sie über eine SSH-Verbindung von Ihrem PC aus, können Sie natürlich auch „idle" eingeben. Bevor Sie das aber in *Putty* eintippen, müssen Sie erst *Xming* starten. Sie starten nun die Linux-Version eines grafischen Programms und das funktioniert unter *Windows* nur, wenn *Xming* läuft. Sehen Sie Kapitel 3.2 über die Installation von SSH, *Putty* und *Xming*.

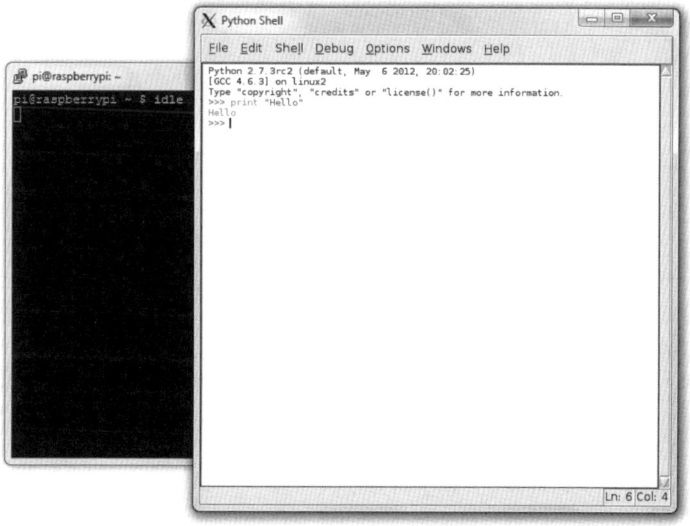

Abbildung 32. IdleX mit SSH und Xming auf einem Windows-PC.

Da *Python* multiplattformfähig ist, gilt dieser Abschnitt für beide Plattformen, Sie können also wählen, ob Sie Ihren PC oder RPi verwenden möchten.

IdleX ist eine Programmierumgebung und gleichzeitig eine Shell, in der Sie direkt Python-Befehle eingeben können. Wir werden das mit dem folgenden Befehl testen:

```
print "Hallo"
```

Darunter erscheint die Reaktion von *Python*: `Hallo`.

Da der Text in Anführungszeichen steht, können Sie nicht so einfach ein Anführungszeichen ausgeben, da *Python* dann denkt, dass der Text dort endet. Die Lösung ist die Verwendung eines Backslashs. Dieser Backslash ist ein „Befehl" für *Python*, um das folgende Zeichen nicht zu interpretieren, sondern auszugeben. Die Folge davon ist, dass Sie nun keinen Backslash mehr ausgeben können, was sich aber durch zwei Backslashs hintereinander lösen lässt.

\'	einfaches Anführungszeichen
\"	doppeltes Anführungszeichen
\\	Backslash

Der Befehl

```
print "Ein einzelnes \' doppeltes \" und Slash \\ Zeichen"
```

erzeugt folgende Ausgabe:

```
Ein einzelnes ' doppeltes " und Slash \ Zeichen
```

Wir können mit *IdleX* auch normale Programme schreiben. Wählen Sie „File" und dann „New Window", um ein leeres Fenster zu öffnen. Wir geben hier unser Programm ein (wieder nur eine Zeile: „Hallo Welt"). Bevor das Programm ausgeführt werden kann, muss es erst gespeichert werden. Wählen Sie „File" und dann „Save As" und speichern Sie das Programm mit einem eindeutigen Namen ab, z. B. „myprogramm.py". Es ist wichtig, dass Sie die Erweiterung .py verwenden, da Sie sonst später nicht mehr wissen, welches Programm in welcher Sprache geschrieben wurde. Außerdem sorgt die Endung dafür, dass *IdleX* weiß, dass es sich um ein Pythonprogramm handelt, so dass der Quellcode schön eingefärbt wird.[26] Nachdem das Programm gespeichert wurde, kann es mit F5 oder die Auswahl von „Run" und dann „Run Module" ausgeführt werden. Das Ergebnis wird wieder in der Shell angezeigt.

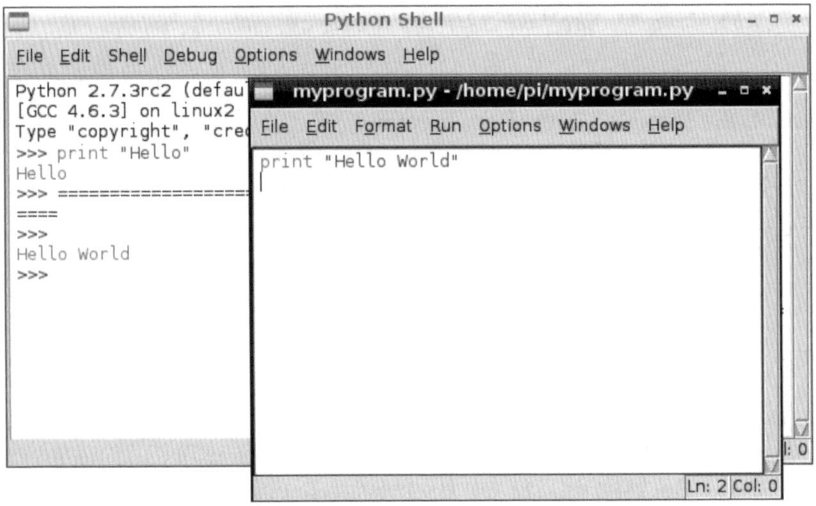

Abbildung 33. Programm in der Shell mit F5 laufen lassen.

Wenn Sie fertig sind, schließen Sie sowohl das Programm und auch die Shell. Ab jetzt können Sie das Programm auch ohne *IdleX* verwenden, indem Sie im Terminal den Befehl:

```
python myprogram.py
```

[26] Es ist übrigens üblich, grafische Programme, die das Modul „wxPython" verwenden, mit der Erweiterung „.pyw" zu speichern. Wir kommen darauf später in diesem Kapitel zurück.

eingeben.[27] Das Ergebnis des Programms wird sofort darunter ausgegeben. Wie bei dem Bash-Programm können wir den Anwender nach einem Namen fragen und ihn damit begrüßen.

```
name=raw_input("What is your name ")
print "Hello " + name
```

Wir verwenden den Befehl „raw_input“, um dem Anwender eine Frage zu stellen. Die Antwort auf die Frage wird in der Variablen *name* gespeichert. In der nächsten Zeile wird der Text „Hello“ ausgegeben mit dem Inhalt der Variablen dahinter.[28]

Sie können dieses Programm auch Zeile für Zeile in die Shell eingeben, das funktioniert auch. Das ist eine praktische Methode, um schnell Befehle auszuprobieren.

Python kennt zwei Arten von Zahlen: Integers und Floats. Integers sind ganze Zahlen, wie 1 oder 507. Floats sind Zahlen, die Nachkommastellen haben, so wie 2,5 oder 78,253. Daneben kennt *Python* auch Strings und Listen. Ein String ist ein Text, wie „Hallo“ und eine Liste ist eine Liste von Dingen. Das können Zahlen sein, wie [2, 67, 190], aber auch Texte wie [„hallo“, „Buch“, „Fahrrad“]. Da *Python* ursprünglich nicht für Mikrocontroller gedacht war, fehlen die Variablentypen Bits und Bytes.

Wenn Sie eine Variable verwenden, rät *Python* selbst, welche Art Variable es sein muss. Meistens geht das gut, aber bei Zahlen müssen Sie aufpassen. Angenommen, wir verwenden die Variable *temp* und geben ihr den Wert 5.

```
temp=5
```

Fünf ist eine Zahl, also ist *temp* für *Python* nun ein Integer. Wenn wir danach durch zwei teilen, ist das Ergebnis nicht 2,5! Das kommt daher, dass 2,5 ein Float ist, während *temp* ein Integer ist; und in ein Integer passt kein Float. Das Ergebnis dieser Berechnung ist also 2. Probieren Sie das mal in *IdleX* aus:

---

[27] In *Windows* können Sie das Programm starten, indem Sie darauf doppelklicken. Es öffnet sich dann ein schwarzes Fenster mit dem Ergebnis, schließt sich aber sofort wieder, so dass Sie nicht dazu kommen es zu lesen. Fügen Sie Ihrem Programm als letzte Zeile raw_input ('Press Enter to close window') hinzu, bleibt das Fenster geöffnet, bis Sie Enter drücken.

[28] Für die Interessierte: Der Befehl *Input* existiert auch. Er wird eher selten gebraucht, da er keine Texte annehmen kann, aber wichtiger: alle Eingaben werden sofort ausgeführt. Wenn Sie auf die Frage i=input("Number") z. B. 2+2 antworten, enthält i nicht 2+2, sondern direkt das Ergebnis, also 4. Das kann praktisch sein, aber angenommen, der Anwender Ihres Programms gibt keine Zahlen ein sondern z. B. eval("__import__('os').remove('text.txt')"). Mit diesem Befehl wird ohne weitere Meldung die Datei *text.txt* im aktuellen Verzeichnis gelöscht! Nun wird es ein etwas gruselig: *input* ist eine offene Einladung für Hacker!

```
>>> temp=5
>>> temp=temp/2
>>> print temp
2
```

Das ist eine unerfreuliche Fehlerquelle für Python-Neulinge. Es gibt drei Lösungen. Die erste ist, dass *temp* nicht den Wert 5 sondern 5,0 erhält. Das ist zwar dasselbe, aber durch die *,0* ist die Zahl kein Integer mehr, sondern ein Float. Achtung: *Python* folgt der amerikanischen Zahlennotation, bei der Komma und Punkt vertauscht sind. Die deutsche Zahl 1.000,4 entspricht also der amerikanischen Zahl 1,000.4. Also wenn wir über Dezimalstellen, wie *,0* reden, müssen Sie in Python *.0* eingeben. Mit dieser Anpassung funktioniert die Berechnung gut:

```
>>> temp=5.0
>>> temp=temp/2
>>> print temp
2.5
```

Die andere Lösung ist nicht durch 2, sondern durch 2,0 zu teilen. Das hat den gleichen Effekt, denn nun ist das Ergebnis ein Float und daher wird die Variable *temp* auch zu einem Float.

Die dritte Lösung ist mit dem Befehl *float()* aus *temp* ein Float zu machen.

```
>>> temp=float(temp)
>>> print temp/2
2.5
```

Welche Lösung Sie wählen, hängt von der Situation ab. Wenn *temp* von Anfang an ein *float* sein muss, geben Sie ihr am besten den Wert 5.0. Wenn Sie mitten im Programm *temp* von Integer zu Float ändern möchten, wählen Sie am besten den Befehl *float()*. Übrigens können Sie mit *int()* wieder zurück zu einem Integer, eventuelle Nachkommastellen gehen dann aber natürlich verloren.

```
>>> temp=2.5
>>> temp=int(temp)
>>> print temp
2
```

Wenn Sie einen Text und eine Variable kombinieren möchten, können Sie das auf zwei Arten. Die erste funktioniert mit einem Komma.

```
>>> temp=2.5
>>> print "Der Wert ist",temp,"Punkte"
Der Wert ist 2.5 Punkte
```

Die zweite Methode arbeitet mit Ersetzungen. An die Stelle, an der die Variable erscheinen soll, schreiben Sie „%s“ und die Variable kommt ganz ans Ende. Das ähnelt der Methode, die in der Programmiersprache C verwendet wird, daher werden Sie sie oft sehen (die meisten Programmierer „sprechen“ auch C).

```
>>> print "Der Wert ist %s Punkte" % temp
Der Wert ist 2.5 Punkte
```

Bei mehreren Variablen schreiben Sie diese in Klammern mit Kommata getrennt. Im Text verwenden Sie für jede Variable „%s“, sie werden in der Reihenfolge ersetzt, in der sie in den Klammern stehen.

```
>>> temp2=3.4
>>> print "Die Werte sind %s und %s Punkte" % (temp,temp2)
Die Werte sind 2.5 und 3.4 Punkte
```

Der Vorteil des C-Stils ist, dass Sie angeben können, wie die Variablen ausgegeben werden sollen:

%s	Erzeuge einen String und gebe ihn aus.
%d	Als Integer ausgeben.
%c	Als Character ausgeben.

Sie können auch Formatierungsoptionen angeben:

%4s	Mindesten 4 Zeichen, links mit Leerzeichen aufgefüllt.
%.2f	Float mit 2 Stellen nach dem Komma.

Ein Beispiel für ein Float mit Formatierung:

```
>>> print "Ein Float mit 2 Stellen hinter dem Komma %.2f" % temp
Ein Float mit 2 Stellen hinter dem Komma 2.50
```

Sie können mit *IdleX* bequem mit den verschiedenen Ausgabeoptionen experimentieren, bevor Sie sie in Ihrem Programm einsetzen.

Ein besondere Art *Variable* ist die *list*. List ist Englisch für Liste, aber wir werden so oft wie möglich die originale Bezeichnung verwenden und keine Übersetzung. In vielen anderen Programmiersprachen wird für *list* der Begriff *Array* verwendet. Eine *list* ist eine Reihe von Dingen, die einen gemeinsamen Namen haben: den Namen der *list*. Sie können eine Liste erzeugen, indem Sie alle Elemente der Liste in eckige Klammern setzen und dem Namen der Variabel zuweisen:

```
L=[34,6,128]
```

Die *list* mit dem Namen L enthält drei Integer, nämlich 34, 6 und 128. Um die Elemente in einer *list* auseinanderhalten zu können, haben alle eine Nummer. Diese Nummer heißt *Index*. Achtung: Die Nummerierung beginnt mit 0 (wie beim Array also). In „list L" hat die Zahl 34 also den Index 0 und Zahl 6 hat den Index 1. Sie können ein Element aus der *list* auswählen, indem Sie den Index in eckige Klammern setzen.

```
>>> L=[34,6,128]
>>> print L[0]
34
```

Übrigens ist für *Python* ein „String" auch eine Liste, bei der alle Buchstaben automatisch einen Index erhalten.

```
>>> name="Bert"
>>> print name[3]
t
```

Auf den ersten Blick sieht eine *list* nur wie eine technische Feinheit aus, aber *Python* hat einige sehr mächtige list-Funktionen:[29]

print
Mit dem print-Befehl können Sie eine komplette *list* auf einmal ausgeben (wie im Beispiel zu „append".

append
Mit diesem Befehl können Sie ein Element ans Ende der *list* hinzufügen. Angenommen, wir möchten an unsere „list L" die Zahl 300 anhängen, dann geht das mit diesem Befehl: L.append(300)

```
>>> L.append(300)
>>> print L
[34, 6, 128, 300]
```

pop
Das Gegenteil von *append* ist *pop*, denn damit wird ein Element vom Ende der *list* gelöscht.

[29] Haben Sie gesehen, dass ich allerlei Befehle direkt in *IdleX* eingebe, um sie „auszuprobieren"? Das können Sie ruhig auch machen. Es ist etwas Besonderes, eine Programmiersprache so verwenden zu können und natürlich können Sie dann sofort selbst auch etwas ausprobieren. So lernen Sie am schnellsten!

```
>>> L.pop()
300
>>> print L
[34, 6, 128]
```

Sie können auch ein anderes gewünschtes Element aus der *list* entfernen, indem Sie dessen Index in Klammern angeben. Mit L.pop(0) entfernen Sie beispielsweise das erste Element aus list L.

Durch das geschickte Anwenden von *append* und *pop(0)* können Sie eine *list* verwalten, die die letzten drei Zahlen enthält, die jemand eingibt. Mit *append* hängen Sie die eingegebene Zahl an die Liste an und mit *pop(0)* entfernen Sie die vorderste Zahl wieder. Ein schönes Beispiel dafür zeigt Projekt 9.4, wo diese Methode verwendet wird, um einen laufenden Mittelwert zu berechnen.

sum
Mit *sum* können Sie die Elemente in einer *list* aufsummieren, wenn Sie nur Integers oder Floats enthält. Wenn Sie versuchen Strings aufzusummieren, erhalten Sie eine Fehlermeldung.

```
>>> print L
[34, 6, 128]
>>> print sum(L)
168
```

len
Mit *len* wird die Anzahl der Elemente in der *list* gezählt und da ein String für *Python* auch eine *list* ist, können Sie mit diesem Befehl auch die Länge eines Strings bestimmen. Mit Hilfe des len-Befehls können Sie z. B. den Mittelwert einer *list* berechnen.

```
>>> print "Der Mittelwert von L ist ",sum(L)/len(L)*1.0
Der Mittelwert von L ist  56.0
```

Vergessen Sie nicht die Multiplikation mit 1.0, damit *Python* mit Floats arbeitet. Alle Elemente in der *list* sind Integer. In diesem Fall macht es zufällig keinen Unterschied, da der Mittelwert auch ein Integer ist, aber das können Sie nur sicher wissen, wenn Sie es vorher mit der Hand ausrechnen und dafür haben wir keinen teuren Computer gekauft. Sorgen Sie im Zweifelsfall daher immer dafür, dass *Python* mit Floats rechnet

slice
Slice ist eine Möglichkeit Teilbereiche aus einer *list* zu erhalten. Die Syntax ist Listname[index1:index2]. Der erste Index ist der des ersten Elements, das Sie

auswählen möchten, der zweite Index ist der des ersten Elements, das Sie ***nicht mehr*** auswählen möchten. Lassen Sie eine Zahl weg, bedeutet das „alles“.

```
>>> print L
[34, 6, 128]
```

Wir beginnen die Ausgabe nun mit Index 0 und stoppen vor Index 1:

```
>>> print L[0:1]
[34]
```

Wir geben von einen Index bis zum Ende alles aus:

```
>>> print L[0:]
[34, 6, 128]
>>> print L[1:]
[6, 128]
```

Sie können auch bis zu einer bestimmten Anzahl Zeichen vor dem Ende ausgeben, indem Sie negative Indices verwenden. Beispielsweise die ganze Liste, bis auf das letzte Element:

```
>>> print L[:-1]
[34, 6]
```

replace

Mit *replace* können Sie Elemente in einer Liste durch andere Elemente ersetzen. Das funktioniert übrigens nur für eine Liste mit Strings und nicht mit Zahlen. Wir erzeugen erst eine neue Liste mit vier Strings und ersetzen danach alle „a“ durch „x“. Der Befehl hat eine weniger offensichtliche Struktur, da er eigentlich ein eigenes Programm ist, in dem wir zunächst einen String erzeugen und darin dann die Ersetzung durchführen.

```
>>> L=["a","b","a","c"]
>>> L=[w.replace("a","x") for w in L]
>>> print L
['x', 'b', 'x', 'c']
```

Der Befehl wird klarer, wenn wir ihn auf einen normalen String anwenden:

```
>>> temp="Ein Text mit fünf Worten"
>>> print temp.replace("fünf","vier")
Ein Text mit vier Worten
```

Es gibt noch viel mehr Funktionen, die in Kombination mit *list* verwendet werden können (beispielsweise min, max, remove), aber die werden in diesem Buch nicht verwendet.

Operatoren

Es gibt im Prinzip zwei Arten von Operatoren: mathematische und logische. Ein Beispiel für einen mathematischen Operator ist das „+“, das für „addieren“ steht. Das Ergebnis einer mathematischen Operation ist immer eine Zahl.

Ein anderes Beispiel für einen mathematischen Operator ist das „&“. Dieses Symbol steht für UND und addiert zwei Zahlen anhand der folgenden Wahrheitstabelle.

&	input1	input2	output = input1 & input2
	0	0	0
	0	1	0
	1	0	0
	1	1	1

Tabelle 3. UND (&) Wahrheitstabelle.

Der UND-Operator wird auf Binärebene mit der vollständigen Variablen ausgeführt. Wenn eine Variable also beispielsweise ein Byte ist, wird die UND-Operation auf alle acht Bits ausgeführt. Beispiel:

3 & 7 = 3

Binär ist das einfacher zu verstehen:

0000 0011 & 0000 0111 = 0000 0011

Der Windows-Rechner kann auch mathematische UND-Operationen berechnen.

Ein logischer Operator gibt keine Zahl als Ergebnis aus, sondern wahr oder unwahr. Der logische UND-Operator kann verwendet werden, um zwei Bedingungen gleichzeitig zu überprüfen. Wenn beide wahr sind, ist deren Kombination mit UND auch wahr.

Ein Beispiel für einen logischen Operator ist *and*. Dieser steht für das logische UND und vergleicht zwei Bedingungen. Er gibt als Antwort *wahr* oder *unwahr* basierend auf der folgenden Wahrheitstabelle..

and	input1	input2	output = input1 and input2
	unwahr	unwahr	unwahr
	unwahr	wahr	unwahr
	wahr	unwahr	unwahr
	wahr	wahr	wahr

Tabelle 4. UND (and) Wahrheitstabelle.

Die folgende Tabelle gibt eine Übersicht über einige Operatoren, die sowohl mathematisch wie auch logisch sind und dadurch für Verwirrung sorgen können.

<table>
<tr><th>Operator</th><th>Logisch</th><th>Mathematisch</th></tr>
<tr><td>UND</td><td>and</td><td>&</td></tr>
<tr><td>ODER</td><td>or</td><td>|</td></tr>
<tr><td>NICHT</td><td>not</td><td>~</td></tr>
<tr><td>EXODER</td><td></td><td>^</td></tr>
<tr><td>gleich</td><td>==</td><td>=</td></tr>
</table>

Tabelle 5. Mathematische und logische Operatoren.

Beachten Sie, dass der logische „gleich"-Operator aus einem doppelten „=" Zeichen besteht. Die Aufgabe i==7 gibt als Antwort „wahr", wenn i gleich sieben war bevor die Frage gestellt wurde und „unwahr", wenn das nicht der Fall war.

Ein einzelnes „=" Zeichen ist ein mathematischer Operator. Die Aufgabe i=7 hat das Resultat, dass i den Wert 7 erhält.

Logischer Operator	Beschreibung
>	größer als
>=	größer oder gleich
<	kleiner als
<=	kleiner oder gleich
!=	ungleich

Tabelle 6. Logische Operatoren.

Mathemat. Operator	Beschreibung
+	addieren
-	subtrahieren
=	zuweisen
*	multiplizieren
**	potenzieren
/	teilen
%	Modulo
>>	verschiebe 1 Bit nach rechts
<<	verschiebe 1 Bit nach links

Tabelle 7. Mathematische Operatoren.

Mathematische Abkürzungen

In vielen Programmen werden mathematische Abkürzungen verwendet. Das ist vor allem oft bei Zählern der Fall, die um eins erhöht werden, wo beispielsweise i+=1 anstelle von i = i + 1 verwendet wird. Die folgende Tabelle zeigt die häufigsten Abkürzungen.

Abkürzung	Bedeutung	Beschreibung
i+=5	i = i + 5	Addiere 5 zu i.
i-=5	i = i - 5	Ziehe 5 von i ab.
i*=5	i = i * 5	Multipliziere i mit 5
i/=5	i = i / 5	Teile i durch 5

Tabelle 8. Rechenabkürzungen.

For

Wie *Bash* kennt auch *Python* Schleifen. Das Besondere bei *Python* ist, dass das Einrücken nicht nur der Schönheit dient, sondern notwendig ist, da *Python* keine Befehle für Anfang und Ende der Schleife kennt. Wo das Einrücken beginnt, ist der Anfang der Schleife, wo das Einrücken aufhört, ist das Ende. Ein Beispiel:

```
for i in range(1, 5):
        print i
print "Done"
```

Nur der Befehl `print i` ist in der Schleife. Können Sie sich vorstellen, was das Programm ausgeben wird? Variable i erhält jeden (ganzen) Wert in der Reihe von 1 bis (nicht inklusive) 5, also 1, 2 ,3 und 4, als ersten Wert also 1 und gibt ihn aus. Der folgende Befehl (`print "Done"`) ist nicht eingerückt, gehört also nicht zur Schleife. Das Ergebnis des Programms ist also:

```
1
2
3
4
Done
```

Ist Ihnen aufgefallen, dass am Ende der for-Zeile ein Doppelpunkt stehen muss? Das muss bei jedem Schleifenanfang so sein.

Beachten Sie, dass Sie beim Einrücken die TAB-Taste verwenden oder mehrere Leerzeichen, aber nicht beide durcheinander, denn dann verliert *Python* den Überblick. Es ist schade, das *Python* nicht mit einer Mischung aus Leerzeichen und Tabs umgehen kann, denn dadurch wird es schwierig, Programmteile aus anderen Programmen oder dem Internet zu kopieren. Das folgende Programm sieht gut aus, funktioniert aber nicht:

```
for i in range(1, 5):
	print i
       print i+3
print "Done"
```

Das kommt daher, dass die erste Zeile einen Tab enthält und die zweite sieben Leerzeichen. Sie sehen keinen Unterschied, *Python* aber doch und gibt die Fehlermeldung „inconsitant indentation“ aus. Sie können das lösen, indem Sie das komplette Programm in *IdleX* auswählen und dann auf *Format* und dann *Tabify Region* klicken. Die Leerzeichen werden nun überall durch Tabs ersetzt und Sie können sie nun per Hand wieder schön untereinander setzen.[30]

While

Die Python-While-Schleife hat diese Form:

```
while [ Bedingung ]:
	Befehle, die wiederholt
	werden müssen
```

Ein Beispiel dafür ist das Programm, das Sie so lange nach einer Zahl fragt, bis Sie eine eingeben, die größer als zehn ist.

```
wert=0
while wert <= 10:
	wert=int(raw_input("Enter a number ") )
print "Done"
```

Beachten Sie, dass das Resultat von *raw_input* immer ein String (Text) ist. Wenn Sie also beispielsweise 4 eingeben, sieht das Programm dies nicht als 4, mit der gerechnet werden kann, sondern als Text. Um damit rechnen zu können, müssen wir den String mit dem Befehl *int()* in einen Integer umwandeln.

Bedenken Sie bei der Verwendung der While-Schleife, dass in *Python* „True“ mit einem großen Buchstaben beginnen muss. Genau im Gegensatz zu *Bash*, wo es mit einem kleinen Buchstaben anfangen muss.

```
while True:
	print "This never stops"
```

[30] Oder Sie ändern alles in Leerzeichen mit *Format* und dann *Untabify Region*.

Pass

Es ist möglich, dass Sie eine Schleife verwenden, aber eigentlich keine Befehle darin haben möchten. Das kommt zum Beispiel vor, wenn sich die Bedingung durch äußere Einflüsse ändern kann. Das folgende Programm wartet dann z. B. so lange, bis jemand den Schalter loslässt, der mit GPIO 18 verbunden ist.[31]

```
while io.digitalRead(18):
        pass
```

Das Programm muss dann selbst nichts tun und die Schleife ist daher leer. Eine leere Schleife funktioniert aber nicht, daher wird der Befehl *pass* verwendet. *Pass* bedeutet eigentlich „tue nichts“.

If-then

Der if-then-Befehl ist ein Auswahl-Befehl. Wenn (*if*) eine bestimmte Bedingung erfüllt ist, dann (*then*) muss das Programm etwas tun. Das Schlüsselwort „then“ wird in *Python* nicht verwendet, stattdessen steht dort der Doppelpunkt.

```
if i==5:
        # tue dies, wenn i gleich 5 ist
```

Es kann sein, dass das Programm auch etwas tun muss, wenn die Bedingung nicht erfüllt ist. Dazu können Sie den else-Teil verwenden. Wenn (*if*) eine bestimmte Bedingung erfüllt ist, dann (*then*) muss das Programm etwas tun, sonst (*else*) muss es etwas anderes tun.

```
if i==5:
        # tue dies, wenn i gleich 5 ist
else:
        # sonst tue dies
```

Beachten Sie, dass hinter *else* ein Doppelpunkt steht.

Binär

Menschen verwenden normalerweise dezimale Zahlen. Die Zahl 135 beispielsweise bedeutet hundertfünfunddreißig. Tatsächlich ist es einfach eine Reihe von drei Ziffern, aber wir haben vereinbart, dass die Position jeder Ziffer bestimmt, wie hoch ihr Wert ist. Die Ziffer fünf steht ganz rechts und hat daher den Wert fünf. Die Ziffer drei steht an der

[31] Was genau GPIO ist und wie es funktioniert, wird in Kapitel 5 besprochen.

zweiten Position – wir zählen von rechts nach links – und ist dreißig wert. Die Ziffer 1 steht an der dritten Position und ist hundert wert. Wir verwenden tatsächlich die folgende Tabelle, mit der Randbedingung, dass wir mit 1 zu zählen beginnen und Computer mit 0.

Position	3	2	1	0
Faktor	mal tausend	mal hundert	mal zehn	mal eins

Das ist das dezimale System (deci = 10), da der Faktor als Potenz von zehn 10 geschrieben werden kann:

Position	3	2	1	0
Faktor	mal 10^3	mal 10^2	mal 10^1	mal 10^0

Für Computer ist es praktischer mit nur zwei Ziffern zu arbeiten, 0 und 1, aus und an, tief und hoch, low und high. Das ist das binäre System.

Position	3	2	1	0
Faktor	mal 2^3	mal 2^2	mal 2^1	mal 2^0

Die binäre Zahl 101 ist $1 * 2^2 + 0 * 2^1 + 1 * 2^0 = 5$ dezimal. Das Problem ist, dass Sie der Zahl nicht ansehen können, dass sie eine binäre Zahl ist. Das ist recht praktisch für Witze. Beispiel: „Es gibt 10 Sorten Menschen auf dieser Welt, solche, die binäre Zahlen verstehen und solche, die es nicht tun." Um diese Verwirrung zu vermeiden, verwenden wir ein Präfix, für binäre Zahlen ist das „0b". Beachten Sie, dass im Gegensatz zu anderen Programmiersprachen *Python* keine binäre Notation von Zahlen kennt.

Es ist sehr praktisch, wenn Sie im Kopf binär nach dezimal umrechnen können und umgekehrt, aber wenn Mathe nicht Ihre Stärke ist, können Sie einfach den Windows-Rechner verwenden, der zu Windows gehört. Sie müssen diesen in den wissenschaftlichen oder Programmiermodus setzen, um diese Möglichkeiten zu verwenden.

Verwenden von Erweiterungen

Neben den Standardbefehlen in *Python* können Sie auch Module mit zusätzlichen Funktionen laden. Das geschieht mit dem Befehl *import*. *Python* kennt beispielsweise keinen Befehl für Pause. Das Modul *time* enthält diesen Befehl. Das Beispielprogramm gibt alle 0,3 Sekunden den Buchstaben „a" aus:

```
import time
while True:
        print "a"
        time.sleep(0.3)
```

Das Präfix *time.* vor „sleep" gibt an, dass der Befehl „sleep" im Modul *time* gesucht werden muss. Sie können einem Modul während des Ladens einen anderen Namen geben, wenn Sie das praktischer finden:

```
import time as t
while True:
      print "a"
      t.sleep(0.3)
```

Benötigen sie nur einen Befehl aus dem Modul, können Sie selektiv auch nur diesen einen laden, so dass Sie nicht davor schreiben müssen:

```
from time import sleep
while True:
      print "a"
      sleep(0.3)
```

Wir verwenden beide Methoden in diesem Buch. Möchten Sie wissen, welche Befehle in welchem Modul liegen, können Sie das mit dem Befehl *dir()* erfahren. Sie müssen dafür die Module natürlich erst laden.

```
>>> import time
>>> dir(time)
['__doc__', '__name__', '__package__', 'accept2dyear', 'altzone',
'asctime', 'clock', 'ctime', 'daylight', 'gmtime', 'localtime',
'mktime', 'sleep', 'strftime', 'strptime', 'struct_time', 'time',
'timezone', 'tzname']
```

Sie können ausführlichere Informationen mit dem Befehl *help()* erhalten, z. B.

```
help(time)
```

Das Ergebnis ist eine ausführliche Beschreibung aller Möglichkeiten des Moduls. In der Praxis kann sich die Qualität der Beschreibungen stark unterscheiden, vor allem von Hobbyprogrammieren geschriebene Module zeichnen sich oft durch das Fehlen jeder Hilfe aus.

Dateien

Python sieht eine Datei als ein Objekt. Beim Öffnen muss also sofort eine Variable zugewiesen werden. Der folgende Befehl öffnet die Datei *counter.dat* im cgi-bin-Verzeichnis zum Lesen („r").

```
myfile = open('cgi-bin/counter.dat','r')
```

Beachten Sie, dass *Linux* den Slash „/" verwendet, während *Windows* den Backslash „\" in Pfaden nutzt. Außer zum Lesen (read, „r") kann eine Datei unter anderem auch zum (Über)Schreiben (write, „w") oder zum Anhängen (append, „a") geöffnet werden. Der Inhalt der Datei besteht immer aus Strings.

Da nun die Datei geöffnet ist, kann daraus gelesen werden, beispielsweise eine Zeile:

```
data=myfile.readline()
```

Daten aus einer Datei werden immer als Text angesehen. Sie können daraus mit *int()* oder *float()* Nummern erzeugen, angenommen, dass die eingelesenen Daten auch wirklich Ziffern sind, sonst erhalten Sie eine Fehlermeldung. Andere Möglichkeiten:

Lese alle Zeilen in eine Liste	data=myfile.readlines()
Lese n Zeichen	data=myfile.read(n)
Schreibe einen String	myfile.write("hallo")
Wie oben, mit Zeilenende	myfile.write("hallo\n")
Schreibe eine Liste	myfile.writelines(data)

Ohne Zeilenende landen alle Strings in einer Zeile. Das ist kein Problem, aber schwierig zurückzulesen. Es ist also praktisch, das Zeilenendezeichen zu verwenden. Da *Windows* und *Linux* andere Zeilenenden verwenden, wird *\n* durch das Zeichen ersetzt, das auf Ihrem Computer verwendet wird. Sie können auch die Backslash-Möglichkeiten „\" einsetzen, die Sie beim print-Befehl kennengelernt haben, wie \".

Wenn Sie fertig sind, kann die Datei wieder geschlossen werden.

```
myfile.close()
```

Folgendes Beispielprogramm öffnet eine Datei, fügt „bert" mit Zeilenende und 34 ein und schließt die Datei wieder:

```
myfile = open(mydata.dat','w')
myfile.write("bert\n")
myfile.write(str(34))
myfile.close
```

Und danach werden beide Daten wieder zurückgelesen und ausgegeben. Beachten Sie, dass wir „Slicing" verwenden, um das Zeilenendezeichen \n nicht auszugeben:

```
myfile = open(mydata.dat','r')
print myfile.readline()[:-1]
print int(myfile.readline())
myfile.close
```

Schließlich werden die Daten noch einmal gelesen und in einer Liste ausgegeben.

```
myfile = open('mydata.dat','r')
L= myfile.readlines()
print L
myfile.close
```

Das Ergebnis:

```
bert
34
['bert\n', '34']
```

Try/except

Try/except ist eine praktische Methode um Fehler abzufangen, ohne dass das Programm stoppt oder der Anwender eine Fehlermeldung erhält. Sie geben *Python* den Befehl etwas zu probieren (*try*). Falls das jedoch nicht funktioniert, sind die Befehle hinter *except* auszuführen.

Ein Beispiel ist der folgende Programmteil aus Kapitel 11.3.2. Sie sehen, dass erst probiert wird eine Datei zu öffnen, dort eine Ziffer zu lesen und in der Variablen „number" zu speichern. Funktioniert das nicht (weil z. B. die Datei nicht existiert, oder die Zeile nichts enthält aus dem mit *int()* eine Nummer erzeugt werden kann, springt das Programm nach *except*. Dort erhält die Variable „number" den Wert 0, wonach das Programm ungestört weiterläuft.

```
try:
        # lade die Zahl, wenn die Datei existiert
        myfile = open('cgi-bin/counter.dat','r')
        number=int(myfile.readline())
        myfile.close()
except:
        # sonst verwende den Wert 0
        number=0
```

Sie können damit übrigens auch Strg-C-Eingaben von Anwendern abfangen, die so das Python-Programm stoppen. *Python* nennt das einen „KeyboardInterrupt".

```
try:
        # hier steht das normale Programm
except KeyboardInterrupt:
        # und hier landen wir, wenn der Anwender Strg-C drückt
```

In Kapitel 12.8 wird diese Methode in der Praxis angewandt. Sie fragen sich vielleicht, was passiert, wenn ein anderer Fehler als Strg-C auftritt. Der Fehler wird durch das Programm nicht abgefangen und daher von *Python* selbst behandelt. Sie können übrigens mehrere „excepts" verwenden, um auch andere Fehler abzufangen, beispielsweise so:

```
try:
      # hier steht das normale Programm
except KeyboardInterrupt:
      # und hier landen wir, wenn der Anwender Strg-C drückt
      raise
except:
      # hier landen wir bei allen anderen Fehlern
```

Nach dem ersten *except* muss der Befehl *raise* verwendet werden, wodurch der Fehler „wieder gültig wird" und wieder mit einem *except* abgefangen werden kann.

Funktionen

Funktionen sind Befehle, die Sie selbst erfinden. In der Praxis sind das Programmstücke, die Sie an mehreren Stellen in Ihrem Programm benötigen. Um zu vermeiden, dass Sie jedes Mal denselben Code eingeben, erzeugen Sie stattdessen daraus eine Funktion, die Sie an verschiedenen Stellen aufrufen.

Es kommt auch vor, dass Sie etwas Praktisches entdeckt haben und das auch in anderen Programmen verwenden möchten. Um das zu ermöglichen, können Sie Funktionen erzeugen, die sich einfach kopieren lassen (alles ist immer „beieinander"). Erfahrene Programmierer haben oft ihre eigene Bibliothek mit praktischen Funktionen, so dass Sie nicht immer dasselbe erfinden müssen.

Eine Funktion beginnt mit dem Wort *def* (von Definition). Danach kommt der Name, den Sie selbst aussuchen können, so lange er keine Sonderzeichen oder Leerzeichen enthält. Das Sinnvollste ist es einen Namen zu wählen, der etwas über die Funktion aussagt. Danach geben Sie in Klammern an, welche Variablen die Funktion benötigt, wenn Sie aufgerufen wird.

In die Funktion selbst kommen die Befehle, also ein Stück Programm. Variable, die Sie neu in der Funktion verwenden, sind außerhalb nicht bekannt. Das macht es praktisch, Funktionen in andere Programme zu kopieren.

Es klingt komplizierter, als es ist.

```
def printmich(nummer):
      print nummer
```

Sie können die gezeigte Funktion mit `printmich(34)` aufrufen. Die Variable „nummer" in der Funktion erhält dann den Wert 34 und wird danach auf dem Bildschirm ausgegeben. Sie können die Funktion auch so aufrufen:

```
Zahl = 34
printmich(Zahl)
```

Nun erhält die Variable „Nummer" den Inhalt der Variablen „Zahl". Und da der Inhalt von „Zahl" 34 ist, wird 34 auf dem Bildschirm ausgegeben. Wenn diese Funktion ohne Parameter, also *printmich()*, aufgerufen wird, erhalten Sie eine Fehlermeldung. Eine gute Lösung ist es daher, einer Funktion einen Defaultwert mitzugeben. *Default* bedeutet, dass, wenn der Benutzer nichts angibt, dieser Wert gewählt wird.

```
def printmich(nummer=0):
        print nummer
```

Wenn die Funktion nun ohne Zahl aufgerufen wird, wird 0 ausgegeben und sonst die Zahl, die als Parameter angegeben wurde.

Eine Funktion kann auch einen Wert an das Hauptprogramm zurückgeben, mit dem Befehl *return*. Nach *return* folgt die Variable, die zurückgegeben werden soll.

```
def malfuenf(nummer=0):
        factor = 5
        return nummer * factor
```

Die Funktion wird nun etwas anders aufgerufen, da wir wissen, dass wir eine Zahl zurückbekommen und die muss irgendwo bleiben. Wir können das Ergebnis sofort ausgeben:

```
zahl = 3
print malfuenf(zahl)
```

Das Ergebnis dieses Befehls ist die Zahl 15 (3 mal 5). Die Variable „factor" wird zum ersten Mal innerhalb dieser Funktion benutzt und ist daher nur in ihr bekannt. Probieren Sie mal dieses:

```
def malfuenf(nummer=0):
        factor = 5
        return nummer * factor

zahl = 3
print malfuenf(zahl)
print factor
```

Und sie erhalten sofort die Mitteilung, dass Sie versuchen eine Variable auszugeben, die noch keinen Wert erhalten hat, so dass *Python* nicht weiß, was es ausgeben muss:

```
15

Traceback (most recent call last):
  File "C:\even\t.py", line 7, in <module>
    print factor
NameError: name 'factor' is not defined
```

Auch wenn Sie die Variable „factor“ vor der Funktion aufrufen und ihr einen anderen Wert geben, sieht *Python* die Variable „factor“, die außerhalb der Funktion liegt, als eine andere an, als die, die in der Funktion ist. Also ergibt folgendes Programm:

```
def malfuenf(nummer=0):
        factor = 5
        return nummer * factor

factor = 1
zahl = 3
print malfuenf(zahl)
print factor
```

erst das Ergebnis 15 und dann 1. Sie können das ändern, indem Sie mit dem Keyword „global“ explizit angeben, dass Sie die Variable überall verwenden möchten. Sie müssen dieses Keyword überall dort angeben, wo die Variable „factor“ das erste Mal einen Wert erhält, also sowohl in der Funktion, wie auch außerhalb:

```
def malfuenf(nummer=0):
      global factor
      factor = 5
      return nummer * factor

global factor
factor = 1
zahl = 3
print malfuenf(zahl)
print factor
```

Normalerweise ist es nicht sinnvoll globale Variablen zu verwenden, da es dadurch komplizierter wird, Funktionen von einem Programm in ein anderes zu verschieben. Es kann immer sein, dass sie für die korrekte Funktion von einer globalen Variablen an einer völlig anderen Stelle im Programm abhängig sind. Also ist das folgende Programm eine bessere Lösung:

```
def malfuenf(nummer=0, factor=1):
        return nummer * factor

factor = 5
Zahl = 3
print malfuenf(zahl, factor)
print factor
```

Wir besprechen die Funktion von *global*, weil wir davon in einigen grafischen Programmen Gebrauch machen, um Objekte global verwenden zu können und es wichtig ist, dass Sie verstehen, warum und wie das funktioniert.

Grafisch

Bis jetzt waren unsere Python-Programme nicht grafisch, aber natürlich können Sie auch grafische Programme damit erstellen; das ist etwas komplizierter als ein normales Programm. Darum verwenden wir in diesem Buch ein grafisches Template. Das ist ein grafisches Basisprogramm, das für ein Fenster sorgt und für alles, was nötig ist, um ein grafisches Programm laufen zu lassen. In dieses „leere Programm" fügen wir dann in den verschiedenen Projekten zusätzliche Objekte (Dinge, z. B. Knöpfe) und Funktionen (Handlungen, z. B. was geschehen soll, wenn ein Knopf gedrückt wird) dem Template hinzu. Mit dieser Methode wird grafisches Programmieren wieder relativ einfach.[32]

Abbildung 34. Fenster des grafischen Standardtemplates.

Das grafische Template öffnet ein leeres Fenster auf dem Bildschirm. Die Stellen, an denen Sie Objekte und Funktionen hinzufügen können, sind fett markiert. Sie können das

[32] *Python* hat leider keinen eingebauten grafischen Editor, so wie Visual Basic, mit dem Knöpfe und ähnliches dort auf dem Bildschirm platziert werden können, wo Sie es möchten. Wir müssen also ein wenig experimentell vorgehen, um Fenster, Knöpfe etc. anzuordnen.

Template mit Hilfe von *IdleX* laufen lassen. Es liegt im Verzeichnis „book map 4" mit dem Namen *template.pyw.*[33]

Um grafische Programme zu erstellen und verwenden zu können, muss neben *Python* auch *wxPython* installiert sein. Auf der RPi SD-Karte, die zu diesem Buch gehört, ist das alles schon geschehen. Die Installationsanleitung für den PC ist bereits in Abschnitt 3.2.2 beschrieben.

```
import wx


class Example(wx.Frame):

    def __init__(self, parent):
        # de window
        wx.Frame.__init__(self,parent)
        self.InitUI()

    def InitUI(self):
        self.SetBackgroundColour('white')
        self.SetSize((250, 200))
        self.SetTitle('Windowname')
        self.Centre()
        self.Show(True)

        #Setzen Sie hier Ihre Objekte ein

    #Setzen Sie hier Ihre Funktionen ein

    def main():
        # das Standardfenster
        ex = wx.App()
        Example(None)
        ex.MainLoop()

    # beim Start mit der Main Funktion beginnen
    if __name__ == '__main__':
    main()
```

Für Interessierte ist hier das komplette Template mit Kommentaren versehen, so dass Sie es nach Belieben anpassen können.

[33] Es ist üblich grafische Programme, die das wxPython-Modul verwenden, mit der Endung .pyw statt .py zu speichern.

`import wx`	Lade das Modul wx, dass die Befehle für grafische Oberflächen enthält.
`class Example(wx.Frame):`	Wir erzeugen unser Klasse, die eine Unterklasse der Standardklasse wx.Frame ist.

`def __init__(self, parent):`
`    # de window`
`    wx.Frame.__init__(self,parent)`
`    self.InitUI()`
	Diese Funktion startet von selbst, wenn das Programm startet. Das Erste, was diese init-Funktion tun muss, ist init von wx.Frame aufzurufen, um so das Frame 'self' zu erzeugen.

`def InitUI(self):`
`   self.SetBackgroundColour('white')`
`   self.SetSize((250, 200))`
`   self.SetTitle('Windowname')`
`   self.Centre()`
`   self.Show(True)`
	Diese Funktion erzeugt das Fenster (auch panel oder frame genannt). Der Name dieses Fensters ist 'self', mit den Maßen 250x200, und dem Namen 'Windowname'. Das Fenster wird auf dem Bildschirm zentriert und dann angezeigt.

`#Setzen Sie hier Ihre Objekte ein`	Hier können Sie Objekte hinzufügen, die in dem Fenster erscheinen sollen, z. B. einen Button. Das geschieht dann, sobald das Programm startet.
`#Setzen Sie hier Ihre Funktionen ein`	Hier können Sie Funktionen einfügen, die von anderen Funktionen oder dem Hauptprogramm aufgerufen werden. Oft, aber nicht notwendigerweise, sind das Funktionen, die zu den neuen Objekten gehören.

`def main():`
`    # Das Standardfenster`
`    ex = wx.App()`
`    Example(None)`
`    ex.MainLoop()`
	Dies ist die Funktion, die aufgerufen wird, wenn dieses Script als Programm und nicht als Modul gestartet wird. wx.App ist das Programm selbst, erhält hier den Namen ex und wird mit dem grafischen wx-Teil verbunden. Sie müssen erst ein Programm (Applikation) haben, bevor

`# Beim Start mit der Main Funktion beginnen`
`if __name__ == '__main__':`
`main()`
	Sie Fenster und ähnliche Objekte anzeigen können, sonst landen diese im „Nichts“.
	Danach wird die erzeugte Klasse aufgerufen und mit ex.MainLoop das Programm selbst gestartet, so dass es ab jetzt eventgetrieben ist. Das ist eine endlose Schleife, die Events abfängt.
	
	Wird das Script als Programm gestartet, wird main() aufgerufen, sonst nicht.

Tabelle 9. Das grafische Template mit Erklärung.

In diesem Template können verschiedene Objekte verwendet werden, einige davon benutzen wir in diesem Buch.

❐ Button

Ein Button ist ein Knopf. Hier ein Beispiel für ein Button-Objekt:

```
btn = wx.Button(self, label='Close', pos=(20, 120),size=(80, -1))
btn.Bind(wx.EVT_BUTTON, self.OnClose)
```

In der ersten Zeile wird das Button-Objekt definiert. Es erhält den Namen „btn“. Der Text auf dem Button ist „Close“. Die Position im Fenster ist 20 nach rechts und 120 nach unten (20,120). Die Abmessung ist 80 lang und so hoch, wie nötig (80, -1). Der Button liegt im Objekt „self“, das ist das Fenster, das wir mit dem Template erzeugt haben.

In der zweiten Zeile wird an dieses Objekt eine Funktion gekoppelt. Diese Funktion hat den Namen „OnClose“ (wir wählen den Namen selbst und müssen daher eine Funktion anlegen, die so heißt). Diese Funktion wird aufgerufen, wenn ein Buttonevent stattfindet, also wenn der Anwender den Button drückt. Wie der Button befindet sich auch diese Funktion im Objekt „self“.

Im Abschnitt „Setzen Sie hier Ihre Funktionen ein“ schreiben wir nun die Funktion „OnClose“:

```
def OnClose(self, e):
    self.Close(True)
```

Diese Funktion schließt das Objekt „self" und das ist das Fenster, welches das Template erzeugt. Wenn es geschlossen wird, stoppt also das Programm.

Wir haben nun auf dem Bildschirm einen Button mit dem Text „Close" erzeugt. Wenn der Anwender darauf klickt, führt das Programm die Funktion „OnClose" aus und die Funktion stoppt das Programm. Probieren Sie das einmal selbst aus!

❐ **Static Text**

Ein „Static Text" ist ein Text, der in einem Fenster platziert werden kann. Im Gegensatz zu dem, was der Name vermuten lässt, können Sie den Text anpassen, während das Programm läuft. Ein Beispiel ist in Projekt 5.5 beschrieben.

❐ **Spinbox**

Eine „Spinbox" ist ein Eingabebereich, in dem der Anwender mit Hilfe der Pfeil-rauf- und Pfeil-runter-Tasten eine Auswahl treffen kann. Ein Beispiel dazu finden Sie in Projekt 8.5.

❐ **Slider**

Ein „Slider" ist ein Schieberegler, den Sie mit der Maus bedienen können. Zu jedem Stand des Schiebereglers gehört ein anderer Wert. Ein Beispiel dazu finden Sie in Projekt 8.3.

❐ **Paintbox**

Eine „Paintbox" ist ein Objekt, in dem Zeichnungen, wie z. B. Grafiken, erstellt werden können. Ein Beispiel dazu finden Sie in Projekt 10.2.2.

Threading

Ein „Thread" (Englisch für Faden) ist eine Reihe von Schritten, die der RPi nacheinander ausführt.[34] Erst wenn ein Schritt beendet wurde, kann ein anderer angefangen werden. Wenn der RPi nur einen Thread ausführen kann, kann er also nur eine Sache gleichzeitig tun. Da es die Bestimmung des RPi ist, mehrere Dinge gleichzeitig zu tun (denken Sie an das Aufrechterhalten der Internetverbindung, die Bildschirmdarstellung und die Verarbeitung der Maus- und Tastatursignale) verwendet er mehrere Threads, die gleichzeitig laufen.

[34] Das gilt für alle Computer die *Linux*, *Windows*, *iOS* oder *MacOS* laufen lassen. Statt RPi können Sie auch Windows-PC lesen.

In Python-Programmen können Sie auch Threading verwenden. Das bedeutet, dass das Programm mehrere Dinge gleichzeitig abarbeiten kann. Dieses Thema besprechen wir in den Projekten 5.9.2 (grafisch) und 12.5 (nicht grafisch).

Zusammenfassung

Wir haben von *Python* mehr überschlagen, als wir besprochen haben. Aber mit dem, was Sie nun wissen, können Sie alle Programme in diesem Buch lesen, begreifen und an die eigenen Anforderungen und Wünsche anpassen. Außerdem ist es eine gute Basis, um *Python* weiter zu entdecken.

4.4 Programmieren in JavaScript

Wir verwenden in diesem Buch nur in ein paar Projekten *JavaScript*, so dass wir uns hier leider nur auf das Notwendigste beschränken werden. *JavaScript* ist eine Sprache, die in Kombination mit HTML benutzt wird, um Webseiten schöner oder interaktiv zu gestalten. *JavaScript* ist also etwas völlig anderes als *Java*, auch wenn die Namen ähnlich klingen. Wie *Python* ist auch *JavaScript* eine Multi-Plattform, das bedeutet, dass derselbe Code sowohl unter *Windows* und auch unter *Xwindows* laufen kann.

Wie die grafischen Programme von *Python* verwendet auch *JavaScript* Objekte und Funktionen.[35] Ein Objekt ist ein Ding, eine Funktion eine Handlung. Der Unterschied ist, dass Funktionen oben auf der Seite stehen müssen und Objekte dort, wo sie nach dem HTML-Layout nötig sind.

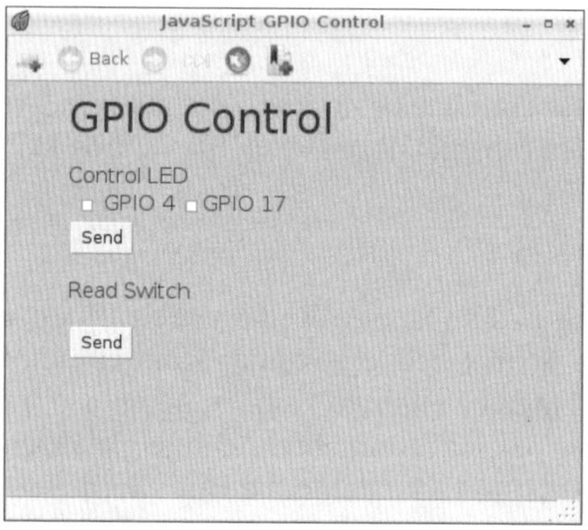

Abbildung 35. JavaScript (Projekt 11.3.5) in Midori auf dem RPi.

[35] Genaugenommen stimmt das nicht ganz, Sie können auch einzelne JavaScriptbefehle über den Beginn der Seite schreiben, die dann ausgeführt werden, sobald die Seite geladen wird.

Um *JavaScript* zu schreiben, benötigen Sie einen Editor und einen Webbrowser, um Ihr Werk betrachten zu können. Auf dem RPi können Sie *Leafpad* und *Midori*, unter *Windows Notepad* und *Chrome* (oder den Internet Explorer) verwenden.[36] Wir beginnen mit einem leeren HTML-Template, in dem wir unsere JavaScript-Objekte und Funktionen unterbringen können.

```
<HTML>
<HEAD>
  <TITLE>Name der Seite</TITLE>
  <SCRIPT language="JavaScript">
  </SCRIPT>
</HEAD>
<BODY>
</BODY>
</HTML>
```

Die Seite enthält nur HTML-Tags (ein Beispiel für einen Tag ist head, der mit <HEAD> eingeschaltet und mit </HEAD> wieder ausgeschaltet wird). Wenn Sie diese Seite in den Browser laden, sehen Sie nur den Titel und sonst nichts.[37]

Auf dieser Seite platzieren wir im Body die Objekte. Als Beispiel nehmen wir einen Button, der den JavaScript-Type *"submit"* hat:

```
<INPUT TYPE="submit" VALUE="Klick mich" onClick="geklickt()">
```

Der Text auf dem Button ist „Klick mich“. Wenn der Anwender auf den Button klickt, wird eine Funktion gestartet, die „geklickt“ heißt. Diese Funktion muss im Kopf der Seite im Scriptabschnitt stehen:

```
function geklickt()
  {
     document.write("Hallo Welt!")
  }
```

Alles, was zwischen den geschweiften Klammern steht, gehört zur Funktion. Und diese macht nichts anderes als im Dokument (das ist die Seite) „Hallo Welt!“ anzuzeigen.

[36] Sie können eine HTML-Datei unter *Windows* durch einen Doppelklick öffnen. Auf dem RPi verwenden Sie den File-Manager, um die Datei auszuwählen und mit der rechten Maustaste dann *Midori* zu wählen.

[37] Es ist möglich, dass Ihr Browser eine Warnung ausgibt, dass die Seite aktive Inhalte enthält und Sie fragt, ob sie ausgeführt werden dürfen. Das betrifft den JavaScript-Teil, den wir gerade erzeugen, daher ist die Antwort „ja“.

Die vollständige Seite sieht dann so aus:

```
<HTML>
<HEAD>
 <TITLE>JavaScript Test</TITLE>
 <SCRIPT language="JavaScript">
 function geklickt()
 {
   document.write("Hallo Welt!")
 }
 </SCRIPT>
</HEAD>
<BODY>
<INPUT TYPE="submit" VALUE="Klick mich" onClick="geklickt()">
</BODY>
</HTML>
```

Wenn Sie diese Seite unter einem passenden Namen mit der Endung .html speichern (z. B. text.html) und dann mit einem Browser öffnen, finden Sie links oben einen Button. Wenn Sie auf diesen Button klicken, verschwindet er und der Text „Hallo Welt!“ wird angezeigt.

Wie bei *Python* können wir JavaScript-Funktionen auch Variable übergeben. Wir können z. B. zwei Buttons erzeugen. Der eine sendet als Text „Hallo“, der andere „RPi“. Wir zeigen hier nur die Funktion:

```
function geklickt(meintext)
{
   document.write(meintext)
}
```

Und die zwei Buttons:

```
<INPUT TYPE="submit" VALUE="Klick mich"
                                        onClick="geklickt('Hallo')">
<INPUT TYPE="submit" VALUE="oder mich" onClick="geklickt('RPi')">
```

Sie können dies selbst im JavaScript-Template ergänzen und in Ihrem Browser ausprobieren.

Ein Objekt, auf das Sie in diesem Buch auch stoßen werden, ist die „Checkbox“. Um mit einer Checkbox arbeiten zu können, müssen Sie zuerst eine anlegen. Der JavaScript-Type dafür ist „checkbox“.

```
<FORM NAME="menu">
<INPUT TYPE="checkbox" NAME="ledbox" VALUE="checkbox">
<INPUT TYPE="submit" VALUE="Senden" onClick="geklickt()">
</FORM>
```

Eine Checkbox allein tut nicht viel. Wenn Sie auf sie klicken, erscheint ein Häkchen oder es verschwindet wieder. Für die Verarbeitung benötigen Sie eine Funktion und die wird mit einem Button gestartet. Um den Zustand einer Checkbox abfragen zu können, benötigt die Seite eine Form mit Namen. In diesem Fall haben wir der Form den Namen „menu“ gegeben. Der Button ruft die Funktion geklickt auf:

```
function geklickt()
  {
    if (document.menu.ledbox.checked)
        {
            document.write("Angehakt")
        }
    else
        {
            document.write("Nicht angehakt")
        }
  }
```

In der Funktion schauen wir, ob die checkbox namens „ledbox“ in der Form „menu“ angehakt „checked“ ist. Wenn ja, geben wir den Text „Angehakt“ aus, sonst den Text „Nicht angehakt“.

Wenn Sie diese Objekte und Funktionen im HTML-Template unterbringen und es mit einem Browser laden, sehen Sie eine Checkbox mit einem Button dahinter. Wenn Sie auf den Button klicken, sehen Sie den passenden Text.

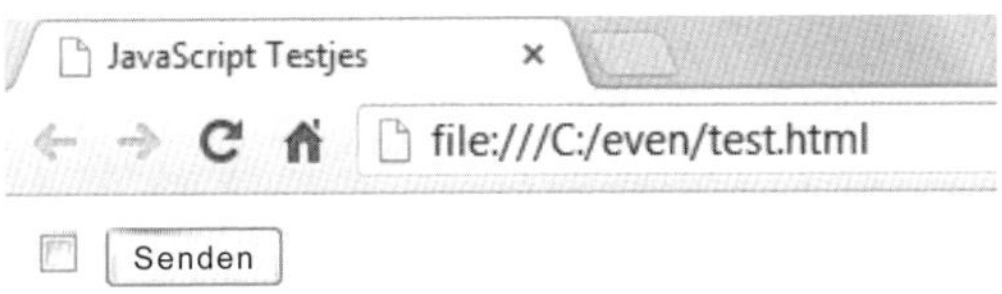

Abbildung 36. JavaScript Checkbox und Button in Chrome.

Also benötigen Sie für eine Checkbox:

1. Eine Form mit Namen.
2. Eine Checkbox.
3. Einen Button mit Funktion, um die Checkbox zu verarbeiten.

Es folgt das komplette Programm mit Angaben, wo Sie Funktionen und Objekte einfügen können. Der HTML-Code befindet sich im selben Abschnitt wie die Objekte.

```
<HTML>
<HEAD>
   <TITLE>JavaScript Testchen</TITLE>
   <SCRIPT language="JavaScript">
   <!—Funktionen hier einfügen-->
   function geklickt()
   {
     if (document.menu.ledbox.checked)
     {
       document.write("Angehakt")
     }
     else
     {
       document.write("Nicht angehakt")
     }
   }
   </SCRIPT>
</HEAD>
<BODY>
   <!—Objekte und HTML hier einfügen-->
   <FORM NAME="menu">
   <INPUT TYPE="checkbox" NAME="ledbox" VALUE="checkbox">
   <INPUT TYPE="submit" VALUE="Senden" onClick="geklickt()">
   </FORM>
</BODY>
</HTML>
```

Natürlich ist dies nur ein Bruchteil von dem, was Sie mit *JavaScript* alles machen können. Aber mit diesem Wissen können Sie die Seiten in diesem Buch mit *JavaScript* lesen und nach eigenem Gutdünken anpassen.

5. GPIO

Bevor Sie mit Projekten beginnen, lesen Sie bitte zunächst die folgende Einleitung und besonders die Anweisungen zur Sicherheit durch. Sorgen Sie dafür, dass der RPi ausgeschaltet ist, bevor Sie die Hardwareprojekte nachbauen. Ziehen Sie nicht einfach den Stecker heraus, sondern fahren Sie den RPi herunter. Dazu gibt es zwei Möglichkeiten:

1. Mit dem Befehl `sudo shutdown -h now`
2. Über die Taskleiste: Das Icon ganz rechts.

Meistens kommt *Linux* damit zurecht, wenn Sie einfach den Stecker ziehen, aber leider nicht immer. Haben Sie doch den Stecker gezogen und der RPi startet nicht mehr, spielen Sie das Backup zurück, dass Sie in Abschnitt 3.2.1 angelegt haben. Danach erfolgte Änderungen und neue Dateien sind dann natürlich verloren.

5.1 Einleitung

Der GPIO-Header (in der Abbildung links oben) hat 26 aufrechte Pins. Die Pinnummern der ersten vier Pins sind in der Abbildung dargestellt, so dass Sie die Nummerierung nachvollziehen können. Auf der einen Seite sind die geraden Nummern, auf der anderen die ungeraden.

Abbildung 37. GPIO-Header auf dem RPi.

Der GPIO-Header enthält verschiedene Funktionalitäten, wie normale Pins (in diesem Buch als GPIO bezeichnet), I^2C, SPI, PWM und seriell. Auf die Funktion dieser vier Anschlussarten kommen wir in unterschiedlichen Kapiteln detaillierter zurück. Manche Pins sind nicht verwendet, dort steht bei Funktion n/a (beispielsweise Pin 4).

GPIO-Nummer	Funktion	Header-Pinnummer		Funktion	GPIO-Nummer
	+3,3 V	**1**	**2**	+5 V	
2	I^2C SDA	**3**	**4**	n/a	
3	I^2C SCL	**5**	**6**	GND	
4		**7**	**8**	serial	14
	n/a	**9**	**10**	serial	15
17		**11**	**12**	PWM	18
27		**13**	**14**	n/a	
22		**15**	**16**		23
	n/a	**17**	**18**		24
10	SPI	**19**	**20**	n/a	
9	SPI	**21**	**22**		25
11	SPI	**23**	**24**	SPI CE0	8
	n/a	**25**	**26**	SPI CE1	7

Tabelle 10. Funktionsübersicht der Headerpins.

Sie sehen in der Tabelle 10, dass die GPIO-Pinnummern nicht mit den Header-Pinnummern übereinstimmen. So liegt GPIO 2 auf Headerpin 3 während GPIO 7 auf Headerpin 26 liegt. Beim Aufbauen der Schaltung müssen Sie darauf gut acht geben! Im Download befindet sich die Abbildung header.bmp, die Sie ausdrucken können, so dass Sie sie immer zur Hand haben.

An den GPIO-Header kann bequem jederlei Elektronik, wie Schalter oder LEDs angeschlossen werden. Ein großer Nachteil ist aber, dass diese Anschlüsse keine nennenswerte Absicherung besitzen. Ein etwas zu großer Strom oder eine etwas zu hohe Spannung kann den RPi unwiderruflich beschädigen. Das ist für diejenigen, die Mikrocontroller gewöhnt sind, ungewöhnlich, da diese schon mal etwas abkönnen. Und wenn es doch einmal passieren sollte, kauft man eben für ein paar Cent einen Neuen.

Das bedeutet, dass wir mit dem RPi viel vorsichtiger sein müssen. Daher halten wir uns an folgende Faustregeln:

1. Schalten Sie den RPi aus, wenn Sie etwas an der Schaltung ändern, auch wenn Sie nur einen Draht lösen möchten.[38]
2. Sichern Sie alle Anschlüsse gegen Fehlbedienung.
3. Verwenden Sie nur Bauteile mit einem niedrigen Stromverbrauch und verwenden Sie nötigenfalls eine zusätzliche Spannungsversorgung.

[38] Ziehen Sie zum Ausschalten des RPi nicht den Stecker heraus, sondern beenden Sie ihn über das Menü oder über *LXterminal* mit dem Befehl „`sudo shutdown -h now`“.

Laut Datenblatt kann jeder Pin 3 mA Strom liefern. Die Gesamtsumme für alle Pins, inklusive der +3,3 V-Anschlüsse ist 51 mA. Wenn Sie nicht alle Pins verwenden, können Sie mehr als 3 mA nutzen, bis zu maximal 16 mA pro Pin. Die Summe darf 51 mA nicht übersteigen. Es ist ratsam, so weit wie möglich unter den 3 mA pro Pin zu bleiben, wie wir das in den Projekten in diesem Buch tun.

Aus dem 5-Volt-Anschluss können Sie bei Versorgung mit 1 Ampere ungefähr 250 mA (Modell B) bis 300 mA (Modell A) ziehen. In der Praxis ist das natürlich abhängig vom Stromverbrauch anderer Geräte, die an den RPi angeschlossen sind, wie Tastatur und ähnliches.

Wir verwenden in diesem Buch den 3,3-Volt-Anschluss vom Header. Der Grund dafür ist, dass der ganze RPi auf 3,3 Volt läuft und alle Pins daher 3,3 Volt liefern und erwarten. Es gibt am Header einen 5-Volt-Anschluss, aber die andern Pins sind NICHT 5 Volt tolerant. Das bedeutet, dass der Hersteller des RPi nicht damit gerechnet hat, dass jemand 5 Volt an die Pins anschließen möchte. Das bedeutet übrigens nicht, dass der RPi sofort zerstört wird, wenn Sie doch 5 Volt anschließen, es kann auch eine ganze Zeit gut gehen, bis der RPi dann doch den Geist aufgibt.[39]

5.2 LED

Der maximale Strom, den der RPi an den 3,3-Volt-Anschlüssen liefern kann, ist 51 mA und das an allen Pins zusammen! Daher verwenden wir eine LED, die nur 2 mA Strom verbraucht und noch eine akzeptable Helligkeit liefert, nämlich 8 mcd.[40]

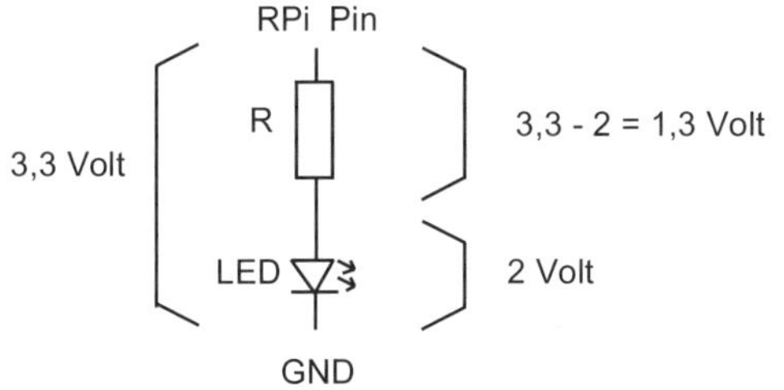

Abbildung 38. Berechnung des Vorwiderstands.

[39] In diesem Buch halten wir uns natürlich an die Regel, aber es gibt viele Projekte im Internet, bei denen die Elektronik falsch angeschlossen ist, also passen Sie gut auf, wenn Sie aus dem Internet etwas nachbauen!

[40] Die Everlight 264-10UYD/S530-A3/T2, das ist die LED aus dem Bauteilepaket.

Natürlich benötigt diese LED einen Vorwiderstand, den wir einfach berechnen können. Laut dem Datenblatt hat diese LED einen Spannungsabfall (forward voltage) von 2 Volt. Das bedeutet, das über dem Vorwiderstand eine Spannung von 3,3 – 2,0 = 1,3 Volt liegt. Da der Strom 2 mA betragen muss, lässt sich der erforderliche Vorwiderstand mit dem Ohmschen Gesetz ausgerechnen:

$$U = I \cdot R \qquad \text{oder } I = U / R \qquad \text{oder } R = U / I$$

Hierbei gilt: U = Spannung (in Volt)
I = Strom (in Ampere)
R = Widerstand (in Ohm)

Wir nutzen die Formel R = U / I und tragen unsere Werte ein: $1{,}3 / 2 \cdot 10^{-3} = 650$ Ohm. Dieser Wert existiert nicht, Standardwerte sind 560 oder 680 Ohm. Wir wählen 680 Ohm, so dass der Stromverbrauch letztlich etwas unter 2 mA liegen wird (nämlich bei 1,3 / 680 = 1,9 mA). Der Farbcode dieses Widerstands mit 680 Ohm ist blau-grau-braun.

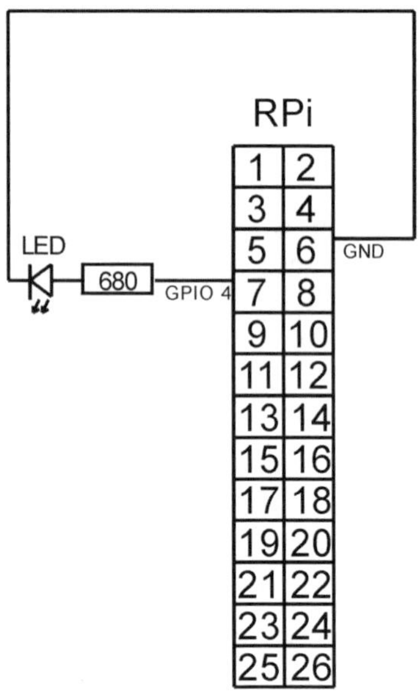

Abbildung 39. Anschluss der LED am Header.

Die LED wird folgendermaßen angeschlossen: Der Streifen mit Zahlen stellt den Header auf dem RPi dar. Pin 1 und 2 sind die Pins am Rand des RPi, sehen Sie auch das Foto in Abbildung 37. Der Widerstand ist mit Pin 7 verbunden und auf der anderen Seite mit der LED. Diese ist auf der anderen Seite mit Pin 6 verbunden, der Masse. Im Anhang finden Sie ein Diagramm der Pins mit allen Anschlüssen und Bezeichnungen.

Abbildung 40. Anode und Kathode der LED.

Die LED hat einen Plus- und einen Minusanschluss (formal wird Plus als Anode und Minus als Kathode bezeichnet). Wenn Sie genau hinsehen, erkennen Sie in der LED an einem der Pins eine breitere Fläche, als an dem anderen. Das ist die Seite, die an Minus angeschlossen werden muss. Meist hat diese Seite einen etwas kürzeren Anschlussdraht. Im Schaltplan sieht das Symbol für die LED wie ein Pfeil mit einem Balken davor aus. Der Pfeil weist immer in Richtung Minus.

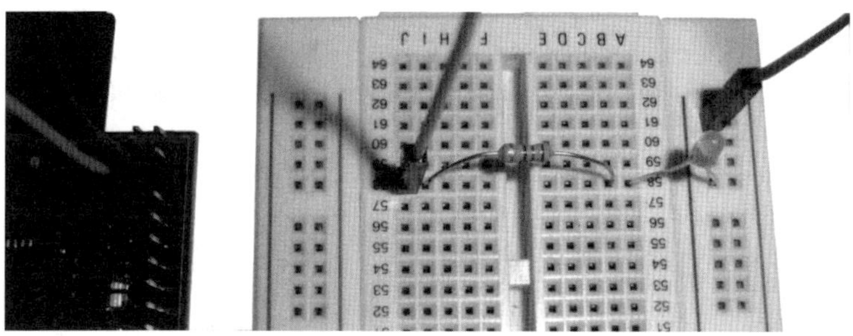

Abbildung 41. Der Aufbau auf dem Steckbrett.

Bauen Sie die Schaltung sorgfältig nach und ziehen Sie nötigenfalls das Foto zu Rate. Alle Fotos in diesem Buch wurden von funktionierenden Aufbauten gemacht. Wenn die LED angeschlossen ist, kann der RPi gestartet werden. Öffnen Sie ein Terminal oder eine SSH-Verbindung.[41]

Die LED hängt an Headerpin 7 mit dem Namen GPIO 4. Wenn Sie das verwirrend finden, können Sie in Anhang 2 eine Übersicht der Headerpins mit den zugehörigen Namen und Funktionen nachschlagen. Zuerst müssen wir dem RPi mitteilen, dass wir GPIO 4 als Ausgang behandeln möchten. Um die LED steuern zu können, muss immer ein Signal vom RPi zur LED hinausgehen. Geben Sie den folgenden Befehl ein:

[41] Wenn Sie nicht wissen wie das funktioniert, lesen Sie erst Abschnitt 2.1 (*LXterminal*) oder 3.2.3 (SSH).

```
gpio -g mode 4 out
```

Das „-g“ gibt an, dass wir die GPIO-Nummerierung verwenden möchten. „Mode“ bedeutet auf Deutsch Modus (Arbeitsweise). Die Ziffer „4“ ist die GPIO-Pinnummer, und „out“ steht für Output, auf Deutsch: Ausgang. Bis jetzt ist noch nichts passiert, geben Sie nun den folgenden Befehl ein:

```
gpio -g write 4 1
```

Die LED geht nun an. Mit diesem Befehl schreiben wir eine „1“ nach GPIO 4. Eine „1“ ist dasselbe, wie „an“ oder „hoch“; wir schalten also den Pin an. Genauso können wir die LED wieder ausschalten, indem wir eine „0“ dorthin schreiben:

```
gpio -g write 4 0
```

5.3 Blinkende LED

Das Beispiel aus dem vorigen Abschnitt ist eine Art manuelles Blinklicht. Um uns die Tipperei zu ersparen, können wir das auch mit einem Bash-Programm erledigen.[42] Wir möchten, dass die LED dauernd blinkt (zumindest bis wir das Programm stoppen oder den RPi ausschalten) und verwenden daher die „while true“-Konstruktion.

Erzeugen Sie das folgende Programm und speichern Sie es unter dem Namen „flashled.sh“ in einem Verzeichnis Ihrer Wahl:

```
gpio -g mode 4 out
while true
do
        gpio -g write 4 1
        sleep 1
        gpio -g write 4 0
        sleep 1
done
```

Sie erkennen den Befehl wieder, mit dem Sie den GPIO-Pin als Ausgang zu schalten. Wir hatten das schon eingegeben, machen es aber hier noch einmal, damit das Programm auch funktioniert, ohne dass dieser Befehl vorher eingegeben werden muss. Danach folgt die „while true“-Schleife, die dafür sorgt, dass die Befehle „dauernd“ wiederholt werden. Das Programm startet mit:

```
bash flashled.sh
```

---

[42] Wissen Sie nicht was Bash ist oder wie Sie ein solches Programm eingeben müssen, lesen Sie zunächst Kapitel 4.2.

Sie können das Programm mit Strg-C stoppen. Wir schreiben dasselbe Programm noch einmal, aber mit der viel mächtigeren Sprache *Python*.[43] Von den zusätzlichen Möglichkeiten haben Sie bei diesem Programm nicht so viel, aber später im Buch brauchen wir sie dringend. Das Bash-Programm verwendet Linux-Befehle, aber in Python-Programm machen wir das prinzipiell nicht. Daher hat das Programm keinen Zugriff auf die GPIO-Pins, außer wir machen Sie „verfügbar". Das geschieht durch exportieren:

```
gpio export 4 out
```

Beachten Sie, dass Sie hier nicht „-g" verwenden müssen (oder können). Ein exportierter Pin ist für Programme, die in *Python* und beispielsweise auch C geschrieben sind, sichtbar und verwendbar. Sie können durch folgenden Befehl immer sehen, welche Pins exportiert wurden und wofür:

```
gpio exports
```

In unserer Situation ist die Antwort:

```
GPIO Pins exported:
   4: out  0  none
```

Das bedeutet, dass Pin GPIO 4 als Ausgang (4: out) ohne Interrupts (none) exportiert wurde. Sie können den Export übrigens mit dem Befehl `gpio unexport 4` wieder rückgängig machen.

Erzeugen Sie das folgende Programm und speichern Sie es unter als „flashled.py":

```
import wiringpi
from time import sleep
io = wiringpi.GPIO(wiringpi.GPIO.WPI_MODE_SYS)
io.pinMode(4,io.OUTPUT)
while True:
    io.digitalWrite(4,1)
    sleep(1)
    io.digitalWrite(4,0)
    sleep(1)
```

Starten Sie das Programm mit:

```
python flashled.py
```

[43] Wissen Sie nicht, was *Python* ist oder wie Sie ein solches Programm eingeben müssen, lesen Sie zunächst Kapitel 4.3.

Sie können das Programm mit Strg-C stoppen. Sie erkennen die Standard-Python-Struktur wieder. Durch den Import des Moduls *wiringpi* und das Zuweisen dessen an die Klasse „io“, wurden folgende Befehle zu *Python* hinzugefügt:

Befehl	**Beschreibung**
pinMode (nummer, Typ)	Hiermit können Sie angeben, ob ein Pin Ein- oder Ausgang ist. Die Nummer ist die GPIO-Nummer. Das gilt für alle Befehle aus diesem Modul.
digitalWrite (Nummer, Wert)	Mache einen Pin hoch (mit Wert 1, True oder io.High) oder tief (mit Wert 0, False oder io.LOW).
Wert=digitalRead(Nummer)	Lese den Zustand eines Pins. Wert wird 1, wenn der Pin hoch ist und 0, wenn er tief ist.

Tabelle 11. GPIO-Befehle.

Das Programm funktioniert natürlich nur, wenn Sie den Pin vorher exportiert haben. Das ist unpraktisch, also lassen wir das Python-Programm den Pin selbst exportieren. Das funktioniert nicht aus *Python* selbst, denn das erkennt den Pin immer erst, nachdem er exportiert wurde. Daher verlassen wir *Python* und gehen zurück zu *Linux*, um dort den export-Befehl mit `os.system` zu geben. Da *Linux* ein Multitasking-Betriebssystem ist und mit etwas ganz anderem beschäftigt sein kann, lassen wir das Programm eine halbe Sekunde warten, um *Linux* die Zeit zu geben, auf den Befehl zu reagieren. Wirklich notwendig ist das in dieser Situation nicht: Im schlimmsten Fall blinkt die LED erst ab der zweiten Schleife.

```
import os
import wiringpi
from time import sleep

os.system( 'gpio export 4 out' )
sleep(0.5)

io = wiringpi.GPIO(wiringpi.GPIO.WPI_MODE_SYS)
io.pinMode(4,io.OUTPUT)

while True:
    io.digitalWrite(4,1)
    sleep(1)
    io.digitalWrite(4,0)
    sleep(1)
```

Statt eines Blinklichtes können wir den Anwender auch fragen, ob die LED an oder aus sein soll. Das ist ein bisschen unsinnig, da, falls die LED an ist, sie nur ausgeschaltet werden kann. Aber Sie sehen, wie Sie dem Anwender eine Frage stellen und mit dessen Antwort einen Pin steuern können.

```
import os
import wiringpi
from time import sleep

os.system( 'gpio export 4 out' )
sleep(0.5)

io = wiringpi.GPIO(wiringpi.GPIO.WPI_MODE_SYS)
io.pinMode(4,io.OUTPUT)

while True:
    value=raw_input("Enter on or off to set the LED,
                     or q to quit: ")
    if value=='on':
        io.digitalWrite(4,1)
    if value=='off':
        io.digitalWrite(4,0)
    if value=='q':
        break
```

Das Programm startet mit `python askled.py`. Sie können das Programm wieder stoppen, indem Sie statt „on" oder „off" den Buchstaben „q" eingeben. Das Programm bricht dann die Whileschleife ab und da es keine weiteren Befehle gibt, stoppt das Programm.

5.4 Wechselblinklicht

Da wir nun eine einzelne LED blinken lassen können, ist ein Wechselblinklicht keine echte Herausforderung. Es geht bloß darum, dem Programm eine zweite LED hinzuzufügen. Interessant an diesem Projekt ist aber, dass wir die LEDs auf eine etwas andere Art ansteuern werden, nämlich mit dem not-Operator. Dadurch wird das Programm kürzer, obwohl es eine zusätzliche LED ansteuert.

Es gibt zwei Arten von Operatoren. Die meisten sind mathematisch, wie addieren, subtrahieren etc. Diese Operatoren arbeiten mit Zahlen. Die andere Art Operatoren sind logische. Ein logischer Operator arbeitet mit *wahr* (true) oder *unwahr* (false). Um die Funktion logischer Operatoren darzustellen, werden oft Wahrheitstabellen verwendet. Darin finden Sie die Eingaben und die Ausgaben nach Anwendung des Operators.

Eingabe	Ausgabe (NOT Eingabe)
true	false
false	true

Tabelle 12. Nicht (not) Wahrheitstabelle.

Die Schreibweise von *not*, aber auch von *true* und *false* ist leider nicht standardisiert. So werden *not*, *true* und *false* in Texten oft großgeschrieben, aber oft auch klein. In *Python* müssen *false* und *true* mit einem großen Buchstaben beginnen (also *False* und *True*) *not* aber eben nicht. In *Bash* darf nichts mit einem Großbuchstaben beginnen. In diesem Buch schreiben wir alles in Texten mit kleinen Buchstaben, in den Programmen aber folgen wir den verpflichtenden Regeln für die entsprechende Programmiersprache (sonst funktioniert das Programm auch nicht).

Zurück zu unserem Projekt. Wir schließen die zusätzliche LED an Pin 11 mit der GPIO Nummer 17 an. Wir benötigen also einen zusätzlichen Draht zum RPi, da Masse (nach GND) schon angeschlossen ist.

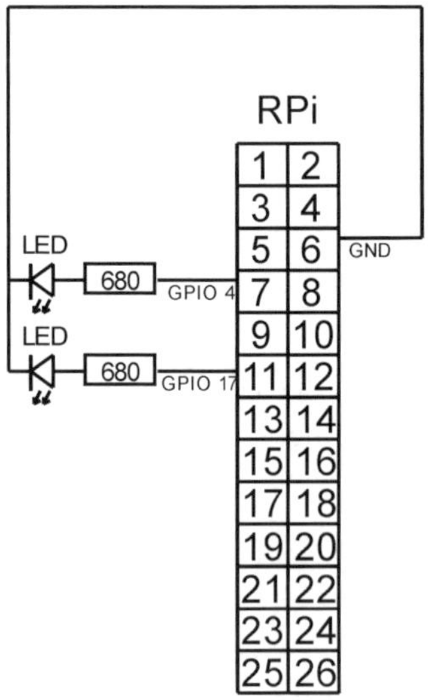

Abbildung 42. Anschluss der LEDs am Header.

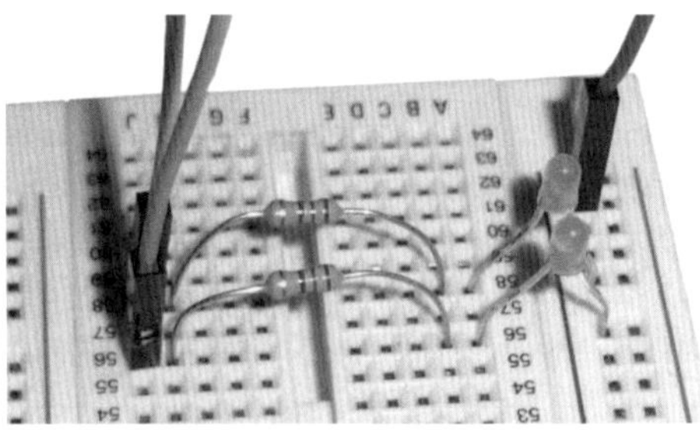

Abbildung 43. Aufbau auf dem Steckbrett.

Geben Sie folgendes Programm unter dem Namen „flashled2.py" ein und starten Sie es mit dem Befehl `python flashled2.py`.

```
import os
import wiringpi
from time import sleep

os.system( 'gpio export 4 out' )
os.system( 'gpio export 17 out' )
sleep(0.5)

pos=False

io = wiringpi.GPIO(wiringpi.GPIO.WPI_MODE_SYS)
io.pinMode(4,io.OUTPUT)
io.pinMode(17,io.OUTPUT)

while True:
    io.digitalWrite(4,pos)
    io.digitalWrite(17,not pos)
    pos = not pos
    sleep(1)
```

Wir verwenden eine zusätzliche Variable mit dem Namen „pos", die den Wert *False* erhält. Bei der ersten Schleife erhält GPIO 4 den Wert „pos" und das ist im Moment *False*. Die LED ist also aus. Die LED an GPIO 17 erhält den Wert „not pos", also *nicht False* und das ist *True*. Die LED geht also an. Danach wir der Wert von „pos" gleich „not pos", also genau umgekehrt. „Pos" war *False* und wird nun *True*. Das Programm wartet eine Sekunde und wiederholt dann die Schleife. Da der Wert von „pos" nun umgekehrt ist, geht die LED, die an war aus und diejenige, die aus war, an.

Sie sehen, dass das eine schöne und kompakte Programmierweise ist und daher oft von erfahrenen Programmieren verwendet wird.

5.5 Timer-LED mit Fenster

In diesem Projekt erzeugen wir eine Timer-LED: Vom PC aus lassen wir die LED nach einer voreingestellten Zeit aufleuchten. Wir nehmen das grafische Standardtemplate, wie in Kapitel 4.3 besprochen. Haben Sie den Abschnitt noch nicht gelesen, dann tun Sie das nun, sonst ist dieses Projekt schwer zu verstehen.

Bei einem nicht grafischen Programm kann der Befehl „sleep" verwendet werden. In einem grafischen Programm geht das auch, aber wenn dieser Code ausgeführt wird, löst das Programm keine Aktion aus, also funktioniert auch die Bedienoberfläche nicht. So bleibt der Button beispielsweise gedrückt. Das kann praktisch sein, in diesem Programm möchten wir das aber nicht. Wir verwenden statt „sleep" einen Timer, um zu erfahren, wie viel Zeit vergangen ist. Alle zehn Millisekunden lassen wir den Timer eine Funktion ausführen. Dieser Timer ist ein Objekt und muss daher in Objektabschnitt des Templates definiert werden. Außerdem muss angegeben werden, welche Funktion mit dem Timer verbunden wird:

```
# timer object
self.timer = wx.Timer(self)
self.Bind(wx.EVT_TIMER, self.OnTimer, self.timer)
```

Im folgenden Schritt definieren wir die Pins. Wir werden hier das io-Objekt definieren, aber erst später im Programm verwenden. Da „io" kein Standardteil von *wxPython* ist, geht das nicht, außer wir geben es explizit mit dem Befehl „global" an. Erst definieren wir also „io" als global-Objekt und in der folgenden Zeile definieren wir, was das Objekt genau ist (das funktioniert, da wir beim Start des Programms „wiringpi" importieren).

```
# Pins konfigurieren
os.system( 'gpio export 4 out' )
global io
io = wiringpi.GPIO(wiringpi.GPIO.WPI_MODE_SYS)
io.pinMode(4,io.OUTPUT)
```

Der nächste Schritt ist die Definition des Buttons, mit dem wir den Timer und die zu diesem Objekt gehörende Funktion starten.

```
# Timer Starten Button
cbtn0 = wx.Button(self, label='Start', pos=(20, 60))
cbtn0.Bind(wx.EVT_BUTTON, self.OnStart)
```

Zuletzt erzeugen wir ein Textobjekt. Darin geben wir dem Anwender den Hinweis auf den Button zu klicken, um den Timer zu starten. Wenn der Timer läuft, verwenden wir es, um die abgelaufene Zeit anzuzeigen.

```
# ein Textfeld
self.text = wx.StaticText(self, label='Press button to
                          start',pos=(20,30))
```

Die Definition gehört eigentlich in eine Zeile, aber das passt hier nicht. Wir setzen Sie daher in der nächsten Zeile fort und rücken ein, um anzugeben, dass dies der Rest der vorhergehenden Zeile ist. Im Programm machen wir das natürlich nicht; dort steht alles so, wie es sein muss.

Damit sind alle Objekte definiert. Wir haben bei den Objekten angegeben, dass wir zwei Funktionen verwenden möchten und die müssen nun im Funktionsabschnitt des Templates untergebracht werden. Wir beginnen mit der Funktion, die vom Button aufgerufen wird. Diese Funktion setzt den Zähler auf Null, startet den Timer mit einem Intervall von 10 ms und schaltet die LED ein.

```
def OnStart(self, e):
    # starte den Timer, Event alle 10 ms
    self.count=0
    self.text.SetLabel('0')
    self.timer.Start(10)
    io.digitalWrite(4,1)
```

Die folgende Funktion ist die, die vom Timer alle 10 ms aufgerufen wird. In dieser Funktion zeigen wir den Timerstand auf dem Bildschirm an, so dass Sie sehen können, wie viel Zeit vergangen ist. Außerdem schauen wir, ob die gewünschte Zeit, in diesem Fall zwei Sekunden vorbei ist. In dem Fall stoppen wir den Timer und schalten die LED wieder aus. Da diese Funktion alle 10 ms aufgerufen wird, dauern zwei Sekunden also 200 Aufrufe, also zählen wir bis 200.

```
def OnTimer(self, e):
    # der timer erhöht alle 10 ms den Zähler
    self.count = self.count + 1
    # und zeige ihn an
    self.text.SetLabel('Elapsed time ' + str(self.count*10)
                        + ' ms')
    if self.count==200:
        # Zeit vorbei stoppe den Timer
        self.timer.Stop()
        io.digitalWrite(4,0)
        self.text.SetLabel('Press button to start')
```

Sie sehen, das ist etwas komplizierter als ein einfaches Programm, aber wenn Sie das Template Stück für Stück ergänzen, fällt es recht leicht. Wir ändern noch den Namen des Fensters in „Timer-LED“ und dann ist das Programm auch schon fertig. Das vollständige Programm sieht so aus:

```
import wx
import os
import wiringpi

class Example(wx.Frame):

    def __init__(self, parent):
        wx.Frame.__init__(self,parent)
        #self.io = wiringpi.GPIO(wiringpi.GPIO.WPI_MODE_SYS)
        self.InitUI()

    def InitUI(self):
        self.SetBackgroundColour('white')
        self.SetSize((250, 200))
        self.SetTitle('Timer LED')
        self.Centre()
        self.Show(True)
```

```
        #Hier eigene Objekte einfügen

        # Timerobjekt
        self.timer = wx.Timer(self)
        # Funktion, die vom Timer aufgerufen wird
        self.Bind(wx.EVT_TIMER, self.OnTimer, self.timer)

        # Pins konfigurieren
        os.system( 'gpio export 4 out' )
        global io
        io = wiringpi.GPIO(wiringpi.GPIO.WPI_MODE_SYS)
        io.pinMode(4,io.OUTPUT)

        # Dies ist Button 0
        cbtn0 = wx.Button(self, label='Start', pos=(20, 60))
        # Funktion, die beim Klick aufgerufen wird
        cbtn0.Bind(wx.EVT_BUTTON, self.OnStart)

        # ein Textfeld
        self.text = wx.StaticText(self, label='Press button
                                  to start',pos=(20,30))

    #Hier eigene Funktionen einfügen

    def OnStart(self, e):
        # starte den Timer, Event alle 10 ms
        self.count=0
        self.text.SetLabel('0')
        self.timer.Start(10)
        io.digitalWrite(4,1)

    def OnTimer(self, e):
        # der Timer erhöht alle 10 ms den Zähler
        self.count = self.count + 1
        # und zeigt ihn an
        self.text.SetLabel('Elapsed time ' +
                           str(self.count*10) + ' ms')
        if self.count==200:
            # Zeit vorbei stoppe den Timer
            self.timer.Stop()
            io.digitalWrite(4,0)
            self.text.SetLabel('Press button to start')

def main():
    ex = wx.App()
    Example(None)
    ex.MainLoop()

if __name__ == '__main__':
    main()
```

Starten Sie das Programm mit `python timerled.pyw`. Verwenden Sie dieses Programm über eine SSH-Verbindung von Ihrem Windows-PC aus, müssen Sie erst *Xming* starten, bevor Sie grafische Anwendung benutzen können.[44]

Wenn sie auf den Button klicken, geht die LED an und der Zähler läuft hoch. Nach 2 Sekunden geht die LED wieder aus und der Text „Press button to start“ erscheint wieder. Sie können das Programm beenden, indem Sie im Fenster auf das Kreuzchen rechts oben klicken.

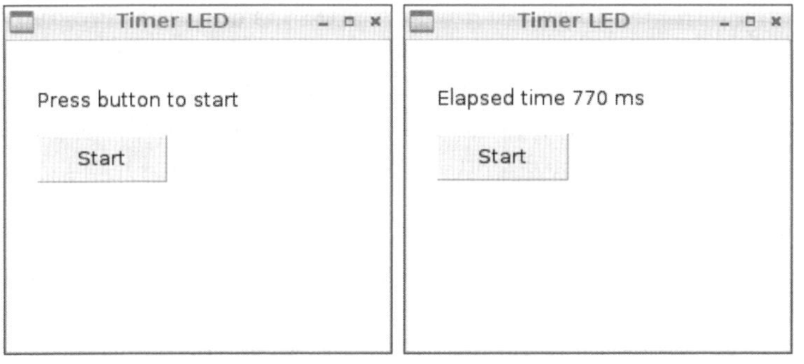

Abbildung 44. Das Programm in Aktion.

5.6 Schalter

Ein Pin, der als Eingang verwendet wird, darf nicht „schweben“. Das bedeutet, dass er immer mit etwas verbunden sein muss, entweder mit „Plus“ oder „Masse“. Normalerweise ist also ein Schalter so anzuschließen, wie es Abbildung 45 zeigt.

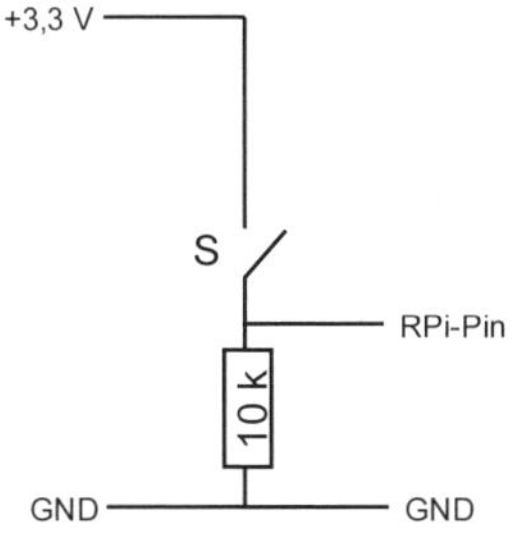

Abbildung 45. Üblicher Anschluss eines Schalters.

[44] Sehen Sie Kapitel 3.2 für mehr Informationen über SSH und *Xming*.

Wenn der Schalter geöffnet ist, wird der RPi über einen 10-k-Widerstand mit Masse verbunden, der Pin ist also „tief". Wenn der Schalter geschlossen ist, ist der Pin direkt mit +3,3 Volt verbunden, also „hoch". Es fließt in dem Fall natürlich Strom durch den 10-k-Widerstand, aber der ist vernachlässigbar klein:

$$I = U / R = 3,3 / 10000 = 0,33\ mA$$

Was aber passiert, wenn der Pin nicht als Eingang definiert wurde, sondern als Ausgang und „tief" ist. Bei einem Mikrocontroller kann das so schnell nicht passieren, da immer, wenn das (einzige) Programm gestartet wurde, alle Pins durch das Programm in den vom Programmierer bestimmten Zustand versetzt wurden. Auf dem RPi aber ist das sehr wohl möglich. Es können mehrere Programme gleichzeitig laufen, die alle etwas mit den Pins machen können. Es kann also sein, dass das Programm den Pin als Eingang definiert, ein anderes ihn aber zum Ausgang erklärt und „tief" macht. Ein kleiner Fehler mit üblen Folgen.

So lange der Schalter offen ist, passiert nichts, da der tiefe Pin mit Masse verbunden ist. Sobald Sie aber den Schalter schließen, wird der tiefe Pin mit +3,3 Volt verbunden, also: Kurzschluss. En schnelles Ende für den RPi. Um dem vorzubeugen, setzen wir einen zusätzlichen 1-k-Widerstand ein und verwenden ihn wie in Abildung 46 gezeigt.

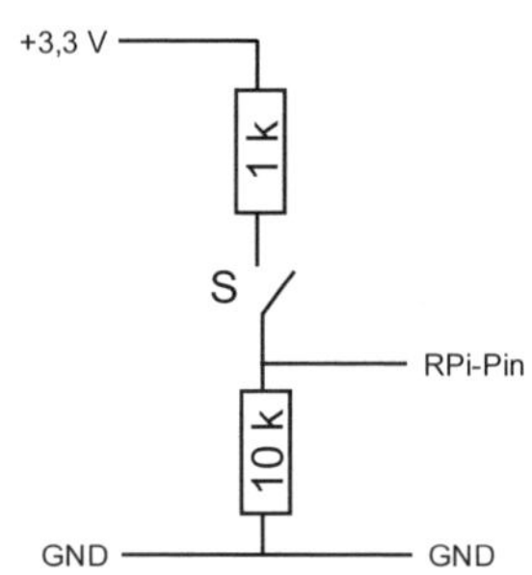

Abbildung 46. Gesicherter Anschluss eines Schalters am RPi.

Bei normaler Verwendung hat dieser Widerstand wenig Einfluss. Bei offenem Schalter passiert überhaupt nichts; der Pin des RPi ist über den Widerstand von 10 k mit Masse verbunden. Bei geschlossenem Schalter entsteht ein Spannungsteiler mit folgender Spannung am Eingang:

$$U_{RPi\text{-}Pin} = 10 / (1 + 10) \cdot 3,3 = 3,0\ V$$

Das ist genug, um vom Pin noch immer als „hoch" angesehen zu werden, also hat der Widerstand auch hier keinen Effekt. Der Schalter funktioniert also weiter so, wie vorgesehen.

Der Vorteil wird aber sichtbar, wenn der Pin aus Versehen als Ausgang definiert wurde. Wird der Pin „hoch" gemacht, ist das kein großes Problem, da der Widerstand nach Masse 10 k ist. Wird der Pin „tief", wird er normalerweise kurzgeschlossen, wenn jemand den Schalter drückt. Der 1-k-Widerstand verhindert hier, dass ein Schaden entsteht, indem er den Strom begrenzt:

$$I_{Kurzschluss} = U / R = 3{,}3 / 1000 = 3{,}3\ mA$$

Das ist so wenig, dass der RPi hier keinen Schaden davonträgt. Die Schaltung funktioniert nicht, (da der Pin als Ausgang definiert ist), aber der RPi wird nicht beschädigt. Wir verwenden diese sichere Art überall in diesem Buch, um einen Schalter anzuschließen.

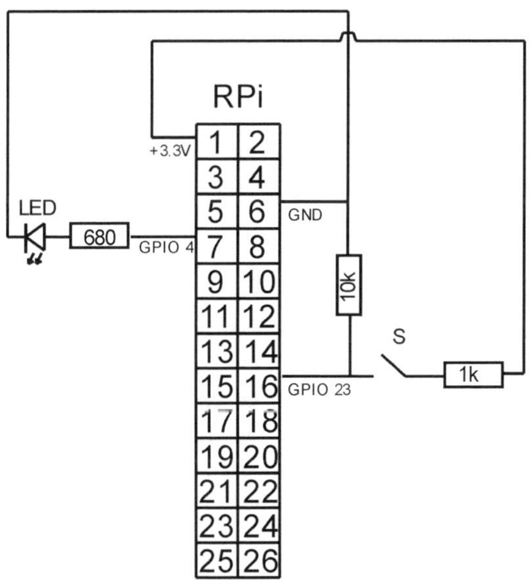

Abbildung 47. Anschluss LED und Schalter am Header.

Der komplette Aufbau besteht aus einer LED und einem Schalter. Die zwei Leitungen, die einander mit einem „Huckel" kreuzen, sind nicht miteinander verbunden. Der Huckel bedeutet, dass ein Draht über einen anderen geht. Das gilt für alle Schaltpläne in diesem Buch.

Widerstand-Farbcodes:	1 k	=	braun-schwarz-rot
	10 k	=	braun-schwarz-orange

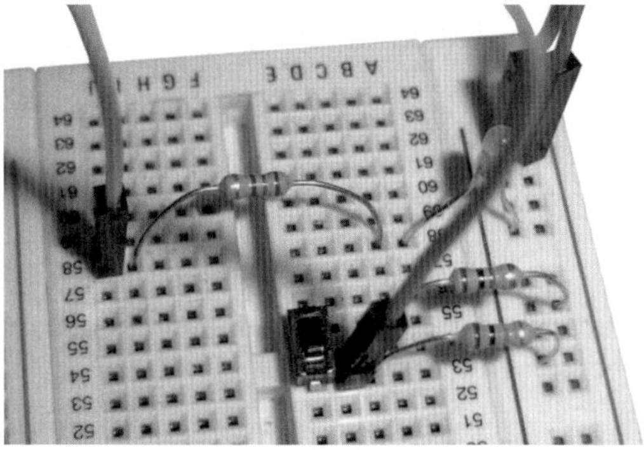

Abbildung 48. Aufbau auf dem Steckbrett.

Der Schalter hängt an Headerpin 16 mit dem GPIO 23. Wie bei der LED, müssen wir den RPi wissen lassen, was wir mit dem Pin, an dem der Schalter angeschlossen ist, machen möchten. In diesem Fall muss es ein Eingang sein, das Signal des Schalters muss in den RPi hinein. Wir verwenden dazu den Befehl:

```
gpio -g mode 23 in
```

Das „-g" gibt an, dass wir die GPIO-Nummerierung verwenden möchten. „Mode" bedeutet auf Deutsch Modus (Arbeitsweise). Die Ziffer „23" ist die GPIO-Pinnummer und „in" steht für *input*, auf Deutsch: Eingang. Wir können nun den Zustand des Schalters mit folgendem Befehl abfragen:

```
gpio -g read 23
```

Wenn der Schalter nicht gedrückt wurde, erhalten wir als Antwort „0" und wenn er gedrückt wurde, erhalten wir die Antwort „1". Der RPi schaut nur in dem Moment nach, in dem Sie wirklich den Befehl geben. Wenn Sie also eine „1" sehen möchten, müssen Sie den Befehl geben, während der Schalter gedrückt ist.

Erzeugen Sie das folgende Programm und speichern Sie es unter dem Namen „switch.py":

```
import os
import wiringpi
from time import sleep

os.system( 'gpio export 23 in' )
sleep(0.5)

io = wiringpi.GPIO(wiringpi.GPIO.WPI_MODE_SYS)
io.pinMode(23,io.INPUT)
```

```
while True:
    sleep(0.5)
    if io.digitalRead(23):
        print "switch closed"
    else:
        print "switch open"
```

Starten Sie das Programm mit:

```
python switch.py
```

Sie können das Programm mit Strg-C beenden. Das Programm schaut alle 0,5 Sekunden nach dem Zustand des Schalters und zeigt eine passende Nachricht auf dem Bildschirm. Wenn das Programm läuft, merken Sie, dass die 0,5 Sekunden nicht immer stimmen. Der RPi lässt viel mehr Programme als nur dieses eine laufen und ist im Hintergrund mit dem Bildschirm, der Maus, der Internetverbindung etc. beschäftigt. Es gibt also keine Garantie, dass sich der RPi an die 0,5 Sekunden hält!

Da wir nun wissen, welchen Zustand der Schalter hat, können wir ihn verwenden, um die LED damit an- und auszuschalten. Das geht natürlich auch mit einem Draht und daher machen wir es genau umgekehrt. Die LED ist immer an, und nur wenn Sie den Schalter drücken, geht sie aus.

Überlegen Sie sich vor dem Weiterlesen, wie Sie das lösen würden. Es ist eine Kombination aus diesem Programm mit dem aus dem vorherigen Projekt. Meine Lösung sieht so aus:

```
import os
import wiringpi
from time import sleep

os.system( 'gpio export 4 out' )
os.system( 'gpio export 23 in' )
sleep(0.5)

io = wiringpi.GPIO(wiringpi.GPIO.WPI_MODE_SYS)
io.pinMode(4,io.OUTPUT)
io.pinMode(23,io.INPUT)

while True:
    if io.digitalRead(23):
        io.digitalWrite(4,0)
    else:
        io.digitalWrite(4,1)
```

Das Programm heißt „switchled.py“, also starten Sie es mit

```
python switchled.py
```

Die LED geht sofort an und geht aus, so lange Sie den Knopf gedrückt halten. Sie können das Programm mit Strg-C stoppen.

5.7 Zeitschalter

Sie können aus dem Programm des vorigen Projektes einfach einen Zeitschalter machen. Zunächst vertauschen Sie die LED-an und LED-aus-Befehle, so dass die LED leuchtet, wenn Sie den Taster drücken. Danach fügen Sie unter `io.digitalWrite(4,1)` einen „sleep"-Befehl ein. Mit (2) bleibt die LED immer, wenn Sie auf den Knopf drücken, für zwei Sekunden an.

```
import os
import wiringpi
from time import sleep

os.system( 'gpio export 4 out' )
os.system( 'gpio export 23 in' )
sleep(0.5)

io = wiringpi.GPIO(wiringpi.GPIO.WPI_MODE_SYS)
io.pinMode(4,io.OUTPUT)
io.pinMode(23,io.INPUT)

while True:
    if io.digitalRead(23):
        io.digitalWrite(4,1)
        sleep(2)
    else:
        io.digitalWrite(4,0)
```

Starten Sie das Programm mit

```
python timerled.py
```

Wenn Sie den Taster drücken, geht die LED zwei Sekunden lang an. Sie können das Programm mit Strg-C stoppen.

5.8 Wechselschalter

In diesem Projekt erstellen wir einen Schalter, der beim ersten Betätigen eine LED einschaltet und diese bei erneuter Betätigung wieder ausschaltet. Das scheint einfach zu sein: Wir nehmen das Projekt aus dem Schalterprojekt und verwenden eine Variable und den not-Operator, um den Zustand der LED zu ändern. Etwa so:

```
while True:
      if io.digitalRead(23):
          led = not led
          io.digitalWrite(4,led)
```

Das Programm funktioniert tatsächlich, nur Sie sehen davon nichts. Bevor Sie den Taster wieder loslassen, ist die LED tausende Male an und aus gewesen. Und welchen Zustand die LED hat, wenn Sie den Finger vom Taster nehmen, ist reiner Zufall. Das Programm muss also warten, bis Sie den Finger wieder vom Taster genommen haben. Wir verwenden dafür eine einfache Whileschleife:

```
while io.digitalRead(23):
    pass
```

„Pass“ ist ein Befehl ohne Funktion. Theoretisch sollten wir ihn also weglassen können, aber *Python* erwartet mindestens einen Befehl in einer Schleife. Der Effekt ist, dass das Programm „hängen“ bleibt, bis Sie den Schalter loslassen. Es gibt nur noch ein Problem: Kontaktprellen.

In dem Moment, in dem Sie den Schalter drücken, bewegen sich die Kontakte aufeinander zu und schieben sich dann übereinander, bis sie ihre endgültige Position erreicht haben. Während des Schiebens haben die Kontakte manchmal keinen Kontakt und manchmal doch. Das geht so schnell, dass Sie nichts davon sehen, der RPi aber wohl. Er fasst das dann als eine Reihe von Tastendrücken auf. Eine recht kurze Wartezeit von etwa 10 ms (0,01 Sekunden) löst das Problem.

Das komplette Programm sieht nun so aus:

```
import os
import wiringpi
from time import sleep

os.system( 'gpio export 4 out' )
os.system( 'gpio export 23 in' )
sleep(0.5)
led=0

io = wiringpi.GPIO(wiringpi.GPIO.WPI_MODE_SYS)
io.pinMode(4,io.OUTPUT)
io.pinMode(23,io.INPUT)

while True:
    if io.digitalRead(23):
        led = not led
        io.digitalWrite(4,led)
        while io.digitalRead(23):
            pass
        sleep(0.01)
```

Sie starten das Programm mit `python twostate.py`. Jedes Mal, wenn Sie den Knopf drücken, ändert sich der Zustand der LED. Das Programm kann mit Strg-C gestoppt werden.

5.9 Schalterstand im Fenster

Es wird wieder Zeit für ein grafisches Projekt: Wir erzeugen ein Programm, dass in einem Fenster den Zustand des Schalters anzeigt. Auf den ersten Blick scheint das einfach, indem eine Schleife erzeugt wird, in der wir den Schalter auslesen. Etwa so:

```
while True:
    if io.digitalRead(23):
        # schreibe etwas auf den Bildschirm
```

Aber das funktioniert nicht. Ein grafisches Programm arbeitet mit Objekten, und wenn wir dies in einem Objekt machen, kann das Programm keine anderen Objekte mehr ausführen. Das bedeutet, dass der Text im Fenster nicht geändert wird.[45] Es gibt dafür im Prinzip zwei Lösungen:

1. Wir verwenden einen Timer, mit dem wir sehr oft, z. B. alle 10 Millisekunden, nach dem Schalter schauen. Das Programm ist einfach zu schreiben und gut zu verstehen.
2. Wir verwenden einen zweiten Thread. Multi-Threading-Programme sind üblicherweise schwerer zu verstehen und das macht es schwieriger, das Programm an die eigenen Wünsche anzupassen.

Wir besprechen beide Methoden. Übrigens können Sie Threads auch in nicht grafischen Programmen verwenden, ein Beispiel dafür finden Sie in Projekt 12.5.

5.9.1 Mit einem Timer

Wir verwenden einen Timer, um alle 10 Millisekunden den Stand des Schalters abzufragen. Dieser Timer ist ein Objekt und muss daher im Objektabschnitt des Templates definiert werden. Das Programm hat keinen eigenen Startknopf, also starten wir den Timer sofort.

```
# Timer Objekt
self.timer = wx.Timer(self)
self.Bind(wx.EVT_TIMER, self.OnTimer, self.timer)
# Starte den Timer
self.timer.Start(10)
```

[45] Das Programm hat übrigens auch keine Zeit, um nach Mausklicks im Fenster zu schauen, also können Sie es auch nicht mehr mit dem Kreuzchen oben rechts stoppen!

Im nächsten Schritt definieren wir die Pins. Wir möchten das io-Objekt hier definieren, aber woanders im Programm verwenden. Da „io“ kein Standardteil von *wxPython* ist, geht das nicht, außer wir geben es explizit mit dem Befehl „global“ an. Erst definieren wir also „io“ als global-Objekt und in der folgenden Zeile definieren wir, was das Objekt genau ist (das funktioniert, da wir beim Start des Programms *wiringpi* importieren).

```
# Pins konfigurieren
os.system( 'gpio export 23 in' )
global io
io = wiringpi.GPIO(wiringpi.GPIO.WPI_MODE_SYS)
io.pinMode(23,io.INPUT)
```

Als letztes erzeugen wir ein Textobjekt. Darin erscheint der Zustand des Schalters. Da wir nun den Zustand noch nicht kennen, lassen wir das Label leer.

```
# ein Textfeld
self.text = wx.StaticText(self, label='',pos=(20,30))
```

Das komplette Programm sieht dann so aus:

```
import wx
import os
import wiringpi

class Example(wx.Frame):

    def __init__(self, parent):
        wx.Frame.__init__(self,parent)
        #self.io = wiringpi.GPIO(wiringpi.GPIO.WPI_MODE_SYS)
        self.InitUI()

    def InitUI(self):
        self.SetBackgroundColour('white')
        self.SetSize((250, 200))
        self.SetTitle('Read Switch - Timer')
        self.Centre()
        self.Show(True)

        #Hier eigenen Objekte einfügen

        # Timer Objekt
        self.timer = wx.Timer(self)
        # Funktion, die vom Timer aufgerufen wird
        self.Bind(wx.EVT_TIMER, self.OnTimer, self.timer)
        # Starte den Timer
        self.timer.Start(10)

        # Pins konfigurieren
        os.system( 'gpio export 23 in' )
```

```
        global io
        io = wiringpi.GPIO(wiringpi.GPIO.WPI_MODE_SYS)
        io.pinMode(23,io.INPUT)

        # ein Textfeld
        self.text = wx.StaticText(self, label='',pos=(20,30))

    #hier eigenen Funktionen einfügen

    def OnTimer(self, e):
        # der Timer gibt alle 10 ms einen Impuls an den Zähler
        if io.digitalRead(23):
            self.text.SetLabel('Switch closed')
        else:
            self.text.SetLabel('Switch open')

    def main():
        ex = wx.App()
        Example(None)
        ex.MainLoop()

    if __name__ == '__main__':
        main()
```

Starten Sie das Programm mit `python readswitch1.pyw`. Das Programm meldet, dass der Schalter offen ist. Wenn Sie den Schalter drücken, meldet das Programm, dass der Schalter geschlossen ist. Da das Programm nicht kontinuierlich den Schalter abfragt, sondern nur alle 10 ms, gibt es eine kurze Verzögerung.[46]

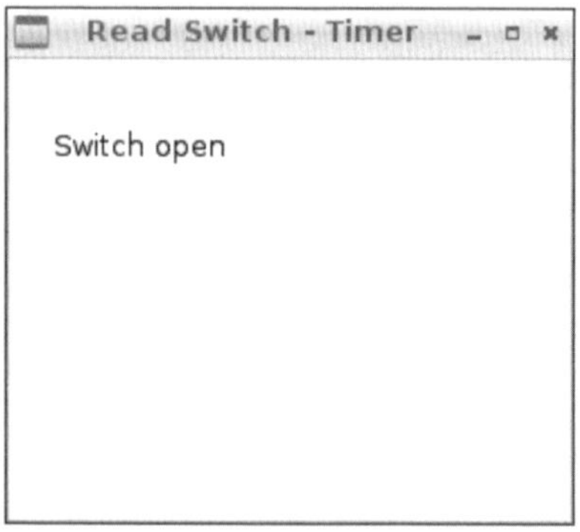

Abbildung 49. Fenster des timergesteuerten Programms.

[46] Das kommt uns eigentlich recht, denn der Schalter prellt garantiert und die 10 ms fungieren daher als Entprellverzögerung. Es hält Sie nichts davon ab, die Routine öfter als alle 10 ms abzufragen, nur ist das im Falle eines Schalters wenig sinnvoll. Im Allgemeinen ist es das Beste, „sparsam" mit der Prozessorzeit umzugehen. Wenn es nicht nötig ist, sollte sie nicht verwendet werden. Der RPi muss neben Ihrem Programm auch noch andere Dinge erledigen.

5.9.2 Mit Multi-Threading

Ein Thread (Englisch für Faden) ist eine Reihe von Schritten, die der RPi hintereinander ausführt.[47] Erst wenn ein Schritt beendet wurde, kann ein anderer angefangen werden. Wenn der RPi nur einen Thread ausführen kann, kann er also nur eine Sache gleichzeitig tun. Da es die Bestimmung des RPi ist, mehrere Dinge gleichzeitig zu tun (denken Sie an das Aufrechterhalten der Internetverbindung, die Bildschirmdarstellung und das Überwachen von Maus- und Tastatur) verwendet er mehrere Threads, die gleichzeitig laufen.

Gleichzeitig ist in diesem Zusammenhang ein relativer Begriff. Der Mikroprozessor des RPi kann tatsächlich nur ein Ding gleichzeitig erledigen, also sorgt *Linux* dafür, dass jeder Thread abwechselnd Zeit erhält, so dass es aussieht, als würden Sie gleichzeitig laufen.[48]

Der Nachteil von Threading ist, dass Sie nicht sicher wissen, wie lange etwas dauert, da der RPi unterdessen noch mit anderen Threads beschäftigt ist. Wenn die Dinge exakt zu einer Zeit erledigt werden müssen, beispielsweise bei der Prozesssteuerung in einer Fabrik, wird daher kein Multi-Threading-System verwendet, sondern beispielsweise ein Mikrocontroller.

Um es erst mal einfach zu machen, tun wir so, als würde das grafische Python-Programm aus einem Thread bestehen. Das stimmt zwar nicht, erscheint aber vom Standpunkt des Programmierers so. Wenn wir in unserem Programm einen Schritt einbauen, der den Thread voll beschäftigt, sind für den Rest des Programms keine Ressourcen frei. Und dauerhaft in einer Schleife einen Schalter abzufragen ist genau eine Handlung, die den Thread voll beschäftigt.

Die Lösung ist es, einen zweiten Thread zu erzeugen. Im ersten Thread läuft ein komplettes Programm, abgesehen von dem Teil, der den Schalter abfragt. Im zweiten Thread läuft nur dieser Teil. Das Hauptprogramm läuft dadurch ungestört weiter. Sobald sich der Zustand des Schalters ändert, gibt der Schalterthread dieses an den Hauptthread weiter und stoppt danach. Will der Anwender wissen, ob sich auch dieser Zustand des Schalters wieder ändert, wird der Thread erneut gestartet und die Sache wiederholt sich.

Die Struktur des Programms ist nicht anders als sonst, also verwenden wir das Standardtemplate. Zunächst benötigen wir zwei Variablen: Eine, in der wir den Zustand des Schalters speichern können (so dass wir sehen, ob er sich geändert hat) und eine, um zu sehen, ob der Anwender das Programm beenden möchte.

---

[47] Das gilt für alle Computer, die *Linux*, *Windows*, *MacOS* oder *iOS* verwenden. Anstelle von RPi können Sie hier auch Windows-PC lesen.

[48] Ein Computer mit multicore-Prozessor kann wirklich mehrere Dinge gleichzeitig tun. Ein Quadcore kann beispielsweise vier Threads gleichzeitig verarbeiten (quad steht für vier).

```
# Zustand des Schalters
global pinstat
pinstat=1
# run/stop Indikator
global runstop
runstop=0
```

Danach definieren wir den Schalterthread und starten ihn sofort:

```
# Der Schalterthread
t=threading.Thread(target=self.__run)
t.start()
```

Der Schalterthread startet die Funktion „__run“. Das ist also der zweite Thread, der neben dem Hauptprogramm läuft. Das Hauptprogramm läuft einfach weiter (glücklicherweise, denn sonst könnten Sie den Button nicht klicken). Es laufen nun zwei Threads, daher Multi-Threading. Wir besprechen diese zwei Threads Schritt für Schritt.

```
def __run(self):
```

Wir möchten die zwei Variablen verwenden, die im anderen Thread als global definiert wurden. Um *Python* klar zu machen, dass wir die Variablen aus dem anderen Thread meinen, verwenden wir wieder das Keyword „global“.

```
# Verwende pinstat und runstop aus dem anderen Thread
global pinstat
global runstop
```

Jedes Mal, wenn dieser Thread gestartet wird, ändern wir den Zustand der Variablen, mit der wir den Pin vergleichen. Nach jedem Drücken oder Loslassen wird der Thread wieder gestartet und so wissen wir sicher, dass wir auf den richtigen Zustand warten.

```
# ändere Zustand
pinstat = not pinstat
```

Nun kommt das Herz des Threads: Hier warten wir, bis sich etwas am Pin ändert. Der Thread ist nun vollständig beschäftigt und hat keine Zeit mehr für andere Dinge. Der Rest des Programms läuft aber in einem anderen Thread und arbeitet daher noch normal. Beachten Sie, dass diese Schleife auch stoppt, wenn runstop den Wert „1“ bekommt. Normalerweise ist dieser „Null“, aber mit dem Stop-Button können Sie den Wert auf 1 setzen. Wenn Sie das nicht tun, wird zwar das Hauptprogramm stoppen, dieser Thread aber nicht. Es kann sein, dass das Programm dadurch „hängen“ bleibt, also nicht mehr zu beenden ist. Es ist auch möglich, dass Sie eine Fehlermeldung von *Linux* erhalten. Daher ist es wichtig Threads zu stoppen, wenn das Hauptprogramm beendet wird.

```
# warte auf eine Änderung
while io.digitalRead(23)==pinstat:
    if runstop==1:
        break
```

Wenn der Thread diese Schleife verlässt, wurde etwas am Pin geändert, was an den Anwender gemeldet werden soll. Oder das runstop-Flag wurde geändert, in welchem Fall wir dem Anwender nichts mitteilen (der würde auch kaum Zeit haben, etwas zu lesen, da das Programm ja stoppt).

```
# zeige neuen Zustand
if pinstat==0 and runstop==0:
    self.text.SetLabel('Switch closed')
if pinstat==1 and runstop==0:
    self.text.SetLabel('Switch open  ')
```

Ob wir nun einen Thread verwenden oder nicht, müssen wir eine kleine Pause einfügen, um den Schalter zu entprellen. Diesmal verwenden wir 0,01 Sekunden (10 Millisekunden), Sie können auch 20 ms verwenden. Der richtige Wert hängt von der Qualität des Schalters ab und davon, wie schnell Sie den Schalter drücken.

```
# Schalter entprellen
wx.Sleep(0.01)
```

Wenn der Anwender stoppen will, beenden wir hier das Programm. Will er nicht stoppen, erzeugen wir einen neuen Schalterthread und starten ihn sofort. Das ist notwendig, da der aktuelle Schalterthread, in dem wir uns gerade befinden, nun stoppt, da keine Befehle mehr vorhanden sind.

```
if runstop==0:
    # starte einen neuen Schalterthread
    t=threading.Thread(target=self.__run)
    t.start()
else:
    # Anwender möchte stoppen
    self.Close(True)
```

Fehlt uns noch ein Button zum Stoppen. Der Code für den Button enthält keine Besonderheiten, die Funktion, die dieser Button aufruft, ist „onStop“. In dieser Funktion wird die „runstop“ auf „1“ gesetzt, so dass der Schalterthread weiß, dass er stoppen muss. Diese Variable wird in mehreren Threads verwendet, also auch hier die Bestätigung, dass es um dieselbe globale Variable geht.

```
def OnStop(self, e):
    global runstop
    runstop=1
```

Das vollständige Programm sieht so aus:

```
import wx
import os
import threading
import wiringpi

class Example(wx.Frame):

    def __init__(self, parent):
        wx.Frame.__init__(self,parent)
        self.InitUI()

    def InitUI(self):
        self.SetBackgroundColour('white')
        self.SetSize((250, 200))
        self.SetTitle('Read Switch - Threading')
        self.Centre()
        self.Show(True)

        #hier eigene Objekte einfügen

        # das ist Button 0
        cbtn0 = wx.Button(self, label='Stop', pos=(20, 60))
        # Funktion, die bei Klick darauf aufgerufen wird
        cbtn0.Bind(wx.EVT_BUTTON, self.OnStop)

        # Pins konfigurieren
        os.system( 'gpio export 23 in' )
        global io
        io = wiringpi.GPIO(wiringpi.GPIO.WPI_MODE_SYS)
        io.pinMode(23,io.INPUT)
        # Zustand des Schalters
        global pinstat
        pinstat=1
        # run/stop Indikator
        global runstop
        runstop=0

        # ein Textfeld
        self.text = wx.StaticText(self, label='Switch open
                      ',pos=(20,30))

        # der Schalterthread
        t=threading.Thread(target=self.__run)
        t.start()

    #hier eigene Funktionen einfügen

    def OnStop(self, e):
        global runstop
        runstop=1
```

```
def __run(self):
    # pinstat aus dem anderen Thread verwenden
    global pinstat
    global runstop
    # Zustand ändern
    pinstat = not pinstat
    # auf Änderung warten
    while io.digitalRead(23)==pinstat:
        if runstop==1:
                break
    # neuen Zustand anzeigen
    if pinstat==0 and runstop==0:
        self.text.SetLabel('Switch closed')
    if pinstat==1 and runstop==0:
        self.text.SetLabel('Switch open  ')
    # Schalter entprellen
    wx.Sleep(0.01)
    if runstop==0:
        # einen neuen Schalterthread starten
        t=threading.Thread(target=self.__run)
        t.start()
    else:
        # Anwender möchte stoppen
        self.Close(True)

def main():
    ex = wx.App()
    Example(None)
    ex.MainLoop()

if __name__ == '__main__':
    main()
```

Starten Sie das Programm mit `python readswitch2.pyw` und stoppen Sie es wieder mit dem Stop-Button. Nur so wird der Schalterthread auch richtig geschlossen. In Kapitel 12.5 besprechen wir eine andere Methode, die dafür sorgt, dass Threads korrekt beendet werden.

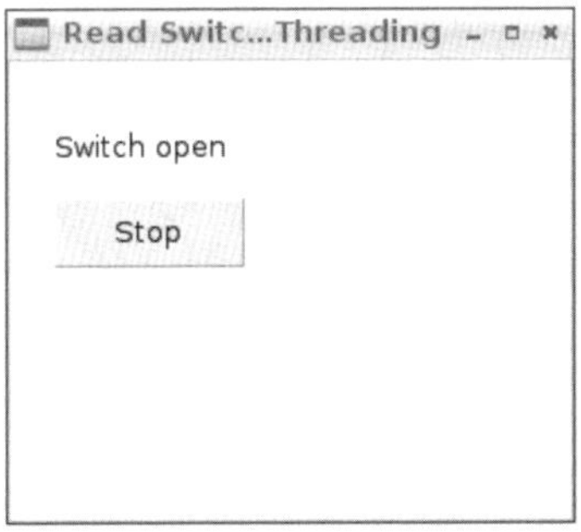

Abbildung 50. Fenster des threadgesteuerten Programms.

5.10 Ein Knopf mit Ton

In diesem Programm lassen wir den RPi einen Ton abspielen, wenn wir auf einen GPIO-Knopf drücken. Dieses Programm basiert auf dem „Monty Python Sketch: Die Maschine, die Ping macht“.[49] Da die Rechte an „ping“ nicht mir gehören, sondern die an „blonde“, verwenden wir hier das blonde-Klangfragment.[50] Natürlich können Sie selbst einen anderen Klang auswählen, so lange er im mp3-Format vorliegt.

Als Knopf verwenden wir den Taster an GPIO 23 (Pin 16 am Header) aus dem Projekt 5.6. Auf der SD-Karte befindet sich das Programm *mpg321*, das verwendet werden kann, um .mp3-Dateien abzuspielen. Das Programm hat viele Funktionen (mehr erfahren Sie mit dem Befehl „`man mpg321`“), aber wir möchten hier nur die Datei abspielen. Da wir das Programm aus *Python* heraus starten möchten, verwenden wir den Befehl „os.system“, wie beim Exportieren der Pins.

Wir lassen den Anwender selbst eine Musikdatei als Parameter über die Befehlszeile mitgeben. Befehlszeilenparamter sind Daten, die ein Anwender einem Programm beim Start mitgeben kann. *Python* stellt diese Daten in der Liste „sys.argv“ bereit, so dass Sie sie einfach in Ihrem Programm verwenden können. Ein Beispiel dazu sehen Sie im folgenden Programm:

```
import sys

c=0
for arg in sys.argv:
    print c, arg
    c+=1
```

Speichern Sie das Programm unter dem Namen „parmtest.py“ ab und starten Sie es mit dem Befehl:

```
python parmtest.py a b c d
```

Das Ergebnis ist nun:

```
0 parmtest.py
1 a
2 b
3 c
4 d
```

[49] „The machine that goes ping“ kommt aus dem Film „The Meaning of Life“. Der betreffende Teil lässt sich unter YouTube betrachten: http://www.youtube.com/watch?v=arCITMfxvEc

[50] Mit dem Text: "Oh my god, I'm like, totally blonde". Was witzig ist, da ich blond bin.

Sie sehen, dass Parameter 0 der Name des Programms selbst ist und dass der Rest der Parameter in der Liste darunter steht. In unserem Fall benötigen wir nur einen Parameter, nämlich den Namen der Musikdatei, also lesen wir nur Index 1 der Liste. Wir machen das aber mit „try/except", da es möglich ist, dass der Anwender nicht weiß, dass er eine Musikdatei angeben muss. In einem echten Programm ist es besser eine ausführlichere Erklärung zu geben, als nur „No musicfile" (keine Musikdatei), aber für den persönlichen Gebrauch sollte das deutlich genug sein.

```
import os
import sys
import wiringpi
from time import sleep

os.system( 'gpio export 23 in' )

io = wiringpi.GPIO(wiringpi.GPIO.WPI_MODE_SYS)
io.pinMode(23,io.INPUT)

try:
    musicfile= sys.argv[1]
except:
    print "No musicfile"
    exit()
while True:
    if io.digitalRead(23):
        os.system("mpg321 "+musicfile)
```

Auf der SD-Karte befindet sich die Musikdatei „blonde.mp3".[51] Starten Sie das Programm mit:

```
python soundswitch.py blonde.mp3
```

Immer, wenn Sie auf den Knopf drücken, wird die Datei abgespielt.[52] Sie können die Lautstärke mit dem Befehl:

```
amixer set PCM 50%
```

einstellen, wobei die Prozentzahl die Lautstärke angibt (0% ist stumm, 100% so laut wie möglich). Vergessen Sie das Prozentzeichen im Befehl nicht, sonst funktioniert es nicht!

---

[51] Die Audiodatei liegt im Verzeichnis dieses Projektes auf dem RPi.

[52] Wenn Sie einen Lautsprecher oder Kopfhöhrer verwenden, die direkt an den RPi angeschlossen sind, hören Sie vor und nach jedem Klang einen Klick. Das ist ein bekanntes Problem des RPi. Sie können diesen Effekt minimieren, indem Sie die Lautstärke auf Maximum stellen, da sich die Lautstärke des Klicks nicht ändert. Wenn Sie einen HDMI-Monitor oder den Ligawo HDMI-VGA-Konverter verwenden, hören Sie diesen Klick nicht.

Wenn Sie keinen Ton hören, können Sie mit folgendem Befehl den Ausgang anpassen:[53]

```
sudo amixer cset numid=3 x
```

Wobei x der Ausgang ist:

0 = automatisch
1 = Stecker am RPi
2 = über HDMI

Sie können die Lautstärke und noch einige andere Parameter auch mit dem Programm *alsamixer* einstellen.

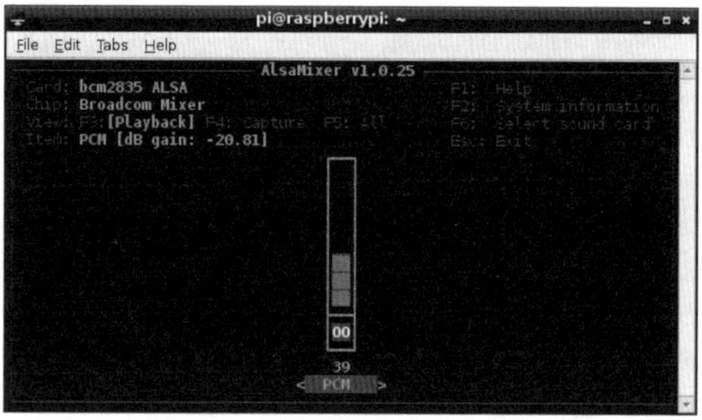

Abbildung 51. Das Programm Alsamixer.

5.11 Pin-Kommunikation

Zwei Programme können über eine Datei miteinander kommunizieren, ein Beispiel dazu finden Sie in Projekt 11.3.2. Aber beim RPi gibt es noch eine andere schöne Möglichkeit: zwei GPIO-Pins.

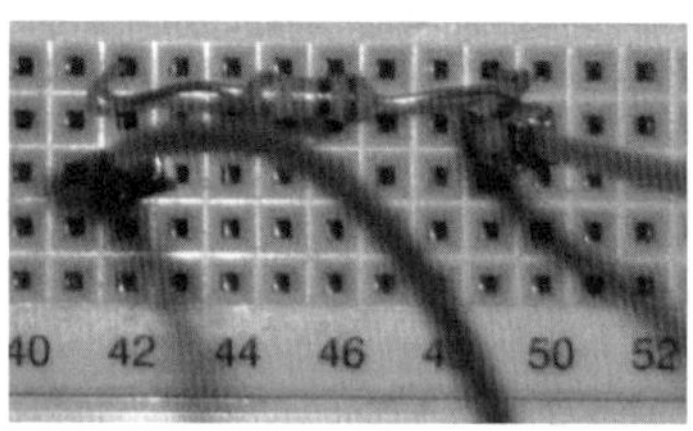

Abbildung 52. Anschluss über ein Steckbrett.

[53] Verwenden Sie den Ligawo HDMI-VGA Konverter und es kommt kein Ton aus dem Anschluss am Konverter, folgen Sie den Anweisungen aus Kapitel 1.5.

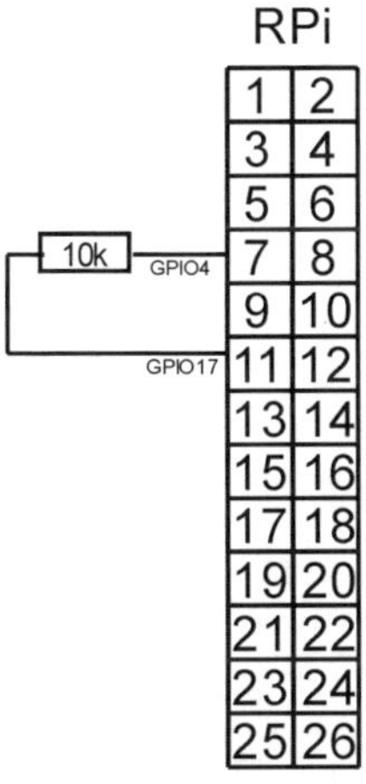

Abbildung 53. Verbindung der Pins am Header.

Die zwei Pins werden über einen Widerstand von 10 k (braun-schwarz-orange) miteinander verbunden. Eigentlich ist dieser Widerstand nicht nötig. So lange ein Pin als Ausgang definiert ist und der andere als Eingang, kann nichts passieren. Wenn aber zufällig beide Pins als Ausgang geschaltet sind, einer davon „hoch" und einer „tief", entsteht ein Kurzschluss. Um zu vermeiden, dass dadurch ein Schaden entsteht, wird der Widerstand verwendet. Der maximale Strom ist nun:

$$I = U / R = 3{,}3 / 10\ k = 0{,}33\ mA$$

Die Kommunikation funktioniert wie folgt: Das eine Programm macht den Pin abwechselnd „hoch" und „tief". Das andere Programm überwacht den Pin und gibt den passenden Text aus. Ein Art virtuelles Blinklicht also.

Programm 1 (pinset.py)

```
import os
import wiringpi
from time import sleep

os.system( 'gpio export 4 out' )
sleep(0.5)

io = wiringpi.GPIO(wiringpi.GPIO.WPI_MODE_SYS)
io.pinMode(4,io.OUTPUT)

while True:
    io.digitalWrite(4,1)
    sleep(1)
    io.digitalWrite(4,0)
    sleep(1)
```

Programm 2 (pinread.py)

```
import os
import wiringpi
from time import sleep

os.system( 'gpio export 17 in' )
sleep(0.5)

io = wiringpi.GPIO(wiringpi.GPIO.WPI_MODE_SYS)
io.pinMode(17,io.INPUT)

while True:
    sleep(0.1)
    if io.digitalRead(17):
        print "pin set"
    else:
        print "pin released"
```

Die Ausgabe von Programm 2:

```
pi@raspberrypi ~/experiments $ python pinread.py
pin set
pin set
pin set
pin set
pin released
pin released
pin released
pin released
pin released
pin released
pin released
pin released
pin released
pin released
pin set
pin set
pin set
```

In dieser Anwendung ergibt es nicht viel Sinn, aber Sie können so beispielsweise zwei Programme zusammenarbeiten lassen. Über die Pins wissen Sie, womit das jeweils andere Programm beschäftigt ist. Und Sie müssen sich natürlich nicht auf zwei Pins beschränken.

Optional können Sie am angesteuerten Pin auch noch eine LED befestigen, so dass der Anwender den Zustand des Programms sehen kann.

6. Mehr Strom

Der maximale Strom, den der RPi an 3,3 Volt liefern kann, ist 51 mA und das für alle Pins zusammen. Der 5-Volt-Pin hat etwas mehr Leistung. Dieser Pin kann abhängig von der verwendeten Spannungsversorgung und dem Verbrauch des RPis ungefähr 250 bis 300 mA liefern. Das klingt etwas besser, beschränkt Sie aber im Anschluss verschiedener Zusatzgeräte, die mehr Strom verbrauchen. Denken Sie beispielsweise an einen WiFi-Adapter oder eine optische Maus.

In diesem Kapitel besprechen wir einige Möglichkeiten, wie der RPi mehr Strom und auch eine höhere Spannung liefern kann.

Projekt	Ausführung
TD62783	8 Anschlüsse, maximal 500 mA / 50 Volt
ULN2003	7 Anschlüsse, maximal 500 mA / 50 Volt (verschiedene Spannungen pro Pin)
IRF740	1 Anschluss, maximal 10 A / 400 Volt

Wir verwenden in diesen Projekten eine externe Spannungsversorgung für die Großverbraucher. Es ist praktisch, wenn Sie eine regelbare Spannungsversorgung zur Verfügung haben, so dass Sie bequem verschiedene Verbraucher aus dem Projekt anschließen können, die eine andere Spannung benötigen. Und vielleicht möchten Sie selbst mit anderen Spannungen experimentieren. In Anhang 1 finden Sie einen einfachen Schaltplan für eine regelbare Spannungsversorgung von 1,24 bis 13 Volt mit 1,5 Ampere. Diese wurde bei allen Experimenten für dieses Buch verwendet. Natürlich sollte die externe Spannungsquelle zuletzt eingeschaltet werden und als erstes wieder ausgeschaltet werden, bevor Sie den RPi ausschalten.

6.1 TD62783 8-Kanal-Source-Driver

Der TD62783 ist ein 8-Kanal-Source-Driver-Chip[54] der acht Ausgänge mit 500 mA bei einer maximalen Spannung von 50 Volt hat.

[54] Sie können auch den UDN2981 verwenden, der kann maximal 80 Volt / 350 mA, ist sonst aber gleichwertig. Achtung: Das Datenblatt des UDN2981 gibt in der Zusammenfassung an, dass dieser Chip 500 mA liefern kann, die Grafiken für den maximalen Strom begrenzen das aber auf 350 mA (document Dwg. No. A-11,107B).

Recommended Operating Conditions (Ta = −40 to 80°C)

Characteristics		Symbol	Test Condition		Min	Typ.	Max	Unit
Supply voltage		V_{CC}	—		—	—	50	V
Output current		I_{OUT}	Ta = 85°C, T_j = 120°C, T_{pw} = 25 ms	Duty = 10% 8 circuits	—	—	-260	mA/ch
				Duty = 50% 8 circuits	—	—	-59	
	AFG			Duty = 10% 8 circuits	—	—	-180	
				Duty = 50% 8 circuits	—	—	-38	

Abbildung 54. Ausgangsstrom im Datenblatt des TD62783.

Ein individueller Ausgang kann tatsächlich 500 mA liefern, aber nicht, wenn mehrere Ausgänge gleichzeitig aktiv sind. Die Abbildung 54 entstammt dem Datenblatt des TD62783 und gibt zwei Werte für den maximalen Strom an, wenn alle Ausgänge verwendet werden. Bei einem PWM-Dutycycle von 10% kann jeder Kanal 260 mA verbrauchen (für den PDIP), bei einem Dutycycle von 50% sind es noch 59 mA pro Kanal, also ungefähr 472 mA insgesamt. Das Schöne an diesem Chip ist, dass jeder Ausgang eine Klemmdiode (Englisch: clampingdiode) hat, so dass Sie Motoren direkt an den Chip anschließen können.[55]

Ein positives Signal an einem Eingang sorgt für ein positives Signal am Ausgang. Der Chip benötigt ein TTL-Niveau von 5 Volt, erkennt aber 3,3 Volt als logische 1. Das bedeutet, dass der TD62783 direkt an den RPi angeschlossen werden kann. Der Stromverbrauch pro Eingang ist ungefähr 0,13 mA; gut unterhalb des Maximums des RPis.

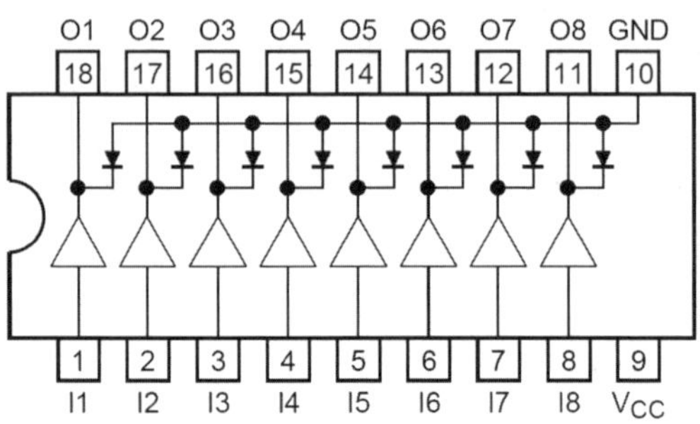

Abbildung 55. Pinbelegung des TD62783.

Abbildung 55 zeigt die innere Schaltung des TD62783. Alle Ausgänge haben eine gemeinsame Eingangsspannung an Pin 9 (V_{cc}). Daneben gibt es auch eine gemeinsame

[55] Andere englische Begriffe für eine Klemm- oder Freilaufdiode, die Sie in Datenblättern finden können sind: flyback, suppress oder catch. Wir besprechen später in diesem Kapitel, was der Sinn einer Klemmdiode ist.

Masse an Pin 10 (GND), die mit der Masse des RPi verbunden werden muss (GND, Pin 6 am Header). Der V_{cc}-Pin darf natürlich nicht mit dem RPi verbunden werden!

6.1.1 Lampe 6 V / 65 mA

Wir beginnen mit einem einfachen Aufbau, wobei wir eine Lampe mit 6 Volt und 65 mA anschließen. Sie sehen, dass der TD62783 mit GPIO23 (Pin 16 am Header) verbunden ist. Die Masse des RPi und Ihrer regelbaren Spannungsversorgung sind miteinander verbunden. Die +3,3 V und +6 V natürlich nicht. Die +3,3 V des RPi werden hier gar nicht verwendet, da der TD62783 über den V_{cc} Pin (9) versorgt wird und der hängt an der regelbaren Spannungsversorgung

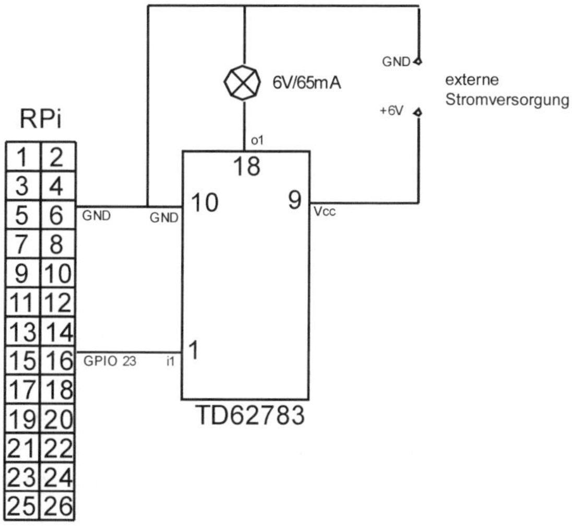

Abbildung 56. Anschluss des TD62783 am Header.

Die zwei Drähte, die das Foto rechts verlassen, sind die regelbare Spannungsversorgung.

Abbildung 57. Aufbau auf dem Steckbrett.

Wir lassen die Lampe mit dem folgenden Programm blinken:

```
import os
import wiringpi
from time import sleep

os.system( 'gpio export 23 out' )
sleep(0.5)

io = wiringpi.GPIO(wiringpi.GPIO.WPI_MODE_SYS)
io.pinMode(23,io.OUTPUT)

while True:
    io.digitalWrite(23,1)
    sleep(1)
    io.digitalWrite(23,0)
    sleep(1)
```

Möchten Sie wissen, wie Sie die Helligkeit der Lampe regeln können, dann lesen Sie auch Projekt 7.2. Sie können dieses Programm mit `python td62783a.py` starten und mit Strg-C stoppen.

6.1.2 Motor 5 V / 145 mA

Ein Motor (und übrigens auch ein Relais) enthält eine Spule. Der Strom durch eine Spule persistiert, das bedeutet: Wenn die Spannung abfällt, läuft der Strom noch weiter. Da der Strom nirgends hin kann, da die Versorgung aus ist, kann die Spannung stark ansteigen und den RPi oder andere Komponenten beschädigen. Um das zu verhindern wird eine Diode „verkehrt herum" über die Anschlüsse des Motors angeschlossen. Diese Diode (Klemm- oder Freilaufdiode genannt) leitet normalerweise nicht, da sie verkehrt herum geschaltet ist, aber sie lässt so den persistierenden Strom durch. Bei einem Motor ist dieses Problem größer als bei einem Relais, da ein Motor nach dem Ausschalten noch weiterdrehen kann (Freilauf) und dann wie ein Dynamo funktioniert.

Der TD62783 enthält intern bereits solche Freilaufdioden, daher können wir den Motor direkt an den Chip anschließen.[56] Wir verwenden in diesem Projekt als Beispiel einen Mitsumi 5-Volt-Motor. Dieser Motor verbraucht 15 mA ohne Last und 145 mA „stalled".[57]

[56] Das gilt auch für den UDN2981. Verwenden Sie einen anderen Chip, kontrollieren Sie das Datenblatt. Enthält der Chip keine Freilaufdiode, können Sie selbst eine einsetzen. Sie können z. B. eine 1N4007 verwenden, die eine maximale Sperrspannung von 1000 V hat und maximal 1 A Strom verträgt, bei kurzen Spitzen von 30 A. Da diese Diode nicht leiten soll, schließen Sie sie „verkehrt" herum an.

[57] „Stalled" bedeutet, dass die Achse blockiert wird, während der Motor die volle Spannung erhält. Möchten Sie selbst die stalled-Leistung messen, muss das schnell gehen, da der Motor nur gekühlt wird, wenn er sich dreht. Blockiert der Motor zu lange, brennt er durch.

Sie können natürlich auch einen anderen Motor verwenden, so lange Stromverbrauch und Spannung innerhalb der Möglichkeiten des TD62783 liegen. Der Aufbau ist identisch zum vorigen Projekt, nur dass die Lampe durch den Motor ersetzt wird.

Abbildung 58. Aufbau mit einem Elektromotor.

Wir verwenden für den Motor dasselbe Programm wie für die Lampe. Möchten Sie wissen, wie Sie die Geschwindigkeit des Motors regeln können, lesen Sie Projekt 7.3.

6.2 ULN2003 – 7 offene Darlington-Arrays

Der ULN2003 ist ein 7-Kanal-open-Darlington-Array mit sieben Ausgängen und einer maximalen Spannung von 50 Volt. Jeder einzelne Ausgang kann 500 mA liefern, aber nicht, wenn mehrere Ausgänge gleichzeitig verwendet werden. Die untenstehende Grafik entstammt dem Datenblatt und gilt für das PDIP-Gehäuse (der Typ, der in das Steckbrett passt). Horizontal ist der PWM-Dutycycle aufgetragen, wobei DC für 100% steht (also dauernd an). Vertikal ist der Stromverbrauch in mA aufgetragen. Hier ist der Peakverbrauch, also das absolute Maximum gemeint. Bei einem aktiven Ausgang (ein Ausgang, der tatsächlich Strom liefert) ist das Maximum 500 mA. Bei zwei aktiven Ausgängen ist das Maximum bei voller Belastung (DC also) ungefähr 390 mA pro Ausgang. Werden alle sieben Ausgänge verwendet, liegt das Maximum bei ungefähr 170 mA pro Ausgang.

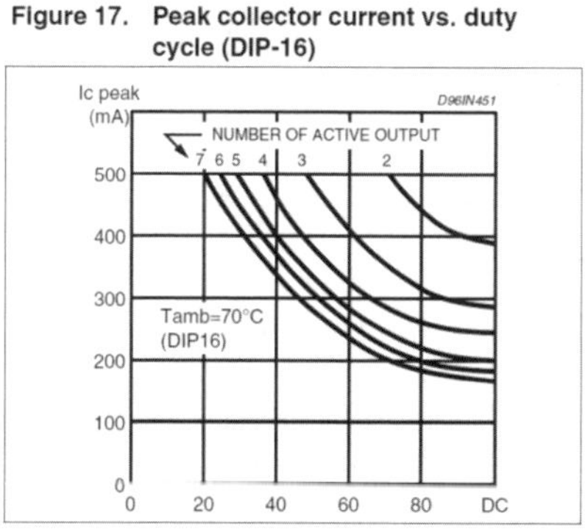

Abbildung 59. Ausgangsstrom über Dutycycle nach dem Datenblatt.

Die Ausgänge von diesem Chip können für mehr Leistung parallel geschaltet werden. Schalten Sie sie alle sieben parallel, haben Sie also 7 x 170 = 1190 mA zur Verfügung. Ich denke, dass ein ordentlicher Kühlkörper dann kein überflüssiger Luxus ist!

Der Chip hat eine gemeinsame Freilaufdiode (das Datenblatt spricht von einer „common free wheeling diode“). Sie können diese einschalten, indem Sie den Plusanschluss der regelbaren Spannungsversorgung an Pin 9 anschließen. Die Folge davon ist, dass diese Diode nur funktioniert, wenn Sie nur eine Spannung verwenden. In allen anderen Fällen müssen Sie selbst eine Diode anschließen. Sie können z. B. eine 1N4007 verwenden, die eine maximale Sperrspannung von 1000 V hat und maximal 1 A Strom verträgt bei kurzen Spitzen von 30 A. Da diese Diode nicht leiten soll, schließen Sie sie „verkehrt herum“ an.

Ein positives Signal am Eingang sorgt für ein negatives Signal am Ausgang: Der ULN2003 schaltet also nach Masse. Der Vorteil davon ist, dass Sie Verbraucher mit unterschiedlichen Spannungen anschließen können, wie wir gleich sehen werden.

Der Chip benötigt ein TTL-Niveau von 5 Volt, erkennt aber 3,3 Volt als logische 1. Das bedeutet, dass der ULN2003 direkt an den RPi angeschlossen werden kann. Der Stromverbrauch pro Eingang ist ungefähr 0,74 mA, weit unter dem Maximum des RPi. Wenn das in Ihrer Anwendung zu viel ist (da Sie an anderen Pins viel verbrauchen), können Sie optional einen 10-k-Widerstand zwischen den RPi und den ULN2003 schalten. Der Stromverbrauch pro Eingang beträgt dann nur 0,16 mA, aber die Verbindung wird empfindlicher gegen Störungen.

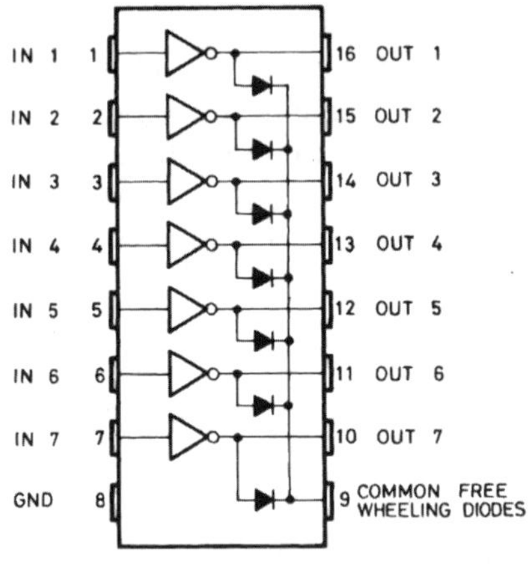

Abbildung 60. Innere Schaltung des ULN2003.

Abbildung 60 zeigt die innere Verschaltung des ULN2003. Sie sehen, dass alle Ausgänge eine gemeinsame Masse an Pin 8 (GND) haben, der mit der Masse des RPi verbunden werden muss. Daneben gibt es auch die gemeinsame „common free wheeling diode“ (Freilaufdiode) an Pin 9.

6.2.1 Ventilator 12 V / 125 mA und Lampe 6 V / 65 mA

Zur Demonstration schließen wir in diesem Projekt einen 12-Volt-Ventilator mit einem Stromverbrauch von 150 mA im normalen Betrieb und eine 6-Volt-Lampe mit einem Stromverbrauch von 65 mA an. Da wir den Freilaufdiodenanschluss nur verwenden können, wenn alle Ausgänge an derselben Spannung angeschlossen sind, verwenden wir eine eigene Freilaufdiode für den Ventilator. Wir wählen dafür eine 1N4007, die eine maximale Sperrspannung von 1000 V hat und maximal 1 A Strom verträgt bei kurzen Spitzen von 30 A. Da diese Diode nicht leiten soll, schließen Sie sie „verkehrt herum" an!

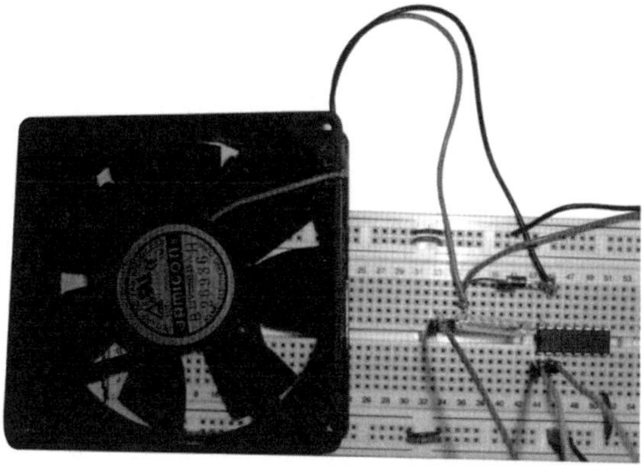

Abbildung 61. Aufbau mit Lampe und einem Ventilator.

Den Ventilator schließen wir an die externe regelbare Spannungsversorgung an, die wir auf 12 Volt einstellen. Für die Lampe brauchen wir eigentlich 6 Volt, sie leuchtet aber auch prima mit 5 Volt. Daher verwenden wir einfach den 5-Volt-Anschluss des RPi.

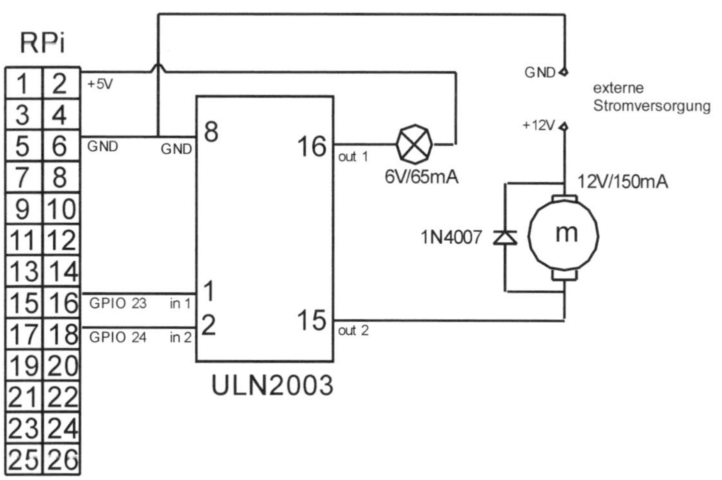

Abbildung 62. Steuern mehrerer Verbraucher mit unterschiedlichen Spannungen.

Wir können die Lampe und den Motor mit folgendem Programm bedienen:

```
import os
import wiringpi
from time import sleep

os.system( 'gpio export 23 out' )
os.system( 'gpio export 24 out' )
sleep(0.5)

io = wiringpi.GPIO(wiringpi.GPIO.WPI_MODE_SYS)
io.pinMode(23,io.OUTPUT)
io.pinMode(24,io.OUTPUT)

while True:
    value=raw_input("Control the LED with on1/off1, the motor
                     with on2/off2, or use q to quit: ")
    if value=='on1':
        io.digitalWrite(23,1)
    if value=='off1':
        io.digitalWrite(23,0)
    if value=='on2':
        io.digitalWrite(24,1)
    if value=='off2':
        io.digitalWrite(24,0)
    if value=='q':
            break
```

Sie können das Programm mit `python uln2003a.py` starten und mit „q" wieder stoppen.

6.3 IRF740 MOSFET

Um wirklich große Ströme schalten zu können, verwenden wir einen MOSFET. Ein MOSFET ist ein Metal Oxide Semiconductor FET.[58] Ein MOSFET hat drei Anschlüsse: Gate, Drain und Source. Bei einem (MOS)FET bestimmt die Gatespannung den Drainstrom. Der Gatestrom ist Null, was sehr praktisch ist für Mikrocontroller. Beachten Sie, dass in der Abbildung 64 der Pfeil im MOSFET-Symbol nicht nach Minus zeigt. Dies ist die einzige Komponente, die ich kenne, bei der das so ist.

6.3.1 Motor 5 V / 550 mA

Wir wählen für dieses Projekt den IRF740. Dieser MOSFET kann maximal 10 A / 400 V vertragen. Möchten Sie wirklich soviel Strom verbrauchen, müssen Sie einen großen

[58] Ein FET ist ein Field Effect Transistor.

Kühlkörper verwenden. Denken Sie immer daran, dass 400 Volt eine tödlich hohe Spannung ist und dass Sie umfassende Sicherheitsvorkehrungen treffen müssen.

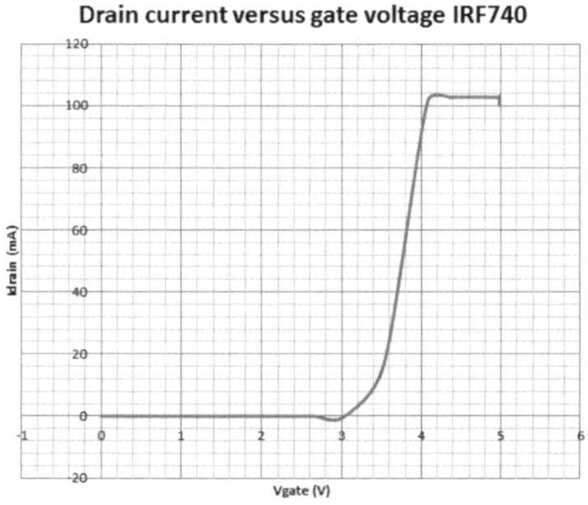

Abbildung 63. Drainstrom über Gatespannung für den IRF740.

Abbildung 63 zeigt den Drainstrom des IRF740 als Funktion der Spannung am Gate.[59] Sie sehen, dass der MOSFET bei etwa 3 Volt beginnt einzuschalten und bei etwa 4 Volt vollständig leitet. Mit etwas Sicherheitsmarge müssen wir also mindestens 5 Volt verwenden und das liefert ein RPi-Pin nicht. Daher verwenden wir einen MOSFET-Treiber, den MAX4420. Dieser Treiber kann die Spannung des Motors verwenden, um den MOSFET einzuschalten und diese Spannung ist hoch genug. Beachten Sie, dass die Gatespannung maximal 20 Volt und die Versorgungsspannung des MAX4420 maximal 18 Volt beträgt. Wenn Sie einen Motor anschließen, der mehr als 18 Volt benötigt, müssen Sie für den MAX4420 also eine niedrigere Spannung verwenden, z. B. mit einem 7815.

Wenn Sie einen Blick in das Datenblatt des MOSFET-Treibers MAX4420 werfen, sehen Sie, dass dieser einen Peakstrom von knapp 6 Ampere verträgt. Mehr als genug für unseren Motor, also warum ist noch ein echter MOSFET nachgeschaltet? Der Grund ist, dass die 6 A ein kurzfristiger Spitzenstrom sind. Für einen dauerhaften Strom müssen wir die maximale Leistung des MAX4420 beachten, nämlich 727 mW. Gemäß dem Datenblatt ist der Ausgangswiderstand maximal 5 Ohm. Für die Leistung gilt die Formel:

$$P = U \cdot I$$

[59] Aus dem Buch „Supersnel PC Interfacen – http://www.elektor.nl/products/books/microcontrollers/supersnel-pc-interfacen.2333989.lynkx“ das u. a. ein Projekt zum Analysieren von MOSFETs mit grafischer Ausgabe der Ergebnisse enthält. Der Strom ist in den Projekten dieses Buches auf 100 mA begrenzt, daher geht die Grafik nicht weiter.

Wobei für U nach dem Ohmschen Gesetz gilt:

$$U = I \cdot R$$

Wenn Sie diese Formeln kombinieren, folgt daraus für den maximalen Strom:

$$I = \sqrt{(P / R)}$$

Mit I = Strom in Ampere
R = Widerstand in Ohm
U = Spannung in Volt
P = Leistung in Watt

Wenn wir P und R einsetzen folgt daraus $I = \sqrt{(0{,}727/5)} = 381$ mA. Und das ist für den Motor zu wenig, der MOSFET ist also wirklich nötig.[60]

Die Schaltung sieht folgendermaßen aus. Beachten Sie, dass die Masse des RPi, des MAX4420 und des IRF420 miteinander verbunden sind und dass der MAX4420 aus der externen Spannungsquelle versorgt wird. Wenn der Motor auf der Versorgungsleitung stört, können Sie gegebenenfalls einen kleinen Kondensator mit 0,1 µF über die Motorkontakte anschließen (achten Sie darauf, dass Sie einen Typ einsetzen, der die Spannung verträgt).

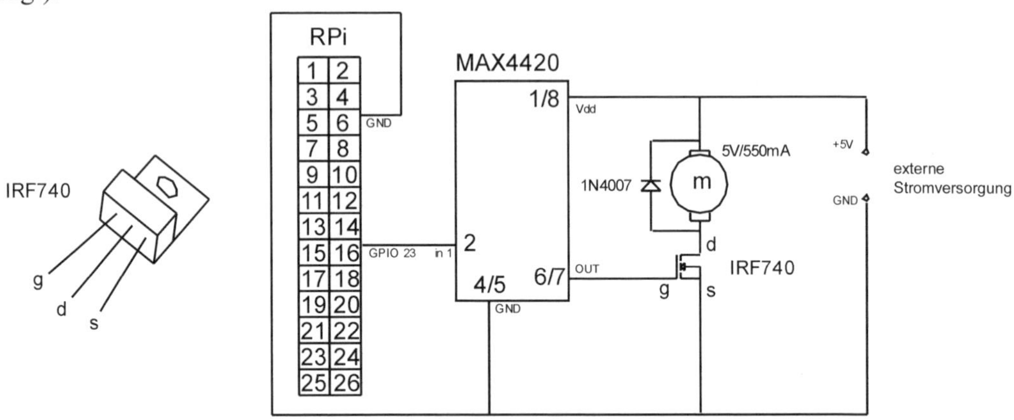

Abbildung 64. Anschluss eines Motors mit MOSFET am Header.

[60] Wenn Sie dieselbe Leistungsberechnung für den IRF740 machen möchten, müssen Sie folgende Werte aus dem Datenblatt verwenden: maximale Leistung 125 W, interner Widerstand maximal 0,55 Ohm. Der maximale Dauerstrom ist dann $\sqrt{(125/0{,}55)} = 15$ A. Deutlich über den maximal erlaubten 10 A, die der MOSFET liefern kann, also macht die Leistung keine Probleme. Übrigens brauchen Sie dann einen großen Kühlkörper, um die Wärme abzuführen.

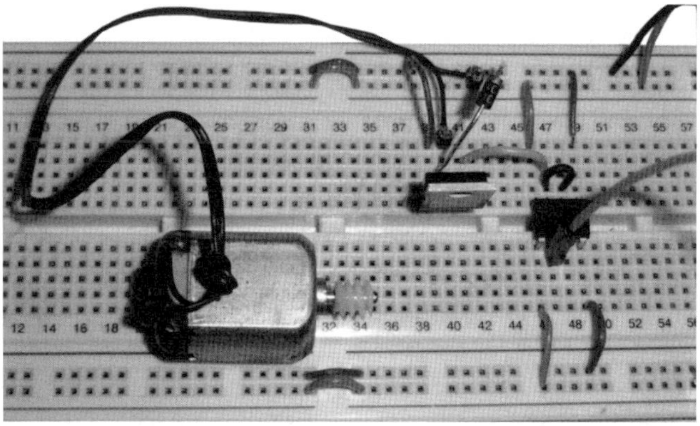

Abbildung 65. Aufbau auf dem Steckbrett.

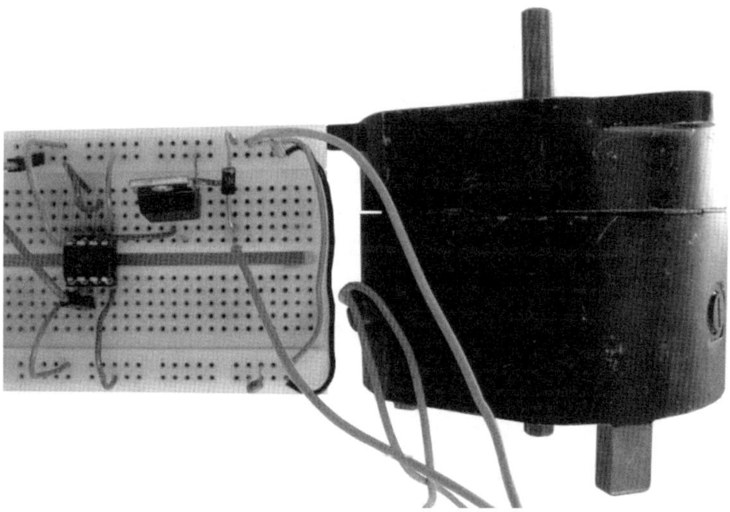

Abbildung 66. Größer als ein Spielzeugmotor geht auch...[61]

Sie können das folgende Programm verwenden:

```
import os
import wiringpi
from time import sleep

os.system( 'gpio export 23 out' )
os.system( 'gpio export 24 out' )
sleep(0.5)

io = wiringpi.GPIO(wiringpi.GPIO.WPI_MODE_SYS)
```

[61] Aufbau und Foto: B. Oudshoorn.

```
io.pinMode(23,io.OUTPUT)
io.pinMode(24,io.OUTPUT)

while True:
    value=raw_input("Enter on or off to control the motor,
                    or q to quit: ")
    if value=='on':
        io.digitalWrite(23,1)
    if value=='off':
        io.digitalWrite(23,0)
    if value=='q':
        break
```

Starten Sie das Programm mit `IRF740a.py` und stoppen Sie es mit q.

7. PWM

Wenn wir die Helligkeit einer Lampe oder die Geschwindigkeit eines Motors regeln möchten, sollte die einfachste Möglichkeit das Ändern der Spannung sein. Leider funktioniert das nicht so gut. Die meisten Motoren benötigen eine Mindestspannung, um sich zu drehen und wenn Sie endlich in Bewegung geraten, sind sie nicht gerade langsam. Das zweite Problem ist, dass eine niedrige Spannung meist zu einem niedrigen Drehmoment und damit wenig Kraft führt.

Die Lösung dafür ist es, die Spannung konstant auf der maximalen Spannung zu halten, um die Anlaufprobleme zu vermeiden und die Spannung dann schnell an- und auszuschalten. Wenn wir das schnell genug machen, läuft der Motor erstaunlich glatt. Wir halten die Frequenz, mit der wir die Spannung ein- und ausschalten, konstant und ändern die Impulsbreite. Daher heißt diese Technik Pulsbreitenmodulation, auf Englisch: Pulse Width Modulation, abgekürzt PWM.

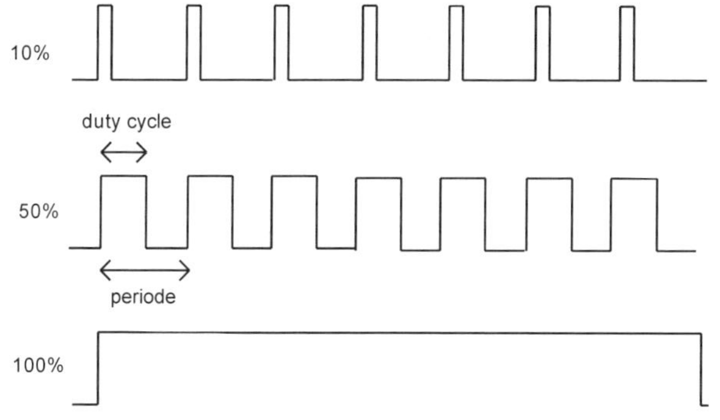

Abbildung 67. PWM-Signal bei drei verschiedenen Dutycycles.

Die relative Länge des Impulses wird „duty cycle" genannt, da der Motor in diesem Moment „duty" (Leistung) liefern kann.[62] Der Abstand zwischen dem Beginn zweier aufeinanderfolgender Impulse heißt „Periode". In der Abbildung 67 ist ein Beispiel für drei verschiedene Dutycycles dargestellt. In der obersten Grafik ist der Dutycycle 10 %, das bedeutet, dass während 10 % der Periode die Spannung „1" ist. In der mittleren Grafik ist der Dutycycle 50 % und in der untersten 100 %. Das letzte bedeutet natürlich, dass die Spannung immer an ist und der Motor mit voller Geschwindigkeit läuft.

Der RPi hat einen PWM-Ausgang und das ist GPIO 18 (Headerpin 12). Folgende PWM-Befehle stehen zur Verfügung:

[62] Auf Deutsch finden Sie auch den Begriff Puls/Pausen-Verhältnis. Meist wird der englische Begriff verwendet, also machen wir das in diesem Buch auch.

Befehl	Beschreibung
pinMode(18,2)	PWM an (funktioniert nur an Pin 18).
pwmWrite(18,x)	PWM Wert x schreiben (nur für Pin 18).
os.system('gpio pwm-ms')	mark-space Methode verwenden (default ist balanced, oder: Frequenzgesteuert).
os.system('gpio pwmc x')	Clock divider auf Wert x einstellen.

Tabelle 13. PWM-Befehle.

Zunächst erstellen wir einen kleinen Testaufbau, der aus einer LED (2 mA) mit einem Vorwiderstand von 680 Ohm an GPIO 18 (Pin 12 am Header) besteht. Achtung: PWM kann nur mit `sudo` angesteuert werden.

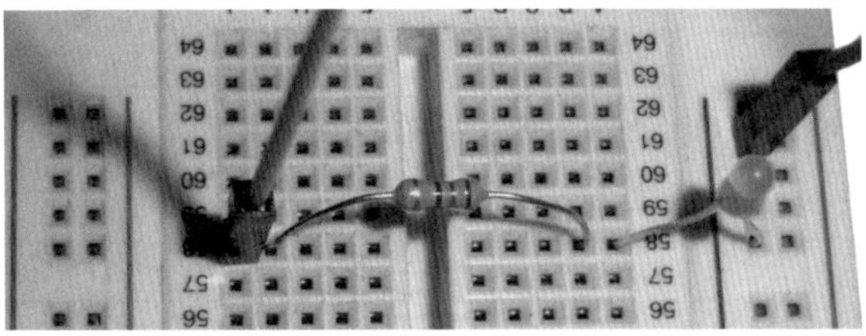

Abbildung 68. Aufbau auf dem Steckbrett.

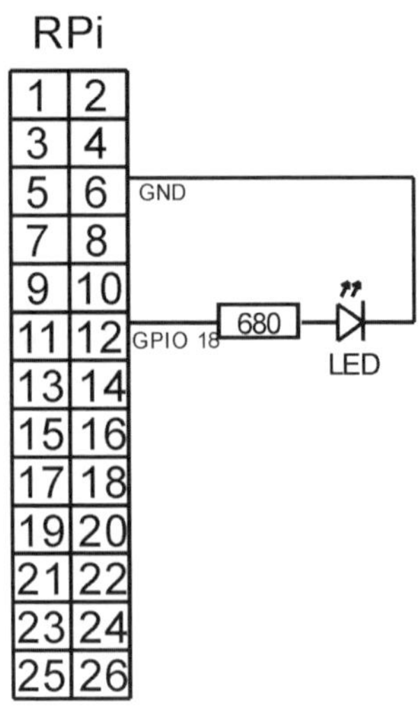

Abbildung 69. Anschluss am PWM-Pin am Header.

7.1 PWM auf drei Arten

Es gibt drei verschiedene PWM-Arten, die auf dem RPi zu verwenden sind.

1. Frequenzgesteuert
2. Impuls-Pause mit fester Frequenz
3. Impuls-Pause mit variabler Frequenz

Es ist praktisch, wenn Sie *WinOscillo* verwenden, um auf Ihrem PC die PWM-Signale anzuzeigen (die Grafiken in diesem Kapitel wurden mit diesem Programm erstellt). So können Sie gut die Unterschiede erkennen. Dazu benötigen Sie die spezielle WinOscillo-Hardware aus Kapitel 1.12, die Sie einfach selbst bauen können. Schließen Sie die WinOscillo-Hardware an den Mikrofoneingang Ihres PCs an. Schalten Sie alle Software-filter (Boost, Mute, Rauschunterdrückung) aus und stellen Sie die Mikrofonlautstärke auf maximal. Schließen Sie die Masse von *WinOscillo* an die Masse des RPi an und die Messleitung an GPIO 18 (Pin 12 am Header). Achten Sie immer auf die richtige Masse-verbindung zwischen *WinOscillo* und dem RPi. Wenn Sie neben *WinOscillo* noch eine andere Verbindung zwischen PC und RPi haben (z. B. USB), können Sie einen Kurz-schluss verursachen, wenn Sie *WinOscillo* verkehrt herum anschließen. Üblicherweise stirbt dann das teuerste Teil in der Reihe.

7.1.1 Frequenzgesteuert

Frequenzgesteuert bedeutet, dass die Impulse kurz sind, aber immer etwa gleich lang. Die Frequenz der Impulse wird höher, wenn Sie mehr Leistung haben möchten. Das ist die Standardmethode des RPi, denn sie ist einfach zu erzeugen, weil es nicht viel zu be-rechnen oder einzustellen gibt. Diese Methode kann für Lampen gut funktionieren, ist für Motoren aber weniger geeignet.

PWM-Wert	Frequenz / Hz
1	586
5	2924
10	5859

Tabelle 14. Verhältnis zwischen PWM-Wert und Frequenz.

In der Tabelle 14 sehen Sie die Frequenz der Impulse für ein paar (niedrige) PWM-Werte. Das Verhältnis zwischen PWM-Wert und Frequenz ist:

$$\text{Frequenz} = \text{Wert} \cdot 586\ \text{Hz}$$

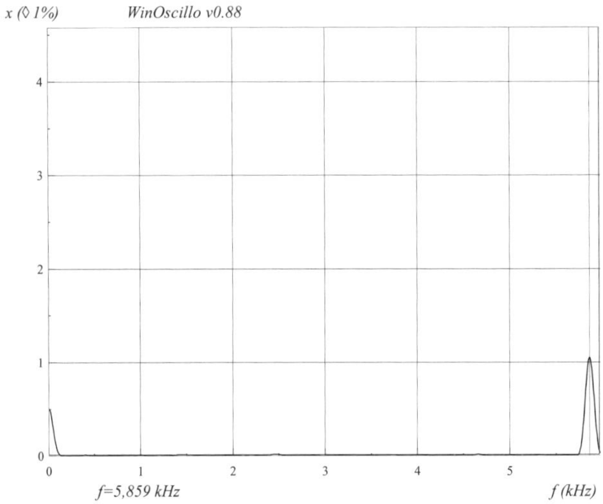

Abbildung 70. Spektrum bei PWM 10.

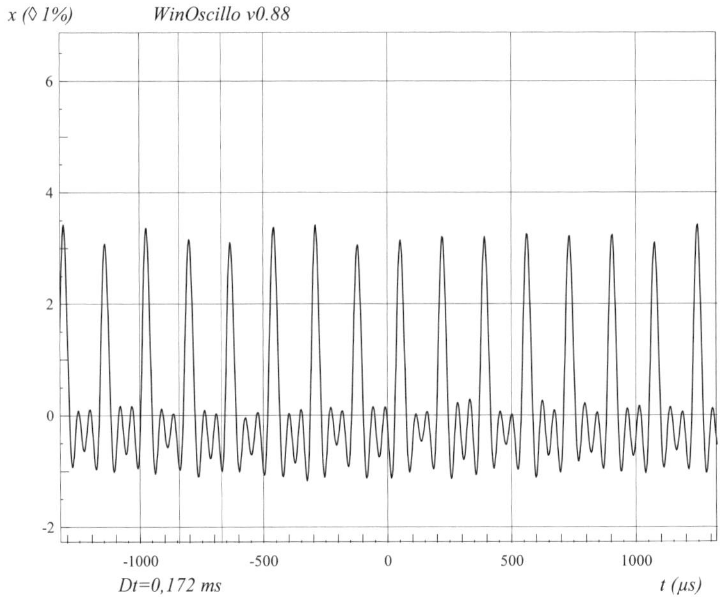

Abbildung 71. PWM-Impulse bei PWM 10.

Die obenstehenden Grafiken wurden mit *WinOscillo* bei PWM-Wert 10 erzeugt.[63] Oben steht das Spektrum mit einem deutlichen Peak bei 5859 Hz. Darunter sehen Sie die Impulse selbst. Die Länge eines Impulses ist etwa 0,073 ms.

[63] Siehe Kapitel 1.12 für weitere Erklärungen zu diesem Programm.

Für diese Methode wird das Programm *pwm1.py* verwendet, beachten Sie, dass Sie es mit `sudo python pwm1.py` starten müssen. Vergessen Sie das `sudo` nicht.

```
import wiringpi

wiringpi.wiringPiSetupGpio()
wiringpi.pinMode(18,2)

wiringpi.pwmWrite(18,0)

while True:
    answer=raw_input("Enter a value between 0-1024,
                      or q to quit: ")
    if answer=='q':
        break
    else:
        value=int(answer)
        if (value>=0) and (value<=1024):
            wiringpi.pwmWrite(18,value)
        else:
            print "Error: value out of range."
```

Wenn Sie die folgende Fehlermeldung erhalten, haben Sie beim Starten des Programms das „sudo" vergessen.

```
wiringPiSetup: Unable to open /dev/mem: Permission denied
Segmentation fault
```

7.1.2 Impuls-Pause mit fester Frequenz

Dies ist die PWM-Version, die üblicherweise am Häufigsten verwendet wird. Die Frequenz der Impulse ist konstant. Die Länge der Impulse ist abhängig von der gewünschten Leistung: je mehr Leistung, desto länger der Impuls. Am Ende sind die Impulse so lang, wie der Abstand zwischen ihnen, so dass der Pin kontinuierlich hoch ist.

Um diese PWM-Methode zu verwenden, muss *pwm-ms* ausgewählt werden. Hierbei steht *ms* für *mark-space* (Englisch für Impuls-Pause). Außerdem muss ein Clockdivider eingestellt werden. Der macht allerdings nicht das, was Sie vielleicht denken: ein größerer Divider führt nicht zu einer höheren Frequenz. Tatsächlich bestimmt der Clockdivider, ob die Impuls-Pause eine feste Frequenz hat oder nicht. Welche Frequenz das ist, können Sie nicht einstellen. Sie erhalten eine feste Frequenz, wenn Sie etwas zwischen 1500 und 2048 einstellen. Wir verwenden in diesem Buch 2048.

```
os.system( 'gpio pwm-ms' )
os.system( 'gpio pwmc 2048' )
```

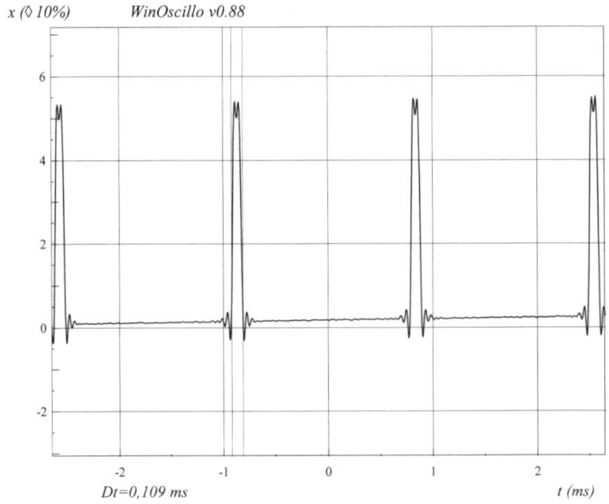

Abbildung 72. PWM 50 mit Divider 2048.

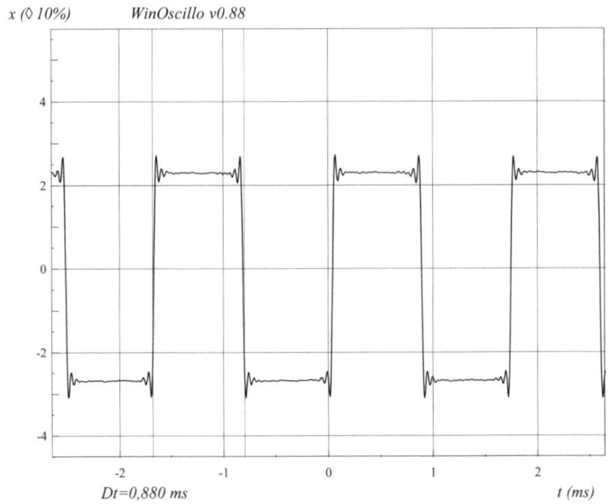

Abbildung 73. PWM 512 mit Divider 2048.

Die obenstehenden Grafiken wurden mit einem Clockdivider von 2048 gemacht. In der oberen Grafik ist der PWM-Wert 50, darunter ist der PWM-Wert 512.

Divider	**PWM-Wert**	**Impulslänge (ms)**	**Impuls-Impuls-Abstand (ms)**	**Dutycycle (%)**
2048	50	0,109	1,708	6,4
	512	0,880	1,708	51,5
	1000	1,669	1,708	97,7

Tabelle 15. Verhältnis zwischen PWM-Wert, Pulslänge und Dutycycle.

Der Abstand zwischen den Anfängen der Impulse ist 1,708 ms, also beträgt die Frequenz 585 Hz. Wenn der PWM-Wert zunimmt, steigt die Leistung. Bei einem PWM-Wert von 1024 ist der Puls genauso lang wie der Abstand zwischen zwei Impulsen, also ist der Pin ständig „an". Der Dutycycle ist dann 100%.

```
import wiringpi
import os

#mark-space, also normaler PWM
os.system( 'gpio pwm-ms' )

#clock divider, Standard ist 32, höhere Zahl ist tiefere Frequenz
os.system( 'gpio pwmc 2048' )

# Initialisiere wiringpi GPIO
wiringpi.wiringPiSetupGpio()
wiringpi.pinMode(18,2)

# setze PWM anfangs auf Null
wiringpi.pwmWrite(18,0)

while True:
    answer=raw_input("Enter a value between 0-1024,
                      or q to quit: ")
    if answer=='q':
        break
    else:
        value=int(answer)
        if (value>=0) and (value<=1024):
            wiringpi.pwmWrite(18,value)
        else:
            print "Error: value out of range."
```

Für diese Methode wird das Programm *pwm2.py* verwendet, beachten Sie, dass Sie es mit `sudo python pwm2.py` starten müssen.

7.1.3 Impuls-Pause mit variabler Frequenz

Bei dieser PWM-Methode wird wieder das Impuls-Pausen-Verhältnis verwendet, um die Leistung zu steuern, aber die Frequenz ist nicht konstant. Sie können dies einstellen, indem Sie für den Clockdivider den Wert 4095 verwenden. Das bedeutet, dass wir wieder das Programm *pwm2.py* verwenden können und nur den Clockdivider von

```
os.system( 'gpio pwmc 2048' )
```

nach

```
os.system( 'gpio pwmc 4095' )
```

ändern müssen. In der Tabelle 18 sehen Sie eine Reihe von Messwerten, deren Frequenz stark variiert, während sich der Dutycycle erhöht.

Divider	PWM-Wert	Impulslänge (ms)	Impuls-Impuls-Abstand (ms)	Dutycycle (%)
4095	50	0,48	8,54	5,6
	100	0,48	4,71	10,2
	200	0,47	2,14	22,0
	600	0,87	1,23	70,7
	1000	17,96	18,46	97,3

Tabelle 16. Verhältnis zwischen PWM Wert, Pulslänge und Dutycycle.

In Abbildung 74 ist das noch deutlicher zu sehen. Ungeachtet des merkwürdigen Verlaufs der Frequenz, mit einem Peak bei einem PWM-Wert von 550, steigt der Dutycycle recht linear auf 100%. Beachten Sie, dass in der Grafik Power (Leistung) statt des Dutycycles dargestellt wird, was in diesem Zusammenhang dasselbe ist.

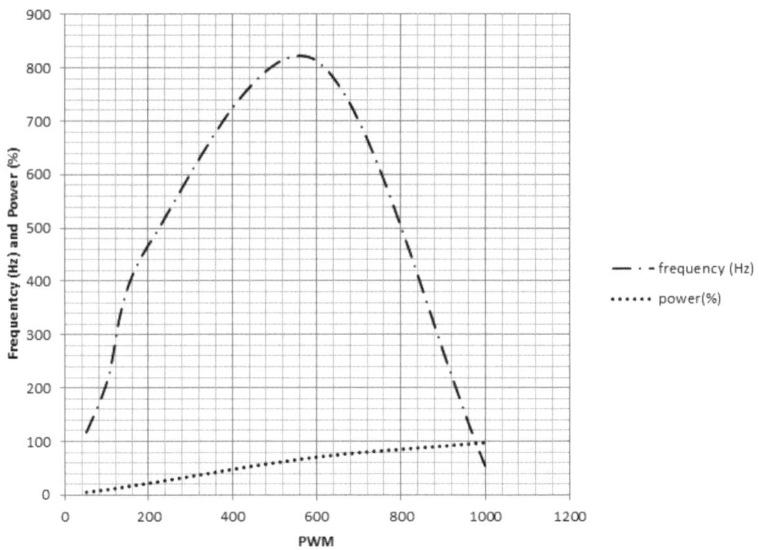

Abbildung 74. Frequenz und Dutycycle als Funktion des PWM-Werts.

Bei dieser Methode ist die Länge der Impulse auch weniger regelmäßig. Wir verwenden das Programm *pwm2.py* mit angepasstem Divider. Beachten Sie, dass Sie das Programm mit `sudo python pwm2.py` starten müssen.

7.2 Langsam aufleuchtende Lampe

Dieses Projekt ist als Aufwachlampe gedacht, das bedeutet, dass die Lampe langsam aufleuchtet. Sie können sie beispielsweise bei einem kleinen Aquarium verwenden, um zu vermeiden, dass sich die Fische erschrecken, wenn das Licht plötzlich angeht.[64] Wir verwenden drei Lampen mit einem Verbrauch von 65 mA pro Stück. Da sowohl 6 Volt, als auch der benötigte Strom von 65 mA zu hoch für den RPi sind, verwenden wir den TD62783, wie in Kapitel 6 besprochen. Sie können natürlich auch andere Lampen verwenden, so lange sie innerhalb der Grenzen des TD62783 bleiben. Da wir drei Lampen anschließen, verwenden wir auch drei Eingänge, die alle drei mit GPIO18 (Pin 12 am Header) verbunden werden.[65] Die Masse des RPi und der regelbaren Spannungsversorgung sind miteinander verbunden. Die Spannungen +3,3 V und 6 V natürlich nicht. Die +3,3 V des RPi werden nicht verwendet, da der TD62783 über den V_{cc} Pin (9) versorgt wird und der ist mit der regelbaren Spannungsversorgung verbunden.

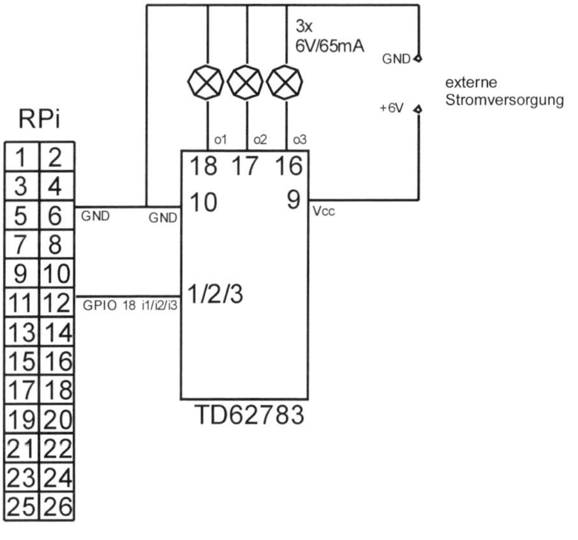

Abbildung 75. Lampensteuerung über den TD62783.

Die zwei Drähte, die in Abbildung 76 nach rechts aus dem Foto verschwinden, sind mit der externen Spannungsquelle verbunden.

[64] Möchten Sie selbst davon geweckt werden, benötigen Sie eine stärkere Lampe. Mit dem Wissen aus Kapitel 6 sollte es kein Problem sein eine größere Lampe anzuschließen. Beachten Sie, dass keine der Methoden aus diesem Buch für 230 Volt und/oder Wechselstrom gedacht ist!

[65] Eigentlich ist das nicht nötig, wir können die drei Lampen auch an einen Pin anschließen. Der Stromverbrauch ist unterhalb der 500 mA, die ein Pin verträgt und da sie alle gleichzeitig angeschaltet werden, können sie auch an einen Pin angeschlossen werden, siehe Kapitel 6.

Abbildung 76. Aufbau auf dem Steckbrett.

Um die Lampen langsam aufleuchten zu lassen, beginnen wir mit dem PWM-Wert „Null“ und lassen ihn langsam auf 1024 ansteigen. Je schneller das geht, desto schneller leuchten die Lampen auf.

Wir erzeugen ein grafisches Programm, für das wir das Standardtemplate verwenden. Wir besprechen hier alle Programmteile, die Sie zum Template hinzufügen müssen.

```
#hier eigene Objekte einfügen
```

Die Lampen sollen langsam aufleuchten. Wir können das erreichen, indem wir den PWM-Wert mit kurzen Pausen dazwischen immer etwas erhöhen. Dafür verwenden wir einen Timer, den wir hier definieren. Da wir ihn später im Programm noch benötigen, definieren wir ihn als *self*.

```
# Timerobjekt
self.timer = wx.Timer(self)
self.Bind(wx.EVT_TIMER, self.OnTimer, self.timer)
```

Der PWM-Pin muss mit der gewünschten PWM-Einstellung aktiviert werden. Wir wählen hier Option 2: Impuls-Pause mit fester Frequenz.

```
# Pin konfigurieren
# wähle mark-space
os.system( 'gpio pwm-ms' )
# Clockdivider einstellen
os.system( 'gpio pwmc 2048' )
# Initialisiere wiringpi GPIO
wiringpi.wiringPiSetupGpio()
wiringpi.pinMode(18,2)
# PWM auf Null
wiringpi.pwmWrite(18,0)
```

Wir benötigen zwei Buttons, einen, um den Timer zu starten und die Lampe aufleuchten zu lassen und einen, um die Lampe wieder auszuschalten und den Timer wieder zu stoppen, falls er noch läuft.

```
# Dies ist der Licht an Button
cbtn0 = wx.Button(self, label='Light on', pos=(20, 60))
cbtn0.Bind(wx.EVT_BUTTON, self.OnStart)

# Dies ist Licht aus Button
cbtn1 = wx.Button(self, label='Light off', pos=(20, 100))
cbtn1.Bind(wx.EVT_BUTTON, self.OnStop)
```

Wir informieren den Anwender über die Höhe des Wertes mit einem Textfeld. Die Definition gehört natürlich in eine Zeile, aber das passt so nicht ins Buch

```
# ein Textfeld
self.text = wx.StaticText(self, label='Press Light On
            to start',pos=(20,30))
```

Die erste Funktion gehört zum „Light On"-Button. Diese Funktion startet den Timer mit einem Intervall von 100 ms und setzt den Zähler, der verwendet wird, um den Dutycycle zu bestimmen, auf Null. Sie können die Lampe schneller aufleuchten lassen, indem Sie das Intervall verkürzen oder langsamer, indem Sie es verlängern.

```
#hier eigene Funktionen einfügen
def OnStart(self, e):
    # starte den Timer, Event alle 100 ms
    self.count=0
    self.text.SetLabel('0')
    self.timer.Start(100)
```

Diese Funktion gehört zum „Light Off"-Button. Der Timer wird gestoppt und der Starttext im Label angezeigt.

```
def OnStop(self, e):
    # stoppe den Timer und setze PWM auf 0
    self.timer.Stop()
    self.text.SetLabel('Press Light On to start')
    wiringpi.pwmWrite(18,0)
```

Die letzte Funktion ist der Timer selbst. Hier wird der Zähler, der den Dutycycle bestimmt, um 1 erhöht und der PWM Pin wird angesteuert. Gleichzeitig wird der Dutycycle mit zwei Ziffern hinter dem Komma in Prozent wiedergegeben, so dass der Anwender sich über den Fortschritt des Programms informieren kann. Beachten Sie dass der Dutycycle durch 1024,0 geteilt wird und nicht durch 1024 damit *Python* mit einem „Float" (also mit Nachkommastellen) rechnet.

```
    def OnTimer(self, e):
        # der Timer erhöht alle 100 ms den Zähler
        self.count = self.count + 1
        # und zeigt ihn an
        duty=round(100*(self.count/1024.0),2)
        self.text.SetLabel('Duty cycle ' + str(duty) + ' %')
        wiringpi.pwmWrite(18,self.count)
        if self.count==1020:
            # Zeit vorbei, stoppen den Timer
            self.timer.Stop()
```

Starten Sie das Programm mit `sudo python morning.pyw` und schließen Sie es mit dem Kreuzchen. Vergessen Sie nicht die Lampen wieder auszuschalten, bevor Sie das Programm stoppen, sonst bleiben sie einfach an, bis Sie den RPi ausschalten oder bis Sie das Programm wieder neu starten, um die Lampen ausschalten zu können.[66]

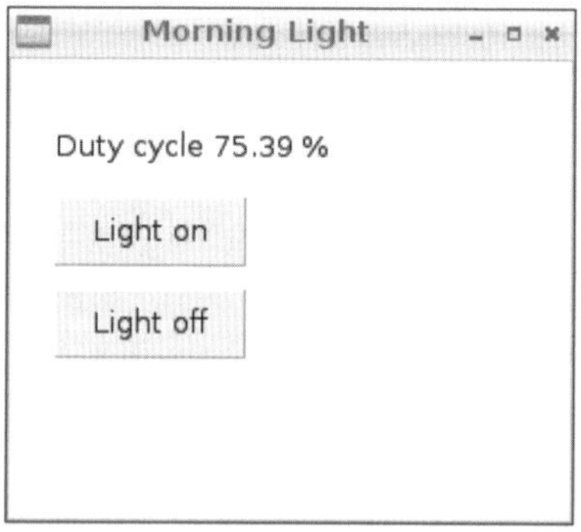

Abbildung 77. Bedienung des Programms.

7.3 Motor mit Geschwindigkeitsregelung

Anstelle der Lampen aus dem vorigen Projekt können Sie auch einen Motor anschließen. In diesem Beispiel ist das ein Mitsumi-5-Volt-Motor. Dieser Motor verbraucht ohne Last 15 mA und 145 mA *„stalled"*.[67] Sie können statt dieses Motors auch einen anderen verwenden, so lange Spannung und Stromverbrauch innerhalb der Möglichkeiten des TD62783 liegen.

[66] Möchten Sie dieses Programm über *Putty* starten, vergessen Sie nicht dem sudo-Anwender die Erlaubnis zum Ausführen grafischer Programme zu erteilen mit dem Befehl: *„sudo bash sudoset.sh"* im Rootverzeichnis (geben Sie eventuell erst *„cd"* gefolgt von Enter ein, um ins Stammverzeichnis zu gelangen, bevor Sie diesen Befehl geben. Siehe die Liste mit möglichen Fehlermeldungen am Ende von Kapitel 3.2.4.

[67] *„Stalled"* bedeutet, dass die Achse blockiert wird, während der Motor die volle Spannung erhält. Möchten Sie selbst die *stalled*-Leistung messen, muss das schnell gehen, da der Motor nur gekühlt wird, wenn er sich dreht. Blockiert der Motor zu lange, „brennt er durch".

Abbildung 78. Aufbau mit Motor auf dem Steckbrett.

Sie können für den Motor die drei verschiedenen PWM-Methoden ausprobieren und schauen, welche am Besten funktioniert. Sie können dafür die Programme *pwm1.py* und *pwm2.py* verwenden, wie zu Beginn dieses Kapitels besprochen. Abhängig vom Typ des Motors kann eine Methode zu besseren Ergebnissen führen, als eine andere. Ein Hindernis ist, dass Sie bei Methode zwei die PWM-Frequenz nicht anpassen können. Das bedeutet, dass die Möglichkeit besteht, dass Sie für Ihren Motor keine passende PWM-Ansteuerung finden können, was Ihnen mit beispielsweise dem „Piccolino" nie passieren würde.[68]

[68] Der Piccolino ist eine kleine Entwicklungsplattform mit einem PIC-Microcontroller, wir kommen darauf in Kapitel 10 noch zurück.

8. SPI

8.1 Einführung in SPI

SPI ist eine Abkürzung für „Serial Peripheral Interface". Auf einem SPI-Bus befinden sich ein Master und mindestens ein Slave. Ein separate Leitung, CE (chip enable, wähle Chip) wird verwendet, um anzugeben, für welchen Slave die Botschaft ist. Der Nachteil daran ist, dass für jeden zusätzlichen Chip auf dem Bus eine weitere Leitung notwendig ist. Der Vorteil ist, dass die Adressierung nicht auf dem Bus selbst stattfinden muss. Übrigens gilt für die CE-Leitung umgekehrte Logik, das bedeutet, dass die Leitung normalerweise „hoch" ist und die Auswahl durch den Master erfolgt, indem die Leitung „tief" gesetzt wird. Um das anzugeben, wird CE oft als /CE geschrieben. Der RPi hat zwei CE-Anschlüsse, Sie können also zwei SPI-Slaves verwenden.[69]

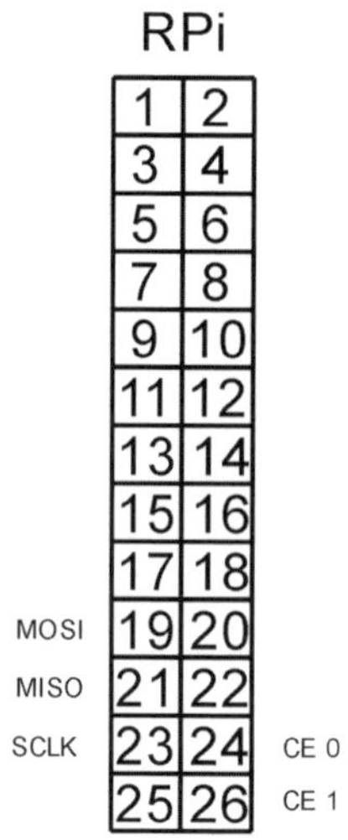

Abbildung 79. SPI-Pins am Header.

Der SPI-Bus selbst besteht aus drei Leitungen, zwei für die Daten und eine für den Takt. Die Taktleitung (SCLK – serial clock) wird vom Master angesteuert. So verwenden alle ICs auf dem Bus denselben Takt. Eine Datenleitung dient der Übertragung vom Master zu den Slaves, die andere für die umgekehrte Richtung. Die MOSI-Anschlüsse (master output slave input) müssen miteinander verbunden werden, ebenso die MISO-Anschlüsse (master input slave output).

[69] Das stimmt nicht ganz: Durch Verwenden von GPIO-Pins können Sie mehr Slaves anschließen, aber standardmäßig ist zwei das Maximum. Ein Beispiel für die Verwendung von GPIO-Pins finden Sie in Projekt 8.4.

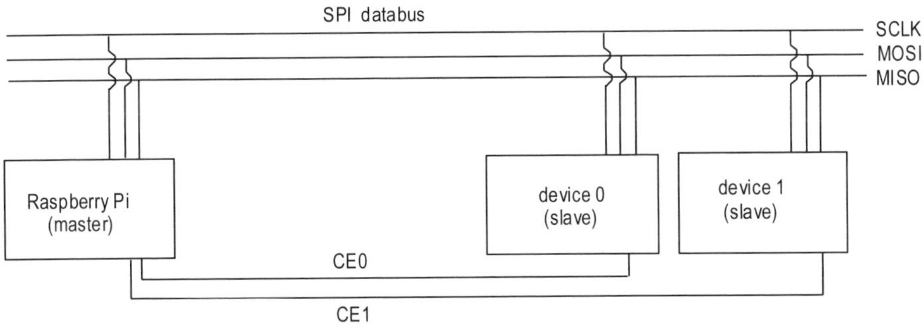

Abbildung 80. Basis-SPI-Aufbau mit zwei Slaves.

Oft haben die SPI-Anschlüsse auch andere Bezeichnungen, abhängig vom Hersteller der Komponenten:

RPi	Übrige Bezeichnungen
MOSI	Master: SDO[70] Slave: SDI, DIN
MISO	Master: SDI Slave: SDO
SCLK	SCK, SCL
CE	CS, SS

Tabelle 17. SPI-Pinbezeichnungen.

Die Abkürzungen haben folgende Bedeutung:

MOSI	master output slave input
MISO	master input slave output
SDO	serial data out
SDI	serial data in
DIN	data in
SCLK, SLK, CLK	serial clock
CE	chip enable
CS	chip select
SS	slave select

[70] Wenn SDO und SDI verwendet werden, müssen diese Anschlüsse über Kreuz miteinander verbunden werden. Der SDO-Anschluss des einen Chips kommt an den SDI-Anschluss des anderen. Daten, die den einen Chip (SDO) verlassen, müssen in den anderen hinein (SDI).

In den Datenblättern von SPI-Komponenten werden die unterstützen SPI-Modi erwähnt. Der Mode gibt die Beziehung zwischen den Daten- und dem Taktimpulsen an. Die Taktimpulse können auf zwei Arten erzeugt werden. Die Leitung ist immer „tief" und wird für einen Impuls „hoch" oder genau umgekehrt: die Leitung ist immer „hoch" und wird für einen Impuls tief. Dies wird als Taktphase in Ruhe bezeichnet (CPHA, clock phase). Der Datenimpuls kann am Anfang oder am Ende einen Taktimpulses gelesen werden (CPOL, clock polarity). Es gibt vier Möglichkeiten, die in der folgenden Tabelle aufgelistet sind.

Mode	CPOL (Polarität) 0 = Start eines Impulses[71] 1 = Ende eines Impulses	CPHA (Phase in Ruhe) 0 = tief 1 = hoch
0	0	0
1	0	1
2	1	0
3	1	1

Tabelle 18. SPI-Modes.

Natürlich müssen Master und Slaves dieselben SPI-Modes unterstützen und richtig eingestellt sein, um kommunizieren zu können. Der RPi verwendet den Mode 0,0, der am häufigsten verwendet wird. Achten Sie darauf, wenn Sie Komponenten anschaffen, die in diesem Buch nicht beschrieben werden.

Die Kommunikation auf dem SPI-Bus wird immer vom Master eingeleitet. Sie beginnt damit, dass die CE-Leitung des betreffenden Slave „tief" geschaltet wird. Nur dieser eine Slave hört nun auf den Master. Wie die Kommunikation weiter abläuft, hängt von den Daten und Befehlen ab, die der Slave benötigt. Dies wird im Datenblatt des Slaves erläutert.

Die Besonderheit an der SPI-Kommunikation ist, dass Senden und Empfangen gleichzeitig stattfindet. Der RPi legt zum Versenden ein Byte in einen Puffer.[72] Aus diesem Puffer wird das Byte Bit für Bit versendet. Für jedes Bit, das auf der MOSI-Leitung gesendet wird, wird gleichzeitig ein Bit auf MISO gelesen. Nach acht Bits ist der Puffer

[71] In den Datenblättern finden Sie nur englische Begriffe:
leading edge = Start des Impulses
trailing edge = Ende des Impulses
base value = Signal in Ruhe

[72] Alle Zeichen in einem Computer (Buchstaben, Ziffern, Satzzeichen) sind als Zahl codiert. Diese Zahlen können Sie in der sogenannten ASCII-Tabelle finden. Der Buchstabe „a" hat beispielsweise den Wert 97. Üblicherweise ist diese Zahl ein Byte, das bedeutet, dass Sie einen Wert zwischen 0 und 255 haben kann. Ein Byte besteht aus 8 Bits, die jeweils den Wert 0 oder 1 haben können. Die Zahl 97 (der Buchstabe „a") sieht dann so aus: 01100001.

also komplett mit dem empfangenen Byte ersetzt. Der Slave verwendet dieselbe Methode, also findet auch da Empfangen und Versenden gleichzeitig statt. Diese spezielle Methode hat zwei Folgen:

1. Die Kommunikation verläuft schnell, da Senden und Empfangen nicht aufeinander warten müssen.
2. Die Anforderung des Masters und die Antwort des Slaves haben keine direkte 1-zu-1-Beziehung zueinander. Angenommen, der Master fragt etwas: Während des Sendens der Frage kommt eine Antwort vom Slave zurück. Aber das ist nicht die Antwort auf die Frage, denn die hat der Slave noch nicht erhalten. Also ist es die Antwort auf die vorige Frage des Masters.

Es ist unbedingt zu beachten, dass für jedes gesendete Zeichen eines empfangen werden muss und dass das empfangene Zeichen die Antwort auf die vorige Frage ist.

Folgende Befehle stehen zur Verfügung:

Befehl	**Beschreibung**
open(0,0)	Öffne eine Verbindung. Die erste Null ist der CE-Pin (0 = CE0 und 1 = CE1) und die zweite Null ist der Bus (Bus 0 ist der einzige vorhandene Bus).
close()	Schließe die Verbindung.
r=spi.xfer([list])	Tausche Daten aus. Variable „r" ist die Antwort, *list* ist eine Liste, die aus mindestens einem Element besteht. Die Antwort ist (natürlich) genauso lang und daher auch eine Liste. Zwischen jedem Element der Liste wird CE losgelassen.
r=spi.xfer2([list])	Wie oben, nur bleibt hier CE aktiv, bis alle Elemente versendet wurden.
spi.writebytes([list])	Sende die Liste, aber lege die Antwort nicht in einer Variablen ab.

Tabelle 19. SPI-Befehle.

Achtung: Für die SPI-Befehle benötigen Sie `sudo`.

8.2 MAX522 Digital nach Analog (DAC)

Ein digitales Signal hat zwei Zustände, „an" (in diesem Fall +3,3 V) oder „aus" (hier 0 V). Ein analoges Signal kann alle möglichen Werte annehmen, z. B. 1,24 Volt. Der RPi kann an den GPIO-Pins nur digitale Signale erzeugen; sie sind entweder „an" oder „aus".

Intern arbeitet der RPi, wie jeder Computer, auch mit digitalen Signalen. Diese digitalen Signale können mit einem Digital-nach-Analog-Wandler, einem DAC, in ein analoges Signal gewandelt werden. Wir verwenden den MAX522, ein IC von Maxim mit zwei eingebauten DACs und SPI-Ansteuerung, passend für 3,3 V.

Will man sich eine unbekannte Komponente mit Hilfe des Datenblattes erschließen, so sind verschiedene Schritte notwendig. Diese wollen wir hier anhand des MAX522 gemeinsam abarbeiten. Sie müssen das Datenblatt des MAX522 für dieses Projekt nicht selbst haben, da alle relevanten Daten daraus in diesem Buch enthalten sind.

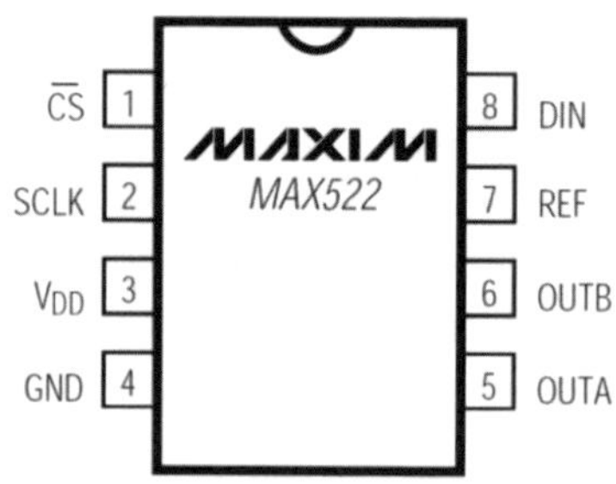

Abbildung 81. Pinbelegung des MAX522.

Der MAX522 erwartet eine Versorgungsspannung zwischen 2,7 und 5,5 Volt, kann also mit 3,3 Volt verwendet werden. Die Beschreibung der übrigen Pins listet die folgende Tabelle auf.

Pin Description

PIN	NAME	FUNCTION
1	$\overline{CS}$	Chip Select (active low). Enables data to be shifted into the 16-bit shift register. Programming commands are executed at the rising edge of $\overline{CS}$.
2	SCLK	Serial Clock Input. Data is clocked in on the rising edge of SCLK.
3	V_{DD}	Positive Power Supply (2.7V to 5.5V). Bypass with 0.22µF to GND.
4	GND	Ground
5	OUTA	DAC A Output Voltage (Buffered). **Connect 0.1µF capacitor or greater to GND.**
6	OUTB	DAC B Output Voltage (Buffered). **Connect 0.01µF capacitor or greater to GND.**
7	REF	Reference Input for DAC A and DAC B
8	DIN	Serial Data Input of the 16-bit shift register. Data is clocked into the register on the rising edge of SCLK.

Abbildung 82. Pinbeschreibung aus dem Datenblatt.

Der Hersteller hat in der Tabelle schon angegeben, dass an zwei Stellen ein Kondensator angeschlossen werden muss, um eine saubere Funktion des Chips zu garantieren. Normalerweise befinden sich diese Anmerkungen im Text mit einer Beispielschaltung. Offensichtlich ist es aber so wichtig, dass der Hersteller es auch hier anmerkt und für die Ausgänge sogar fett druckt. Sie sehen, dass hier ein anderer Begriff für den SPI-Pin verwendet wird, nämlich DIN (data in) Dieser muss an den MOSI-Pin des RPi angeschlossen werden. Da der DAC keine Daten zum RPi zurücksendet, ist dafür auch kein Pin vorhanden. Der MISO-Pin des RPi bleibt also unbenutzt.[73]

Wir verwenden DAC-B nicht und schalten ihn daher direkt in der Software aus. Daher muss in unserem Fall dort auch kein Kondensator angeschlossen sein. Der Ausgangsstrom, den der DAC liefern kann, ist sehr begrenzt. DAC-A liefert maximal 5 mA und DAC-B sogar nur 0,5 mA. In diesem Projekt verwenden wir daher nur ein Voltmeter, so dass wir sehen können, dass das Projekt funktioniert.[74] Im folgenden Projekt lösen wir dieses Problem. Den V_{ref}-Pin legen wir auf +3,3 V und besprechen direkt, warum das nötig ist.

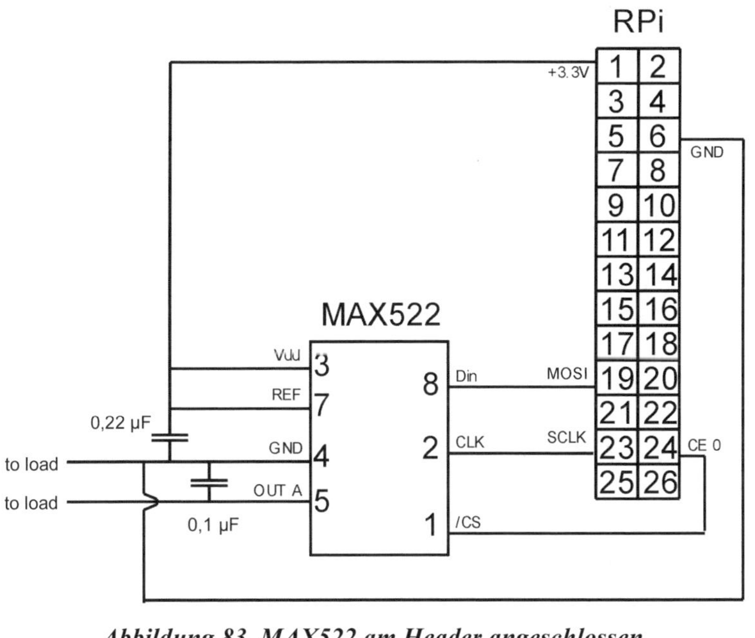

Abbildung 83. MAX522 am Header angeschlossen.

[73] Da beim SPI-Protokoll immer etwas empfangen werden muss, hier aber nichts am Pin angeschlossen ist, empfangen wir also Rauschen.

[74] Haben Sie kein Voltmeter, schließen Sie eine LED (2 mA) mit einem Widerstand von 680 Ohm an. Abhängig von der gelieferten Spannung leuchtet die LED mit einer anderen Helligkeit.

Abbildung 84. Aufbau auf dem Steckbrett.

Bei dem Aufbau auf dem Steckbrett gehen die Drähte nach rechts zu einem Multimeter. Der Code eines 0,1-µF-Kondensators ist 104, bei einem 0,22-µF-Kondensator ist es 224. Die Kondensatoren müssen so dicht wie möglich am DAC angeschlossen sein.

Nachdem die Hardware angeschlossen ist, muss die Software erstellt werden. Als Erstes stellt sich die Frage, ob der DAC mit Mode 0 (der des RPi) funktioniert. Der Mode gibt die Beziehung zwischen den Takt- und Datenpulsen an.

Wenn der Mode nicht im Datenblatt angegeben ist, steht dort, welche CPOL und CPHA Kombinationen verwendet werden können. Mit Hilfe der Tabelle in der Einleitung können Sie nachschauen, welche Modes dazugehören.[75]

Im Datenblatt des MAX522 wird das Wort Mode nicht erwähnt, also suchen wir nach CPOL und CPHA. Wir finden folgenden Text:

> *"The MAX522 serial interface is compatible with Microwire, SPI, and QSPI. For SPI, clear the CPOL and CPHA bits (CPOL = 0 and CPHA = 0). CPOL = 0 sets the inactive clock state to zero and CPHA = 0 changes data at the falling edge of SCLK."*

Das bedeutet, dass CPOL und CPHA beide Null sein müssen und mit Hilfe der Tabelle sehen wir, dass der Mode 0 ist.

[75] Steht auch das nicht im Datenblatt, können Sie darin nach einem Timingdiagramm suchen und daraus den Mode ableiten.

Außer dem Mode ist auch noch die Taktgeschwindigkeit wichtig. Die meisten Komponenten stellen sich automatisch auf den Takt des Masters ein, haben aber meist eine maximale Geschwindigkeit, unter der der Master bleiben muss. Entsprechend dem Datenblatt beträgt die maximale Taktgeschwindigkeit 5 MHz. Der Standardwert des RPi ist 500 kHz, also können wir ihn ruhig verwenden.

Für die Einstellung des DAC-Wertes verwendet das Datenblatt eine komplizierte Erklärung mit einer Tabelle, die der folgenden Formel nahekommt:

$$V_{DAC} = \frac{DATA}{256} \cdot V_{REF}$$

V steht in der Formel und im Datenblatt für „Voltage" – also für die Spannung U

Da wir V_{REF} an +3,3 V angeschlossen haben, hat der DAC einen Bereich von 0…3,3 Volt. Das ist bemerkenswert, da DACs normalerweise interne Verluste haben und daher nicht in der Lage sind, die 3,3 Volt tatsächlich zu liefern. DACs, die das können, werden auf Englisch als „rail to rail" bezeichnet. Mit *rail* wird hier die Spannungsschiene bezeichnet, also bedeutet *rail to rail*: „der vollständige Bereich von 0 Volt bis V_{cc}".

Nun müssen wir nur noch den DAC auch tatsächlich einschalten und einen Wert an ihn schicken.

Table 2. Serial-Interface Programming Commands

CONTROL								DATA								FUNCTION
UB1	UB2	UB3	SB	SA	UB4	LB	LA	B7 MSB	B6	B5	B4	B3	B2	B1	B0 LSB	
X	X	1	*	*	0	0	0	X	X	X	X	X	X	X	X	No Operation to DAC Registers
X	X	1	*	*	0	0	0									Unassigned Command
X	X	1	*	*	0	1	0	8-Bit DAC Data								Load Register to DAC B
X	X	1	*	*	0	0	1	8-Bit DAC Data								Load Register to DAC A
X	X	1	*	*	0	1	1	8-Bit DAC Data								Load Both DAC Registers
X	X	1	0	0	0	*	*	X	X	X	X	X	X	X	X	All DACs Active
X	X	1	0	0	0	*	*	X	X	X	X	X	X	X	X	Unassigned Command
X	X	1	1	0	0	*	*	X	X	X	X	X	X	X	X	Shut Down DAC B
X	X	1	0	1	0	*	*	X	X	X	X	X	X	X	X	Shut Down DAC A
X	X	1	1	1	0	*	*	X	X	X	X	X	X	X	X	Shut Down All DACs

X = *Don't care.*
* = *Not shown, for the sake of clarity. The functions of loading and shutting down the DACs and programming the logic can be combined in a single*

Abbildung 85. Befehlsübersicht des MAX522.

In Abbildung 85 aus dem Datenblatt ist die Struktur der Befehle wiedergegeben, die der MAX522 empfangen kann. Insgesamt gibt es 16 Bits, von denen die ersten acht der Befehl und die zweiten acht der Wert für den DAC sind, wenn nötig. Die SB:SA-Bits sind in einigen Fällen mit einem Sternchen markiert, was bedeutet, dass Sie hierfür die Werte aus der unteren Tabellenhälfte verwenden können. Für die Kreuzchen können wir selbst etwas wählen und wir nehmen dafür die 0. An sich ist das unwichtig, aber es wäre möglich, dass in der Zukunft der MAX522 oder sein Nachfolger die noch ungenutzten Bits doch verwendet. In dem Fall verwenden die Hersteller üblicherweise die 0, um neue Funktionen auszuschalten. Dadurch, dass wir nun immer die unbenutzten Bits 0 setzen, vergrößern wir die Chance, dass wir später einen evtl. defekten MAX522 durch einen neueren Typ ersetzen können, ohne dass wir das Programm anpassen müssen.

Angenommen, wir verwenden nur DAC-A und stellen diesen auf 50 % der V_{ref}-Spannung ein. Dann müssen wir die folgenden Bits einstellen:

UB1:UB2	00	Frei zu wählen, wir nehmen die 0
UB3	1	immer eine 1
SB:SA	10	schalte DAC-B aus (shutdown DAC B)
UB4	0	immer eine 0
LB:LA	01	verwende DAC-A (load register to DAC A)
B7:B0	1000 000	128 (50 % von 256)

Das Control-Byte besteht also aus „0011 0001“ (49 dezimal) und das DAC-Byte besteht aus „1000 0000“ (128 dezimal). Wenn wir einen anderen DAC-Wert verwenden möchten, bleibt das Control-Byte natürlich gleich. Den DAC-Wert fragen wir vom Anwender ab und senden ihn dann an den MAX522.

Teil des SPI-Protokolls ist, das während des Sendens auch empfangen werden muss. Die Werte werden in der Variablen „reply“ gespeichert. In diesem Fall enthalten sie keine sinnvolle Information, da der MISO-Pin nirgends angeschlossen ist. In der Software wird die Antwort daher nicht verwendet.

```
import spidev

spi=spidev.SpiDev()
spi.open(0,0)

while True:
    answer=raw_input("Enter a value between 0-255,
                       or q to quit: ")
    if answer=='q':
        break
    else:
        value=int(answer)
        if (value>=0) and (value<=255):
            reply=spi.xfer2([49,value])
       else:
          print "Error: value out of range."
```

Wir starten das Programm mit `sudo python max552a.py`, und stoppen es wieder mit „q". Das Programm kontrolliert erst, ob der Anwender ein „q" eingibt. Ist das so, verlässt es die Whileschleife mit *break* und da es keine weiteren Befehle gibt, endet das Programm. Ist die Eingabe kein „q", wird daraus ein Integer erzeugt und überprüft, ob dieser im erlaubten Bereich liegt. Wenn nicht, wird eine Fehlermeldung ausgegeben, sonst wird der Wert zum MAX522 gesendet. Auf dem Voltmeter sehen Sie das Ergebnis.

Da *Python* eine Scriptsprache ist, können Sie den MAX522 natürlich auch ohne Programm bedienen. Starten Sie *Python* mit dem Befehl `sudo python` und geben Sie dann die Befehle nacheinander ein. Sie können beispielsweise folgende Befehle geben, um den DAC auf 3,3 V einzustellen:

```
pi@raspberrypi ~ $ sudo python
Python 2.7.3rc2 (default, May  6 2012, 20:02:25)
[GCC 4.6.3] on linux2
Type "help", "copyright", "credits" or "license" for more
     information.
>>> import spidev
>>> spi=spidev.SpiDev()
>>> spi.open(0,0)
>>> reply=spi.xfer2([49,255])
```

Und danach wieder auf 0 Volt:

```
>>> reply=spi.xfer2([49,0])
```

Stoppen Sie *Python* wieder mit exit():

```
>>> spi.close()
>>> exit()
```

Dies kann sehr praktisch sein, wenn Sie einen Befehl ausprobieren möchten, ohne ein Programm dafür schreiben zu müssen.

8.3 DAC mit OPAMP

Im vorigen Projekt fiel auf, dass der Strom, den der DAC liefern kann sehr begrenzt ist. Das ist für einen DAC üblich und weicht nicht viel von dem ab, was der RPi liefert. Wir können die Leistung auf einfache Weise mit einem OPAMP erhöhen.[76]

[76] OPAMP ist eine Abkürzung von **Op**erational **Amp**lifier, auf Deutsch ein Operationsverstärker. OPAMPs wurden ursprünglich für das Ausführen von Berechnungen („operations") in analogen Computern entwickelt. Heute sind Computer digital und OPAMPs werden überall dort eingesetzt, wo Signale verstärkt werden müssen, auch wegen ihres attraktiven Preises.

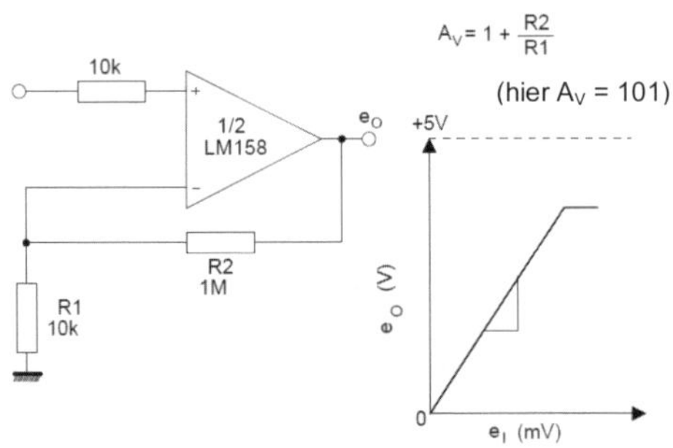

Abbildung 86. Non-inverting DC Amplifier Schaltung.[77]

In der vorhergehenden Abbildung sehen Sie einen DC-Verstärker (Gleichstrom). Die Verstärkung der Spannung wird folgendermaßen berechnet:

$$A_V = 1 + \frac{R2}{R1}$$

Mit den Widerständen aus der Schaltung ist die Ausgangsspannung genau 101 mal höher als die Eingangsspannung. In unserem Fall möchten wir eigentlich keine Verstärkung der Spannung, wir möchten exakt die Spannung, die der DAC erzeugt. Unsere einzige Anforderung ist ein höherer Strom. Wir können das erreichen, indem wir R2 auf Null setzen (also durch einen Draht ersetzen) und R1 unendlich groß (also komplett entfernen). Wir erhalten dann folgenden Aufbau:[78]

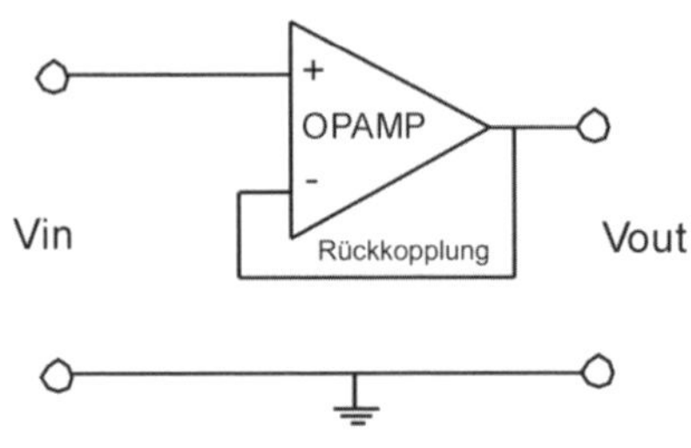

Abbildung 87. OPAMP als nicht invertierender Spannungsfolger geschaltet.

In Wahrheit verstärkt ein OPAMP den ***Unterschied*** zwischen seinen zwei Eingängen. Der DAC ist am nicht invertierenden Eingang angeschlossen (in der Abbildung mit einem „+“ markiert). Der Ausgang ist mit einer Feedbackschleife an den invertierenden

---

[77] Diese Abbildung stammt aus dem Datenblatt des LM358, das mehrere OPAMPs enthält, von denen der LM158 abgebildet ist. Auf die Technik hat das keinen Einfluss.

[78] Sie sehen übrigens, dass wir den 10-k-Eingangswiderstand auch weglassen, da dieser bei einem Spannungsfolger nicht benötigt wird.

Eingang (in der Abbildung mit „-" markiert) angeschlossen. Dieser Eingang hat also immer dieselbe Spannung wie der Ausgang. Wenn die Spannung des DAC steigt, ist der nicht invertierende Eingang des OPAMP größer als der invertierende. Die Folge ist, dass die Ausgangsspannung steigt, bis beide Eingänge wieder identisch sind. Das ist der Fall, wenn die Ausgangsspannung der Spannung des mit dem DAC verbundenen Eingangs entspricht und das ist genau das, was wir erreichen wollten. Dieser Aufbau wird „nicht invertierender Spannungsfolger" genannt.[79] Da durch die Eingänge des OPAMP kein Strom fließt, wird diese Schaltung oft als Puffer verwendet.

Wir wählen für dieses Projekt den LM358 dual OPAMP von STMicroelectronics. Dieser Chip enthält zwei OPAMPs von denen wir nur einen verwenden. Das Datenblatt gibt keinen minimalen Wert für die Versorgungsspannung an, nur einen maximalen von 32 Volt. Der maximale Ausgangsstrom ist 40 mA, genug, um eine LED damit anzusteuern. Theoretisch ist der Eingangswiderstand eines OPAMPs so groß, dass kein Strom verbraucht wird, praktisch ist das natürlich nicht möglich. Der tatsächliche Verbrauch des LM358 beträgt 2 µA (0,002 mA).

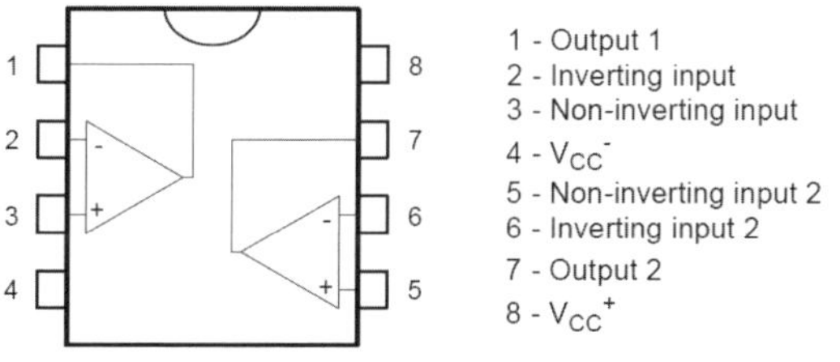

Abbildung 88. Pinbelegung des LM358 OPAMP.

Der LM358 ist kein rail-to-rail-OPAMP, hat aber dem Datenblatt zufolge einen maximalen Bereich von 0 bis V_{cc} - 1,5 Volt. Da wir mit 3,3 Volt arbeiten möchten, bleibt für unseren Spannungsfolger zu wenig über, der OPAMP kann nur 3,3 - 1,5=1,8 Volt erreichen. Daher versorgen wir den OPAMP mit 5 Volt aus dem RPi. Nun ist das Maximum 5 - 1,5 = 3,5 Volt, genug für unsere Anwendung.

Wir hätten für dieses Projekt auch einen rail-to-rail-OPAMP wählen können (z. B. den TLV2372 von Texas Instruments). Das bedeutet, dass, wenn der OPAMP z. B. mit 3,3 V betrieben wird, der Ausgang auch 3,3 Volt erreichen kann. Es hat jedoch keinen Sinn, diesen Ausgang mit dem 3,3-Volt-Pin des RPi zu verbinden. Dieser Anschluss kann ja nur 51 mA für alle Pins zusammen liefern. Von den 80 mA, die der OPAMP theoretisch liefern kann (40 mA an jedem Ausgang), bleibt so nicht viel übrig.

[79] Auf Englisch „Non-inverting voltage follower" oder auch „Unity Buffer Amplifier" (was soviel bedeutet, wie „einmal Puffer-Verstärker") oder „Unity Gain Buffer".

Daher ist es besser, den OPAMP an den 5-Volt-Pin anzuschließen. Dieser Pin kann abhängig von der verwendeten Spannungsversorgung und dem Verbrauch des RPi etwa 250 bis 300 mA liefern. Das ist mehr als genug für unseren OPAMP inklusive Verbraucher. Da der OPAMP als nicht invertierender Spannungsfolger geschaltet ist, ist die Ausgangsspannung maximal 3,3 Volt (da die Eingangsspannung an Pin 3 des OPAMPs auch maximal 3,3 Volt beträgt).

Abbildung 89 zeigt die Schaltung und Abbildung 90 den Aufbau auf dem Steckbrett. Der OPAMP wird direkt vom +5-Volt-Pin des RPi versorgt. Als Last können wir einfach eine LED (20 mA) mit einem Vorwiderstand von 47 Ohm (Farbcode gelb-violett-schwarz) verwenden.

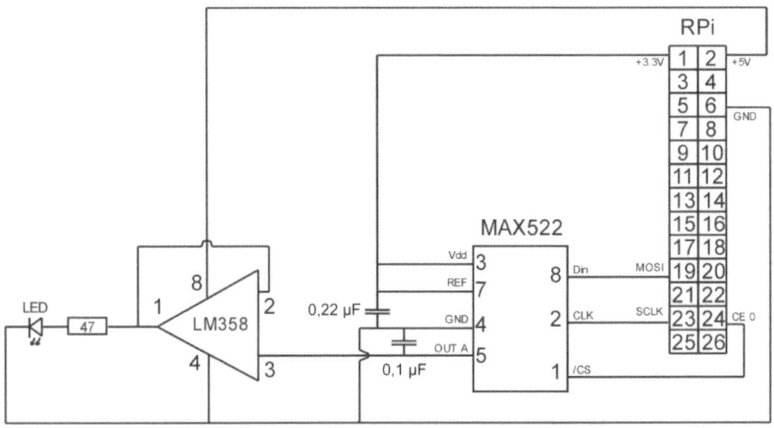

Abbildung 89. MAX522 mit LM358 OPAMP.

Abbildung 90. Aufbau auf dem Steckbrett.

Die Ansteuerung des MAX522 ändert sich durch das Hinzufügen eines OPAMPs natürlich nicht, also können wir exakt dasselbe Programm verwenden. Das ist etwas langweilig und daher verwenden wir stattdessen ein grafisches Programm und nutzen für das Einstellen der Spannung des DACs einen Slider. Beim Sliderobjekt geben wir an, dass die Funktion *OnSliderScroll* aufgerufen werden muss, wenn der Anwender den Slider bewegt. In dieser Funktion wird der Wert des Sliders in der Variablen *value* gespeichert.

```
value=self.sld.GetValue()
```

Danach wird der Wert, der einen Bereich von 0 bis 255 hat – das Byte, das wir zum DAC senden müssen – in eine Spannung umgerechnet. Wir verwenden dafür folgende Formel:

$$\text{voltage} = \frac{\text{value}}{255} \cdot 3{,}3\,\text{V}$$

Da *value* keine Dezimalstellen hat und 255 auch nicht, geht *Python* davon aus, dass wir im Ergebnis auch keine Dezimalstellen haben möchten. Daher ist „value/255" immer Null, außer *value* ist 255. Das ist natürlich nicht beabsichtigt und wir können das ändern, indem wir nicht durch 255, sondern durch 255.0 teilen. Das ist genau dasselbe, nur das 255 nun eine Dezimalstelle hat (auch wenn sie 0 ist) und daher *Python* im Ergebnis auch Dezimalstellen berücksichtigt. Nun runden wir das Ergebnis noch mit round(...,2) auf zwei Dezimalstellen.

```
value2=round((value/255.0)*3.3,2)
```

Wir verwenden natürlich das grafische Template, wie in Kapitel 4.3 besprochen und zeigen hier nur die hinzugefügten Objekte und Funktionen.

```
#hier eigene Objekte einfügen

# Pins konfigurieren
global spi
spi=spidev.SpiDev()
spi.open(0,0)

# Slider definieren
self.sld = wx.Slider(self, value=0, minValue=0,
           maxValue=255, pos=(20,20), size=(200,
           -1), style=wx.SL_HORIZONTAL | wx.SL_LABELS )
self.sld.SetTickFreq(10, 1)
self.sld.Bind(wx.EVT_SCROLL, self.OnSliderScroll)

#statischer Text
self.txt = wx.StaticText(self, label='0', pos=(40, 90))

# rufe die Routine schon auf, um den Text anzuzeigen
self.OnSliderScroll(None)
```

```
#hier eigenen Funktionen einfügen

def OnSliderScroll(self, e):
    value=self.sld.GetValue()
    value2=round((value/255.0)*3.3,2)
    self.txt.SetLabel('DAC voltage is '+str(value2)+' volt')
    spi.xfer2([49,value])
```

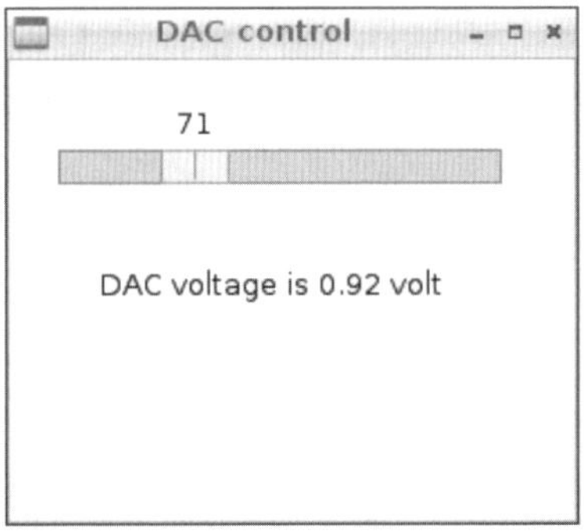

Abbildung 91. Grafische DAC-Ansteuerung.

Starten Sie das Programm mit `sudo python max522b.pyw`.[80] Beachten Sie, dass `SetTickFreq`, womit im Quellcode der Abstand der Markierungen am Slider angegeben wird, unter *Debian Linux* nicht funktioniert (es gibt keine Striche am Slider). Unter *Windows* funktioniert es korrekt.

8.4 Mehr als zwei SPI Devices

Wenn Sie mehr als zwei SPI-Chips anschließen möchten, genügen die CE-Pins nicht. Glücklicherweise können Sie auch eigene CE-Pins erstellen. Die SPI-Software nutzt immer nur CE0 oder CE1, Sie können das nicht ändern. Für alle zusätzlichen Chips wählen Sie CE0, schließen diesen aber nicht an. In Ihrem eigenen Programm verwenden Sie dann den richtigen GPIO-Pin für jeden Chip. Die SPI-Software steuert in allen Fällen auch CE0 (das lässt sich nicht abschalten), aber da daran nichts angeschlossen ist, macht das nichts.

Beispiel 1: Sie haben zwei SPI-Chips.

CE0	Chip 0 (in der Software CE0 wählen)
CE1	Chip 1 (in der Software CE1 wählen)

[80] Arbeiten Sie über SSH, dann vergessen Sie nicht `sudo bash sudoset.sh` nach jeder Anmeldung einzugeben, um *sudo* via *Xming* und *Putty* zu ermöglichen. Und natürlich muss *Xming* entsprechend der Anleitung aus Kapitel 3.2.4 installiert sein.

Beispiel 2: Sie haben vier SPI-Chips.

GPIO23	Chip 0 (in der Software CE0 wählen, „selbst" GPIO 23 steuern)
GPIO24	Chip 1 (in der Software CE0 wählen, „selbst" GPIO 24 steuern)
GPIO25	Chip 2 (in der Software CE0 wählen, „selbst" GPIO 25 steuern)
CE1	Chip 3 (in der Software CE1 wählen)

Im folgenden Beispiel ist der /CS-Pin (Nummer 1) des MAX522 mit GPIO25 (Pin 22 am Header) verbunden. Da die CE-Leitung umgekehrte Logik verwendet, wird Sie zu Beginn des Programms direkt hoch gezogen. Wenn der RPi etwas senden will, wird CE zunächst „tief" gesetzt und nach dem Senden wieder hoch.

```
import spidev
import os
import wiringpi

os.system( 'gpio export 25 out' )
io = wiringpi.GPIO(wiringpi.GPIO.WPI_MODE_SYS)
io.pinMode(25,io.OUTPUT)

spi=spidev.SpiDev()
spi.open(0,0)
# CE disable (high)
io.digitalWrite(25,1)

while True:
    answer=raw_input("Enter a value between 0-255,
                     or q to quit: ")
    if answer=='q':
        spi.close()
        io.digitalWrite(25,0)
        break
    else:
        value=int(answer)
        if (value>=0) and (value<=255):
             # CE enable (tief)
             io.digitalWrite(25,0)
             reply=spi.xfer2([49,value])
             # CE disable (hoch)
             io.digitalWrite(25,1)
        else:
             print "Error: value out of range."
```

Dieses Programm heißt *MAX522c.py* (vergessen Sie sudo nicht). Sie können den GPIO25-Pin direkt mit dem MAX522 verbinden, es muss kein Widerstand dazwischen geschaltet sein (Abbildung 92)

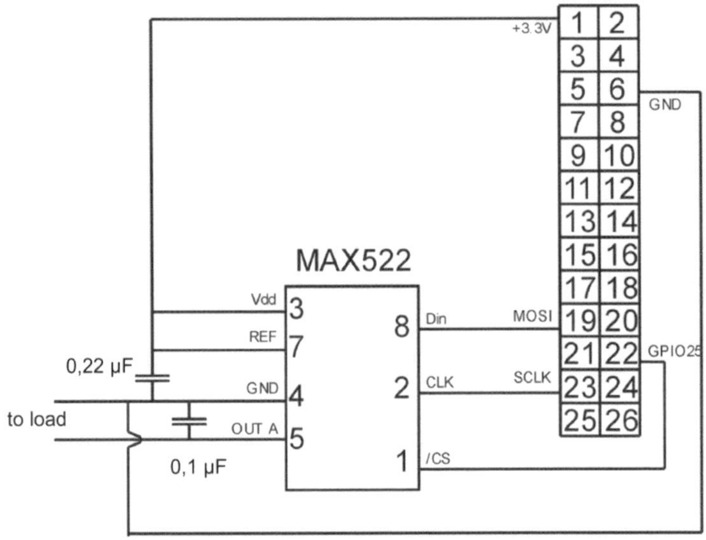

Abbildung 92. MAX522 angeschlossen an einen „extra" CE-Pin.

8.5 MCP3008 Analog nach Digital (ADC)

In diesem Projekt konvertieren wir genau umgekehrt: Wir wandeln ein analoges in ein digitales Signal um. Das bedeutet, dass wir mit dem RPi beispielsweise den Stand eines Potentiometers oder die Helligkeit des Lichtes (siehe Projekt 12.8) bestimmen können. Wir verwenden den MCP3008 von Microchip. Dieser SPI-Chip enthält acht ADC-Einheiten (Analog to Digital Conversion).

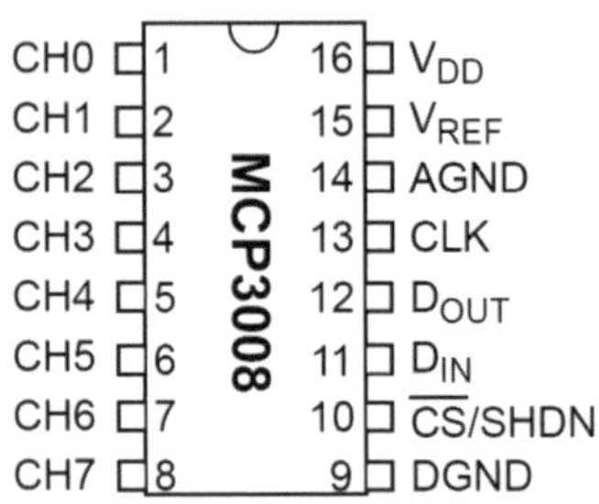

Abbildung 93. Pinbelegung des MCP3008.

Auf der einen Seite des Chips sehen Sie V_{dd} (die 3,3-Volt-Versorgung) und die SPI-Pins CLK, D_{out}, D_{in} und /CS. Die Pins AGND und DGND sind die GND-Pins, aber einer ist ein separater GND-Pin für den digitalen Teil und einer ist für den analogen Teil. Der Grund ist, dass die analogen Signale störempfindlicher sind als die digitalen. Bei einem digitalen Signal ist es egal, ob der Wert 2,9 oder 3,3 Volt beträgt, der RPi erkennt beide als „hoch“. Aber bei einem analogen Signal ist 2,9 Volt etwas anderes als 3,3 Volt. Um Störungen zu vermeiden ist es sinnvoll, den digitalen und den analogen Teil separat zu erden und sie über den Chip verbinden zu lassen. Wir werden diesen Rat in unserem Aufbau beherzigen.

Außerdem empfiehlt der Hersteller Microchip, dass über der Spannungsversorgung ein 100-nF-Kondensator angebracht wird. Auf dem Steckbrett gibt es vier davon (in jeder Ecke einen), aber die befinden sich, wie Sie gleich sehen werden, im analogen Teil. Darum wird dem digitalen Teil ein zusätzlicher Kondensator hinzugefügt. Da die vier Kondensatoren immer auf dem Steckbrett vorhanden sind, sind sie in der Schaltung nicht abgebildet. Dort finden Sie nur einen Kondensator.

Wir beginnen mit einem Aufbau mit zwei 10-k-Potentiometern, so dass wir direkt zwei Kanäle testen können. Außerdem benötigen wir im folgenden Projekt auch zwei. Ein Potentiometer ist praktisch, um analoge Signale zu erzeugen. Wir schließen das Potentiometer zwischen GND und +3,3 V an. Wenn wir den Schleifer zum GND-Kontakt bewegen, ist die Spannung 0 Volt, Bewegen wir ihn dagegen nach +3,3 V, ist die Spannung auch +3,3 V. Dazwischen ist jeder mögliche Wert einstellbar.

Durch das Potentiometer fließt natürlich ein Strom; es ist schließlich zwischen +3,3 Volt und GND geschaltet. Der Strom kann mit dem Ohmschen Gesetz berechnet werden.

$$I = \frac{V}{R}$$

Wenn wir die Werte eintragen, folgt daraus:

$$I = \frac{3{,}3}{10\,\mathrm{k}} = 0{,}33\,\mathrm{mA}$$

Das ist für den +3,3-V-Anschluss des RPi kein Problem, auch nicht, wenn wir, wie in diesem Projekt, zwei Potentiometer anschließen. Uns stehen ja 51 mA zur Verfügung.

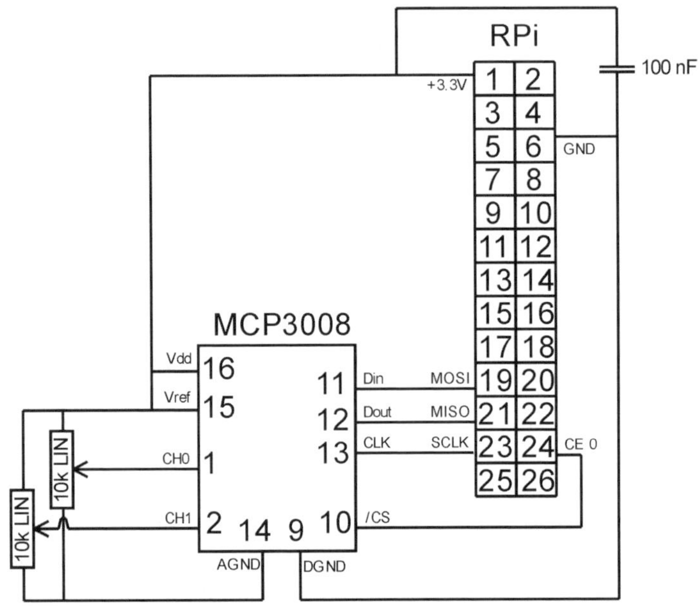

Abbildung 94. Anschluss des MCP3008am Header.

Wir legen die Referenzspannung V_{ref} an +3,3 V. V_{ref} ist die Spannung mit der die ADC-Kanäle verglichen werden. Wird das analoge Signal beispielsweise nicht größer, als 1,2 V, können Sie V_{ref} auf 1,2 Volt legen.[81] Der vollständige Bereich von 0 bis 1024 wird dann für diese 1,2 Volt verwendet. In unserem Fall entsprechen 1024 den 3,3 Volt.

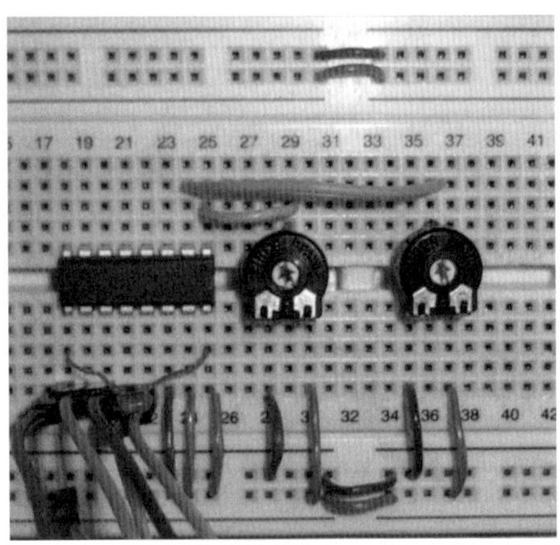

Abbildung 95. Aufbau auf dem Steckbrett.

[81] Beispielsweise mit einer Spannungsreferenzkomponeten, wie dem LM113 von Texas Instruments.

Die Kommunikation mit dem MCP3008 geschieht über SPI, ist aber leider recht kompliziert.

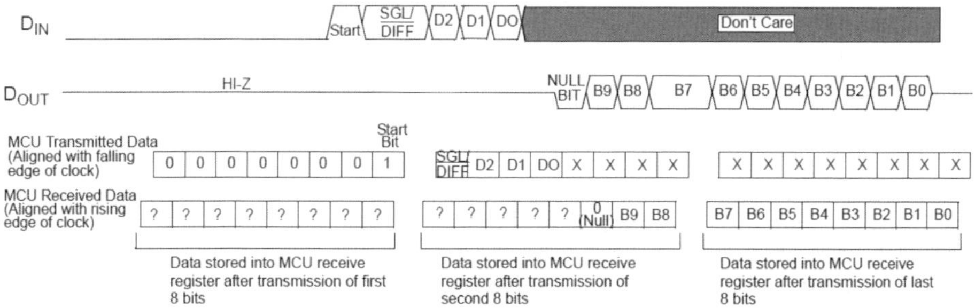

Abbildung 96. SPI-Kommunikation nach dem Datenblatt des MCP3008.

In Abbildung 96 aus dem Datenblatt des MCP3008 sehen Sie, dass die Kommunikation aus drei Bytes besteht. Da bei SPI Senden und Empfangen gleichzeitig stattfindet, werden also auch drei Bytes empfangen. Das erste Byte besteht aus einer 1.

Das zweite Byte besteht aus einem Einstellungsbit, gefolgt von drei Bits, die angeben, welche ADC-Einheit verwendet werden soll. Die zweite Hälfte dieses Bytes und das dritte Byte haben keine Bedeutung, sie werden nur gesendet, um dafür zu sorgen, dass die Antwort ankommt. Nachdem der RPi die bedeutenden Bits gesendet hat, folgt ein Bit „Pause", das ist die Zeit, in der der MCP3008 „nachdenkt", dann kommt eine 0 gefolgt vom ADC-Wert in 10 Bits.

Das Einstellungsbit gibt an, ob wir den Wert einer einzelnen ADC-Einheit messen möchten (1) oder die Pseudo-Differenz zwischen zwei Einheiten (0).[82] In diesem Projekt möchten wir den Wert einer Einheit messen, also ist dieses Bit 1. Dies ist das Bit ganz links, also ist sein Wert 128.[83]

Die Adressbits enthalten einfach die Nummer der ADC-Einheit, wobei die erste Nummer 0 ist und die achte Nummer 7 (Computer zählen immer ab 0). Da die Adresse nicht wie üblich rechts im Byte beginnt, sondern um vier Plätze nach links verschoben, schieben wir sie mit dem Befehl t <<4 nach links.

Die drei Bytes, die wir senden müssen, sehen also so aus:

```
[1,128+(chan<<4),0]
```

wobei *chan* die Kanalnummer ist. Von den drei Bytes, die wir empfangen, können wir das erste ignorieren. Vom zweiten benötigen wir nur die zwei rechten Bits. Da die Antwort

[82] Im folgenden Projekt verwenden wir die Pseudo-Differenzoption.
[83] Siehe Kapitel 4.3 für Bits, Bytes und den << Operator.

10 Bit lang ist, sind dies eigentlich die beiden ganz linken Bits der 10 Bit Zahl. Der Wert dieser Bits ist also nicht 1 und 2, sondern 256 und 512. Wir müssen das zweite Byte also mit 256 multiplizieren, dürfen dafür aber nur Bit 0 und 1 verwenden, da nicht klar ist, was der Rest enthält (das Datenblatt zeigt Fragezeichen). Daher können wir nicht annehmen, dass die übrigen Bits Null sind. Um nur die zwei rechten Bits zu nutzen, verwenden wir &3.

Das dritte Byte benötigen wir vollständig und es ist eine einfache Zahl. Die Antwort können wir also so umrechnen, angenommen, dass sie in der Variablen *reqadc* liegt

```
(reqadc[1]&3)*256 + reqadc[2]
```

Das vollständige Programm zum Auslesen eines Potentiometers sieht dann so aus:

```
import spidev
import time

spi = spidev.SpiDev()
spi.open(0,0)

while True:
    chan=0
    reqadc = spi.xfer2([1,128+(chan<<4),0])
    print (reqadc[1]&3)*256 + reqadc[2]
    time.sleep(1)
```

Starten Sie das Programm mit `sudo python mcp3008a.py` und drehen Sie am Potentiometer, um zu sehen, wie sich die Werte ändern. Stoppen Sie das Programm mit Strg-C.

Da es acht Kanäle gibt, ist es schöner, hier ein grafisches Programm zu erzeugen, bei dem Sie den Kanal mit der Maus auswählen können. Ein schönes Objekt hierfür ist die sogenannte „Spinbox". In der folgenden Abbildung können Sie sehen, wie diese auf dem RPi aussieht. Wir verwenden wieder unser grafisches Template und zeigen hier nur die zu ergänzenden Teile.

```
# Pins konfigurieren
global spi
spi=spidev.SpiDev()
spi.open(0,0)
```

Außerdem erstellen wir ein Spinbox-Objekt. Eigentlich gehört das Static-Text-Objekt nicht dazu, da es ein gesonderter Text ist, den wir neben der Spinbox abbilden. Die Spinbox hat eine Position, einen Startwert, der benutzt wird, wenn das Programm startet und ein Minimum und Maximum. Die Kanalnummern laufen von 0 bis 7, also verwenden wir diese Werte für min und max.

```
        #spinbox
        wx.StaticText(self, label='Select an MCP3008 channel',
                      pos=(20, 30))
        self.spn=wx.SpinCtrl(self, value='0', pos=(20, 60),
                             size=(60, -1), min=0, max=7)
```

Nachdem der Kanal ausgewählt ist, klicken Sie auf einen Button, um eine Messung vorzunehmen.

```
        # Knopf, um die Messung zu starten
        btn = wx.Button(self, label='Measure', pos=(20, 120),
                        size=(80, -1))
        btn.Bind(wx.EVT_BUTTON, self.OnSelect)
```

Und dies ist das Textobjekt, in dem das Ergebnis der Messung landet.

```
        #static text
        self.txt = wx.StaticText(self, label=' ', pos=(20, 100))

    #hier eigene Funktionen einfügen
```

Die Funktion enthält die Formel, die wir im vorigen Programm bereits gesehen haben. Neu ist der Prozentwert vom vollen Bereich, der nun auch sofort ausgemessen wird.

```
        def OnSelect(self, e):
            chan=self.spn.GetValue()
            reqadc = spi.xfer2([1,128+(chan<<4),0])
            value = (reqadc[1]&3)*256 + reqadc[2]
            pervalue = int(value*100/1024.0)
            self.txt.SetLabel('ADC is '+str(value)+' units, or
                             '+str(pervalue)+' %')
```

Starten Sie das Programm mit `sudo python mcp3008b.pyw`[84], wählen Sie einen Kanal (nur an 0 und 1 befindet sich ein Potentiometer) und klicken Sie auf Measure, um die Messung zu starten. Die Kanäle, an denen nichts angeschlossen ist, geben natürlich unsinnige Messungen.

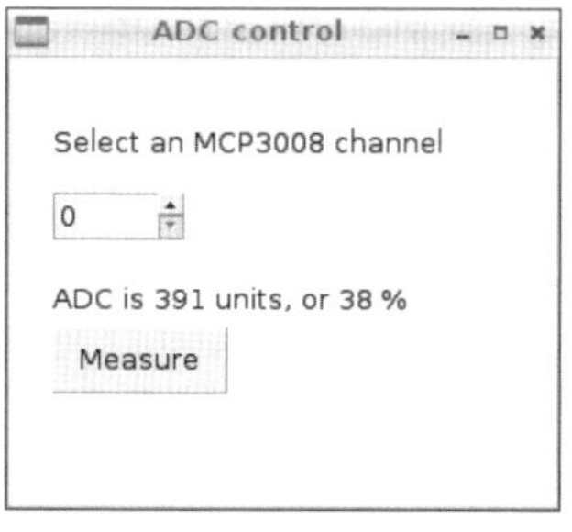

Abbildung 97. Grafische Einstellung des ADC-Kanals.

[84] Arbeiten Sie über SSH, vergessen Sie nicht `sudo bash sudoset.sh` nach jedem einloggen einzugeben, um *sudo* über *Xming* und *Putty* zu ermöglichen. Außerdem müssen Sie natürlich *Xming* wie in Kapitel 3.2.4 beschrieben installiert haben.

8.6 MCP3008 Pseudo-Differentialmessung

Control Bit Selections				Input Configuration	Channel Selection
Single /Diff	D2	D1	D0		
0	0	0	0	differential	CH0 = IN+ CH1 = IN-
0	0	0	1	differential	CH0 = IN- CH1 = IN+
0	0	1	0	differential	CH2 = IN+ CH3 = IN-
0	0	1	1	differential	CH2 = IN- CH3 = IN+
0	1	0	0	differential	CH4 = IN+ CH5 = IN-
0	1	0	1	differential	CH4 = IN- CH5 = IN+
0	1	1	0	differential	CH6 = IN+ CH7 = IN-
0	1	1	1	differential	CH6 = IN- CH7 = IN+

Abbildung 98. MCP3008 Control-Bits aus dem Datenblatt.

Wenn das erste Control-Bit keine „1“ sondern eine „0“ ist, können wir mit dem MCP3008 eine Pseudo-Differentialmessung durchführen. Das bedeutet, dass wir einem Kanal (IN-) eine bestimmte Spannung geben und auf dem zweiten Kanal nur dann einen Messwert erhalten, wenn die Spannung über der des ersten Kanals liegt. Der Kanal IN- ist so etwas wie eine Schwelle, über die der Kanal IN+ kommen muss.

In diesem Projekt verwenden wir für IN- ein Potentiometer, was nicht wirklich nützlich ist: wir hätten in unserem Programm auch einen Schwellwert programmieren können. Aber angenommen, der analoge Teil Ihres Projekts hätte Probleme mit Störungen auf der Masse. Angenommen, die Masse hätte dadurch nicht mehr 0 Volt sondern 0,2 Volt. Das passiert nicht immer, Sie wissen leider nicht, wann es vorkommt und wann nicht. Es wäre praktisch, wenn Sie im richtigen Moment die 0,2 Volt von Ihrer Messung abziehen könnten. Dafür sind Pseudo-Differentialmessungen eigentlich gedacht. Sie können das nämlich erreichen, indem Sie die Masse mit IN- verbinden und Ihre Messung auf IN+ durchführen. Sie erhalten nur ein Messergebnis, wenn Ihre Messung über IN- liegt, also über 0,2 Volt.

Tatsächlich ist die einzige nötige Änderung an unserem Programm das Ändern des Einstellungsbit von normal (1) auf pseudo-differential(0).

```
    import spidev
import time

spi = spidev.SpiDev()
spi.open(0,0)

while True:
    mix=0
    reqadc = spi.xfer2([1,mix<<4,0])
    print (reqadc[1]&3)*256 + reqadc[2]
    time.sleep(1)
```

Variable *mix* ist die D2:D0-Kombination aus der vorigen Tabelle. Im Programm wurde *mix=0* gewählt, dass bedeutet, dass Kanal 0 IN+ ist und Kanal 1 IN-.

Starten Sie das Programm mit `sudo python mcp3008c.py`. Stellen Sie das Potentiometer an Kanal 1 auf ungefähr 50 % ein und das an Kanal 0 auf ungefähr 0 %. Drehen Sie nun das Potentiometer an Kanal 0 langsam hoch. Der Wert bleibt Null, bis das Potentiometer über 50 % geht. Ab jetzt steigen die Werte normal an, aber erreichen maximal etwa 512. Sie messen nämlich, wie hoch Sie über dem Schwellwert liegen. Da dieser bei ungefähr 50 % von 1024 liegt, können Sie maximal 512 darüber kommen (abhängig davon, wie genau Sie das Potentiometer auf 50 % eingestellt haben).

Der Unterschied zwischen einer Differentialmessung und einer Pseudo-Differentialmessung ist übrigens, dass bei einer Pseudo-Differentialmessung der Messbereich kleiner wird (Sie messen nur oberhalb der Schwelle), während er bei einer echten Differentialmessung gleich bleibt (also in diesem Fall immer 3,3 Volt).

9. I²C

9.1 Einleitung I²C

I²C ist eine Abkürzung für „Inter IC Communication" und wird manchmal auch als I2C abgekürzt.[85] Es ist ein serielles Protokoll, das von Philips in den achtziger Jahren für die Kommunikation von ICs in einem Gerät entwickelt wurde. Der I²C Bus verwendet zwei Leitungen, eine für die Daten und eine für den Takt. Daher wird es oft auch Zweidraht-protokoll genannt. Die Taktleitung wird vom Master gesteuert und kann eine maximale Geschwindigkeit von 100 kBit pro Sekunde haben. Auffällig an der Struktur des Busses ist, dass beide Leitungen durch einen pull-up-Widerstand hochgehalten werden. Normalerweise sind diese Widerstände irgendwo im Bus eingebaut (gewöhnlich in der Nähe des Masters), aber im Falle des RPi sind sie im Master selbst eingebaut.[86] Sie benötigen daher keine externen Widerstände.

Da die pull-up-Widerstände im Master sind, arbeitet der I²C Bus mit 3,3 Volt. Das bedeutet, dass alle Slaves 3,3-Volt-Signale verstehen können müssen. Sie dürfen selbst auf einer höheren Spannung arbeiten, da sie den Bus nur „tief" und nicht „hoch" schalten können. Die Spannung auf dem Bus wird also nie höher als 3,3 Volt. Das macht den I²C-Bus sehr flexibel, da Sie am RPi einfach 5-Volt-Slaves und 3,3-Volt-Slaves gemischt verwenden können.

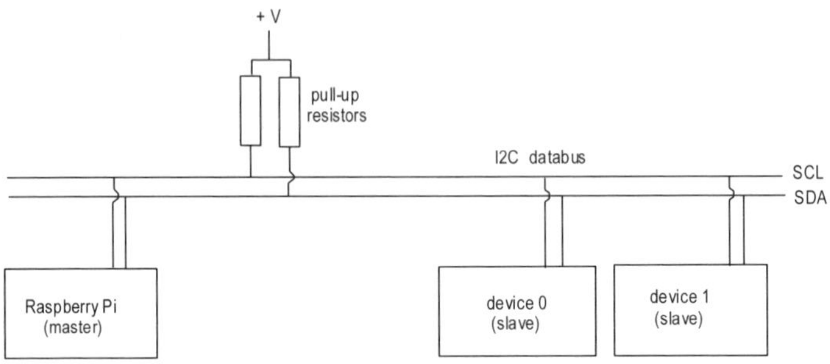

Abbildung 99. Basis I²C-Aufbau mit zwei Slaves.

Jeder Slave auf dem I²C-Bus hat eine eigene Adresse. Meistens ist die Adresse einstellbar, indem einige Bits in Form von Pins am Slave „hoch" oder „tief" geschaltet werden. Ein mit Masse verbundener Pin ist dann eine „0" und ein mit der Versorgungsspannung verbundener Pin eine „1". Es kommt aber auch vor, dass die Adresse ab Werk fest eingestellt ist. In dem Fall können Sie bei der Bestellung aus einer Anzahl verschiedener Adressen wählen. Der Vorteil davon ist, dass die Platine einfacher werden kann, das senkt die Kosten.

[85] I²C wird i-quadrat-c ausgesprochen, während I2C als i-zwo-c ausgesprochen werden kann.
[86] Der Wert dieser eingebauten Widerstände ist 1k8.

Der Master bestimmt, wie schnell der Takt läuft. Der Slave kann den Takt aber trotzdem beeinflussen. Da die Taktleitung über einen Widerstand mit der positiven Versorgungsspannung verbunden ist, ist der normale Zustand „hoch“. Der Master gibt einen Taktimpuls, indem er die Leitung „tief“ macht und dann wieder „hoch“. Aber der Slave kann beschließen die Taktleitung „tief“ zu halten, so dass das Loslassen des Masters keinen Effekt hat. So kann der Slave den Master zwingen zu warten, beispielsweise, wenn die Verarbeitung einer Anfrage des Masters länger dauert als vorgesehen.

Die Kommunikation auf dem I²C-Bus wird immer vom Master initiiert. Er beginnt mit dem Senden der Adresse des Slaves, mit dem er kommunizieren möchte. Alle angeschlossenen Slaves lauschen nach der Adresse, aber nur derjenige, der diese Adresse hat, antwortet. Wie die weitere Kommunikation verläuft, hängt von den Daten und Befehlen ab, die der Slave benötigt. Dies wird im Datenblatt des Slaves beschrieben.

Uns stehen folgende Befehle zur Verfügung:[87]

Befehl	Beschreibung
import smbus	Importiere das I²C-Modul.
bus = smbus.SMBus(1)	Erzeuge ein I²C-Objekt mit Namen „bus“.
bus.write_byte_data(address, reg, data)	Schreibe Daten in ein Register. Mit: address = I²C-Adresse reg = Register Daten, die in das Register sollen
bus.write_byte(address, data)	Schreibe Daten in ein unbestimmtes Register. Mit: address = I²C-Adresse Daten, die in das Register sollen
data = bus.read_byte_data(address, reg)	Lese Daten aus einem Register. Mit: address = I²C-Adresse reg = register Daten, die in im Register liegen
data = bus.read_byte(address)	Lese Daten aus einem unbestimmten Register. Mit: address = I²C-Adresse Daten, die im Register liegen
sudo i2cdetect -y 1	Befehl, der vom Prompt gegeben werden muss, mit dem alle I²C-Chips an Bus 1 mit Ihrer Adresse (in hexadezimal) gezeigt werden.

Tabelle 20. I²C-Befehle.

[87] Es gibt auch word-Befehle. Sie verwenden dann „_word_data“ anstelle von „_byte_data“. Die Daten sind dann kein Byte (8 Bits) sondern ein Word (16 Bits).

9.2 MCP23008 I/O-Expander

In diesem Projekt wird der MCP23008 I/O-Expander von Microchip verwendet. Dieser fügt einen kompletten Port (8 Pins) mit vollständiger Ansteuerung hinzu, inklusive Interrupt on change. Mangelt es an Pins, können Sie auf diese Weise weitere hinzufügen.

TABLE 1-2: REGISTER ADDRESSES

Address	Access to:
00h	IODIR
01h	IPOL
02h	GPINTEN
03h	DEFVAL
04h	INTCON
05h	IOCON
06h	GPPU
07h	INTF
08h	INTCAP (Read-only)
09h	GPIO
0Ah	OLAT

Abbildung 100. Register des I/O-Expanders.

Der MCP23008 kann mittels mehrerer Register eingestellt werden. Diese Register haben die folgende Bedeutung:

Register	Beschreibung
iodir	Bestimmt, ob ein Pin Input (1) oder Output (0) ist. Bit 0 ist für Pin GP0 etc.
ipol	Setzt die Polarität auf normal (0) oder umgekehrt (1). Im Modus umgekehrt wird ein hohes Signal an einem Input als tief angesehen.
gpinten	Stellt den Interrupt on change pro Pin an (1 ist an und 0 ist aus).
defval	Gibt Werte für die Verwendung im folgenden Register an.
intcon	Gibt an, ob der Interrupt on change mit dem vorigen Wert des Pins oder mit dem Wert in defval verglichen werden soll.
iocon	Konfigurationsregister, siehe Abbildung 101.
gppu	Schwacher pull-up-pro-Pin, so dass ein nicht angeschlossener Pin hoch erscheint.
inft	Interrupt-Flag-Register, worin Sie sehen können, welcher Interrupt aufgetreten ist (nur lesen).
intcap	Legt den Status der Pins in dem Moment fest, in dem ein Interrupt auftritt (nur lesen).
gpio	Register, um die Pins hoch oder tief zu schalten
olat	Shadow Register von gpio.

Tabelle 21. Register des I/O-Expanders.

IOCON – I/O EXPANDER CONFIGURATION REGISTER (ADDR 0x05)

U-0	U-0	R/W-0	R/W-0	R/W-0	R/W-0	R/W-0	U-0
—	—	SEQOP	DISSLW	HAEN	ODR	INTPOL	—
bit 7							bit 0

bit 7-6 **Unimplemented:** Read as '0'.

bit 5 **SEQOP:** Sequential Operation mode bit.
1 = Sequential operation disabled, address pointer does not increment.
0 = Sequential operation enabled, address pointer increments.

bit 4 **DISSLW:** Slew Rate control bit for SDA output.
1 = Slew rate disabled.
0 = Slew rate enabled.

bit 3 **HAEN:** Hardware Address Enable bit (MCP23S08 only).
Address pins are always enabled on MCP23008.
1 = Enables the MCP23S08 address pins.
0 = Disables the MCP23S08 address pins.

bit 2 **ODR:** This bit configures the INT pin as an open-drain output.
1 = Open-drain output (overrides the INTPOL bit).
0 = Active driver output (INTPOL bit sets the polarity).

bit 1 **INTPOL:** This bit sets the polarity of the INT output pin.
1 = Active-high.
0 = Active-low.

bit 0 **Unimplemented:** Read as '0'.

Abbildung 101. Das IOCON-Register des MCP23008 I/O-Expanders.

In diesem Projekt soll eine LED aufleuchten, wenn ein Knopf gedrückt wird, wobei sowohl die LED als auch der Knopf am I/O-Expander angeschlossen sind. Dazu müssen folgende Schritte durchgeführt werden:

1. Pin 0 als Output schalten und den Rest als Input.

```
iodir=254 (1111_1110)
```

2. Das IOCON Register des I/O-Expanders auf folgende Werte einstellen:

Bit	Wert	Beschreibung
Bit 7, 6	0	Keine Funktion.
Bit 5	0	Sequentieller Zustand.
Bit 4	1	Slew rate aus.
Bit 3	0	Keine Funktion.
Bit 2	0	Kein open drain, sondern normal.
Bit 1	1	Interrupt Pin wird hoch, wenn etwas passiert.
Bit 0	0	Keine Funktion.

Tabelle 22. Register-Einstellung.

Also: `iocon=18 (0001 0010)`

3. Status des Schalters betrachten.

```
switch=gpio&1 (0000 0010)
```

4. Wenn nötig, LED anschalten.

```
gpio=4 (0000 0001)
```

und wieder aus.

```
gpio=0 (0000 0000)
```

Ein verkomplizierender Faktor ist, dass dieser Befehl über das I²C-Protokoll gegeben werden muss. Im Hardwareabschnitt können Sie sehen, dass als Adresse 000 gewählt wurde, indem die Pins A0, A1 und A2 auf Masse gelegt sind. Die Adresse ist natürlich viel zu kurz. Es muss noch die allgemeine Adresse des I/O Expanders hinzugefügt werden. Aus der Abbildung 102, die aus dem Datenblatt stammt, folgt, dass die Devicenummer 0100 ist, so dass die komplette Adresse folgendermaßen aussieht:

```
0100 000x
```

Das x in der Adresse ist ein Bit, das angibt, ob es sich um einen Lese- oder Schreibbefehl handelt. Dieses Bit wird durch den RPi selbst gesetzt. In unserem Programm arbeiten wir also mit einer Adresse, die nur sieben Bit lang ist.

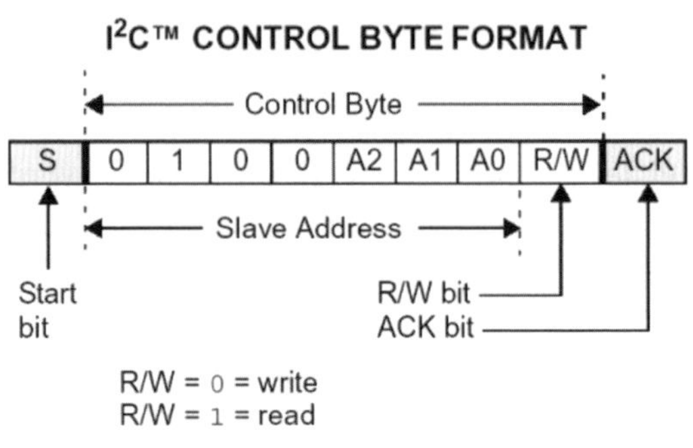

Abbildung 102. Adresssaufbau mit Pins A2:A0.

Sie können die Adresse übrigens auch bestimmen, ohne in das Datenblatt zu sehen, nämlich mit dem Befehl:

```
sudo i2cdetect -y 1
```

Sie erhalten dann folgende Antwort:

```
pi@raspberrypi ~ $ sudo i2cdetect -y 1
     0  1  2  3  4  5  6  7  8  9  a  b  c  d  e  f
00:          -- -- -- -- -- -- -- -- -- -- -- -- --
10: -- -- -- -- -- -- -- -- -- -- -- -- -- -- -- --
20: 20 -- -- -- -- -- -- -- -- -- -- -- -- -- -- --
30: -- -- -- -- -- -- -- -- -- -- -- -- -- -- -- --
40: -- -- -- -- -- -- -- -- -- -- -- -- -- -- -- --
50: -- -- -- -- -- -- -- -- -- -- -- -- -- -- -- --
60: -- -- -- -- -- -- -- -- -- -- -- -- -- -- -- --
70: -- -- -- -- -- -- -- --
pi@raspberrypi ~ $
```

Die einzige Reaktion kommt von einem Device an Adresse 0x20, da ist 20 hexadezimal. Mit Hilfe des Windows-Rechners können wir das schnell in binär umrechnen: 100 000 und das ist (natürlich) genau das, was wir selbst auch bestimmt haben.

Wir folgen den Schritten im Datenblatt, um zu bestimmen, welche Befehle wir geben müssen. Das Datenblatt enthält eine ausführliche Übersicht des Protokolls, von dem in diesem Buch der relevante Teil übernommen wurde.

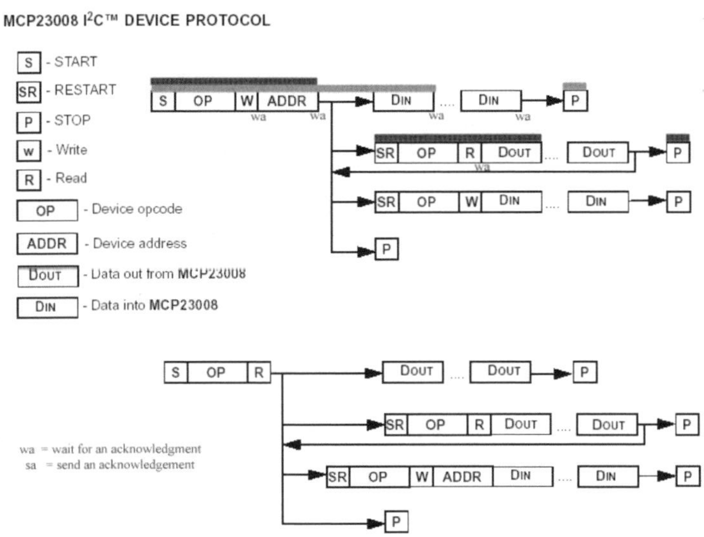

Abbildung 103. I²C Deviceprotokoll des MCP23008.

Das Schreiben von Daten ist in der Abbildung mit einem hellgrauen Balken dargestellt. Es ist etwas verwirrend, dass das Datenblatt die Adresse des Chips „opcode" nennt und das Register „address". Letztlich müssen wir die Adresse des MCP23008 senden, gefolgt vom Register, in das wir schreiben möchten, gefolgt von den Daten, die in dieses Register geschrieben werden. Das Einstellen des Registers *Iodir* (Nummer 0) erfolgt also so:

```
#set iodir register (0) to 1111_1110
bus.write_byte_data(0x20,0,254)
```

Natürlich müssen wir auch das Gegenteil können, also den Inhalt eines Registers vom MCP23008 abfragen. Wir müssen wiederum die Adresse des Chips und des Registers senden. Dieses Mal erhalten wir jedoch eine Antwort, die wir in einer Variablen speichern können, nämlich den Inhalt des betreffenden Registers. Diese Prozedur ist in der Abbildung 103 mit einem dunkelgrauen Balken dargestellt. Beachten Sie, dass Sie den Zustand des kompletten Ports erhalten, also alle Pins inklusive Outputs.

```
# read inputs (register 9)
tmp = bus.read_byte_data(0x20,9)
```

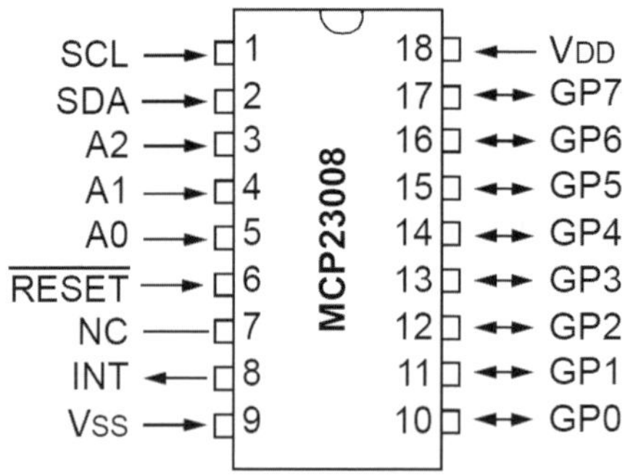

Abbildung 104. Pinbelegung des MCP23008.

Die Pins A2:A0 werden verwendet, um einen Teil der I²C-Adresse einzustellen. Dadurch, dass die Adresse frei einstellbar ist, können Sie mehrere dieser ICs an einen I²C-Bus hängen (insgesamt 8). Die für dieses Projekt gewählte Adresse ist 000 (A2, A1 und A0 an Masse). Der neue Port, den dieser Chip hinzufügt, besteht aus GP0 bis GP7. In diesem Aufbau hängt an GP0 ein Ausgang (LED) und an GP1 ein Eingang (Schalter). Beachten Sie, dass der /reset-Pin an Plus liegt.

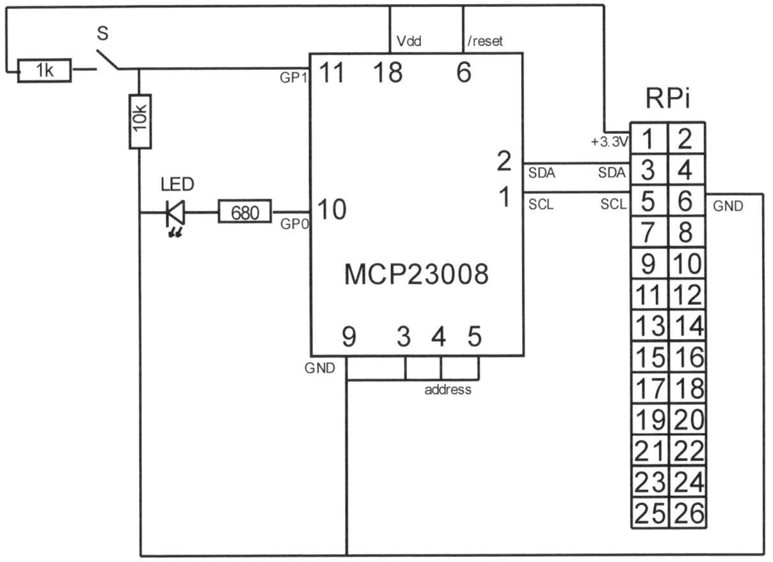

Abbildung 105. Schema des I/O-Expanders.

Auch hier wurde beim Schalter die Technik mit dem doppelten Widerstand verwendet. Das dient dazu, Schäden am MCP23008 zu vermeiden, falls Sie den Pin als Ausgang definiert haben und dann ungünstigerweise kurzschließen. Ebenso wichtig ist, dass der MCP23008 vom RPi versorgt wird und so ein Kurzschluss im schlimmsten Falle auch den RPi beschädigen kann. Der zusätzliche 1-k-Widerstand ist also eine gute Investition.

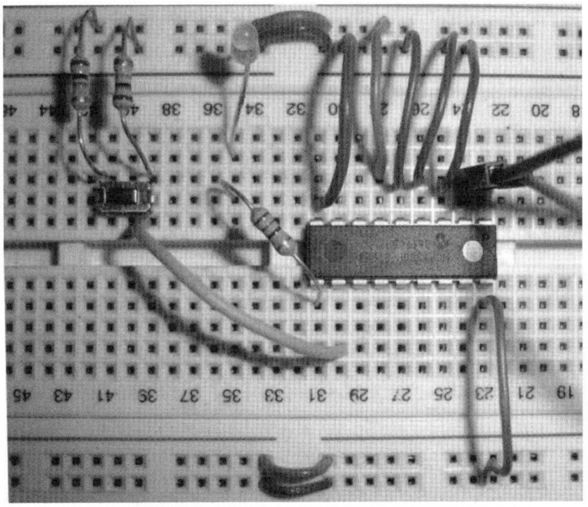

Abbildung 106. Der Aufbau auf dem Steckbrett.

Das Programm sieht so aus.

```
import smbus
import time
bus = smbus.SMBus(1)
address = 0x20

# set iocon register (5) to 0001 0010
bus.write_byte_data(0x20,5,18)
#set iodir register (0) to 1111 1110
bus.write_byte_data(0x20,0,254)


while True:
    # read inputs (register 9)
    tmp = bus.read_byte_data(0x20,9)
    switch = tmp & 2
    # light LED is switch is pressed
    if switch:
        bus.write_byte_data(0x20,9,1)
    else:
        bus.write_byte_data(0x20,9,0)
```

Starten Sie das Programm mit `python mcp23008a.py`. Die Bedienung ist einfach: Schalten Sie die Schaltung ein, warten Sie etwas, bis die Einstellungen erledigt sind und drücken Sie dann auf den Knopf, um die LED ein- oder auszuschalten.

9.3 Mehr Leistung am Extender

In diesem Projekt wird der I/O-Extender vom RPi versorgt. Sie erhalten so also mehr Ein- und Ausgänge, überschreiten aber nicht die Begrenzung des 3,3-Volt-Anschlusses, nämlich den maximalen Verbrauch von 51 mA. Das betrifft also die Pins des RPi, den MCP 23008 und die Pins des MCP23008. Wenn Sie mehr Leistung benötigen, können Sie den MCP23008 auch an eine eigene Spannungsversorgung anschließen. Ihnen steht dann die vollständige Leistung der Spannungsversorgung für den I/O-Extender und dessen Pins zur Verfügung.

Das Angenehme an I^2C ist, dass sowohl Master als auch Slave den Bus und die Datenleitung nur „tief" schalten und wieder loslassen. Die Leitungen werden durch zwei pull-up-Widerstände „hoch" gehalten. Diese Widerstände befinden sich im RPi und sind mit +3,3 V verbunden, so dass die Spannung auf den I^2C-Leitungen nie höher wird, als 3,3 V. Das bedeutet, dass I^2C-Slaves auch mit anderen Spannungen arbeiten können, so lange sie 3,3 Volt als „hoch" erkennen. Im folgenden Projekt verwenden wir einen 5-Volt-Slave.

Sie können also den I/O-Extender auch prima mit dem 5 Volt Ausgang des RPi verbinden. Auf die I²C-Leitungen hat das keinen Einfluss, aber die Ein- und Ausgänge des I/O-Extenders arbeiten dann mit 5 Volt. Passen Sie also gut auf, dass Sie sie nicht versehentlich mit dem RPi verbinden.

9.4 TC74 digitales Thermometer

Der TC74 ist in einer 3,3-Volt- und einer 5-Volt-Version erhältlich. Um zu zeigen, dass es für eine I²C-Anwendung unerheblich ist, verwenden wir hier den 5-Volt-Typ.

Im vorigen Projekt konnte ein Teil der Adresse mittels drei Pins eingestellt werden. Beim TC74 ist die Adresse werksseitig voreingestellt. Sie können bei der Bestellung des TC74 aus acht Adressen wählen. Die Adresse bildet einen Teil der Typnummer, ebenso wie die Arbeitsspannung. In unserem Fall verwenden wir die Typnummer: TC74 A0 5.0VAT

PART NO.	XX	-XX	X	XX
Device	Address Options	Supply Voltage	Operating Temperature	Package

Device:	TC74: Serial Digital Thermal Sensor
Address Options:	A0 = 1001 000 A1 = 1001 001 A2 = 1001 010 A3 = 1001 011 A4 = 1001 100 A5 = 1001 101 * A6 = 1001 110 A7 = 1001 111 * Default Address
Output Voltage:	3.3 = Accuracy optimized for 3.3V 5.0 = Accuracy optimized for 5.0V
Operating Temperature:	V = $-40°C \leq T_A \leq +125°C$
Package:	AT = TO-220-5

Abbildung 107. Bestimmung der Adresse anhand der Typnummer.

Die Abbildung 107 entstammt dem Datenblatt des TC74. Sie sehen, dass unser TC74 die Adresse A0 hat (1001 000), für 5,0 Volt bestimmt ist, einen Temperaturbereich von -40 bis +125 °C hat und in einem TO-220-5 Gehäuse geliefert wird.

```
pi@raspberrypi ~ $ sudo i2cdetect -y 1
     0  1  2  3  4  5  6  7  8  9  a  b  c  d  e  f
00:          -- -- -- -- -- -- -- -- -- -- -- -- --
10: -- -- -- -- -- -- -- -- -- -- -- -- -- -- -- --
20: -- -- -- -- -- -- -- -- -- -- -- -- -- -- -- --
30: -- -- -- -- -- -- -- -- -- -- -- -- -- -- -- --
40: -- -- -- -- -- -- -- -- 48 -- -- -- -- -- -- --
50: -- -- -- -- -- -- -- -- -- -- -- -- -- -- -- --
60: -- -- -- -- -- -- -- -- -- -- -- -- -- -- -- --
70: -- -- -- -- -- -- -- --
pi@raspberrypi ~ $
```

Wenn der TC74 angeschlossen ist, können wir die Adresse abfragen mit:

```
sudo i2cdetect -y 1.
```

Adresse 1001 000 ist 48 hexadezimal, und das ist tatsächlich die Adresse, die der RPi findet.

Write Byte Format

S	Address	WR	ACK	Command	ACK	Data	ACK	P
	7 Bits			8 Bits		8 Bits		
	Slave Address			Command Byte: selects which register you are writing to.		Data Byte: data goes into the register set by the command byte.		

Read Byte Format

S	Address	WR	ACK	Command	ACK	S	Address	RD	ACK	Data	NACK	P
	7 Bits			8 Bits			7 Bits			8 Bits		
	Slave Address			Command Byte: selects which register you are reading from.			Slave Address: repeated due to change in data-flow direction.			Data Byte: reads from the register set by the command byte.		

Receive Byte Format

S	Address	RD	ACK	Data	NACK	P
	7 Bits			8 Bits		

S = START Condition
P = STOP Condition
Shaded = Slave Transmission

Data Byte: reads data from the register commanded by the last Read Byte or Write Byte transmission.

Abbildung 108. I²C-Kommunikation laut Datenblatt.

Wie die Kommunikation abläuft, steht ebenso im Datenblatt. Sie sehen, dass die einfachste Art ein Byte zu empfangen aus einem Lesebefehl ohne Angabe des Registers, aus dem gelesen werden soll, besteht. Das klingt gut, aber wir müssen dann in einem früheren Befehl das Register zuweisen. Bei dem Befehl steht: „read data from the registers commanded by the last Read Byte or Write Byte transmission", was bedeutet, dass aus dem letzten Register gelesen wird, aus dem gelesen oder geschrieben wurde.

Wir tricksen ein bisschen, indem wir am Beginn des Programms eine „0" in das Temperaturregister (Nummer 0) schreiben. Wir senden also eine „0" an Register 0.[88]

```
bus.write_byte_data(0x48,0,0)
```

Es ist natürlich nicht möglich in das Register zu schreiben, aber so steht das Register bereit und wir können ab jetzt die Temperatur abfragen mit:

```
bus.read_byte(0x48)
```

Die Antwort, die Temperatur also, hat ein spezielles Format: das Zweierkomplement. Das bedeutet, dass es eine 7-Bit-Zahl ist (und keine 8 Bit Zahl, wie üblich) wobei das achte Bit als Vorzeichen fungiert. Dieses Bit kann Null sein (die Zahl ist positiv) oder 1 (die Zahl ist negativ). Für Zahlen größer als Null, also Temperaturen über Null, muss nichts passieren.

Für negative Zahlen ist das Vorzeichenbit 1, die Zahl sieht also aus, wie eine normale Zahl größer als 127 (das Vorzeichenbit ist ganz links, dessen Wert ist „128"). Da der TC74 für Temperaturen bis +125 °C gedacht ist, wissen Sie, dass 128 nicht möglich ist. In diesem Fall müssen alle Bits der Zahl umgekehrt und danach eine 1 addiert werden.

Beispiel: Die Antwort des TC74 ist 201. Das ist mehr als 127, also muss die Zweierkomplementumwandlung durchgeführt werden. Wir zeigen das binär, da es besser zu verstehen ist.

	1100 1001 = 201
alle Bits umkehren	0011 0110
1 addieren	0000 0001
Ergebnis	0011 0111 = 55 (gemeint ist also -55)

Mit einem Mikrocontroller ist diese Umrechnung sehr einfach, aber in *Python* müssen wir einen zusätzlichen Schritt ausführen. Alle Bits umkehren geht mit dem Python-„not"-Operator auf Bitebene ~. Zum Beispiel dreht t=~t alle Bits von t um.[89] Das Problem ist, dass *Python* nicht mit Bytes rechnet (die 8 Bits enthalten) sondern mit ganzen Zahlen, die

[88] Sie fragen sich vielleicht, ob das geht. Es ist ein gültiger Befehl, der das Register in einen erlaubten Zustand setzt. Der TC74 empfängt die letzte Null zwar, kann aber nichts mit ihr anfangen, daher verwirft er sie.

[89] Siehe Kapitel 4.3 für eine Erläuterung von *and* und *not*, sowohl *normal*, wie auf Bitebene.

viel mehr Bits enthalten. Und die zusätzlichen Bits werden auch umgekehrt, wodurch eine ganz andere Zahl entsteht. Sie können das einfach ausprobieren, indem Sie *Python* starten und folgendes Beispiel ausprobieren:

```
pi@raspberrypi ~ $ python
Python 2.7.3rc2 (default, May  6 2012, 20:02:25)
[GCC 4.6.3] on linux2
Type "help", "copyright", "credits" or "license" for more
information.
>>> print ~201
-202
```

Sie sehen, dass hier etwas schief läuft, da 0011 0110 54 ist und nicht -202. Wir müssen also einen zusätzlichen Schritt ausführen, um die zusätzlichen Bits stillzulegen und nur die acht ganz rechten Bits zu erhalten. Wir verwenden dafür den &-Befehl. Das ist der and-Befehl, aber auf Bitebene. Wie groß die Zahl auch ist, wenn wir ein „&" mit 1111 1111 ausführen, bleiben nur die 8 ganz rechten Bits übrig, der Rest wird automatisch Null. Wir probieren es wieder aus:

```
>>> print ~201 & 255
54
```

Mit diesem Trick können wir die Zweierkomplementumwandlung so programmieren:

```
t = self.bus.read_byte(0x48)
if t>128:
        # below zero
        t = -((~t & 255)+1)
        c=str(t)+' '+unichr(176)+'C'
```

Wir vervielfachen direkt mit -1, da die Temperatur unter Null ist, also muss ein Minuszeichen davor. Das Gradzeichen (°) können wir in einem print-Befehl nicht direkt verwenden. Stattdessen benutzen wir den Unicode des Zeichens mit dem Befehl *unichr*. Der Code des Gradzeichens ist 176.

Wir erstellen ein grafisches Programm und verwenden dafür das grafische Template. Ein Timer dient dazu, jede Sekunde (1000 ms) eine Funktion auszuführen. Wir starten den Timer noch nicht, da wir in der Timerfunktion den TC74 auslesen möchten. Das geht aber noch nicht, da SMBus bisher nicht geladen ist. Dies geschieht im nächsten Abschnitt, in dem wir den Schreibbefehl geben, um das Register bereitzustellen. Danach starten wir den Timer.

Beim Textfeld haben wir bisher nur den Standardfont in normalen Format verwendet, dieses Mal aber möchten wir große Buchstaben (Schriftgröße 50) und daher verwenden wir den Befehl wx.Font.

```
wx.Font(groesse, font, stil, gewicht)
```

Da dieser Befehl sowohl auf dem RPi wie auch unter Windows laufen muss, kommen Ihnen die Fontnamen vielleicht nicht bekannt vor. Sie können folgende wählen:

Font
- wx.DECORATIVE
- wx.MODERN
- wx.ROMAN
- wx.SCRIPT
- wx.SWISS

Stil
- wx.ITALIC,
- wx.NORMAL,
- wx. SLANT

Wichtung („Stärke")
- wx.BOLD,
- wx.LIGHT,
- wx.NORMAL

Die einzige Funktion, die wir dem Template hinzufügen müssen, ist die OnTimer-Funktion, die den TC74 liest, wenn nötig die Zweierkomplementumwandlung durchführt und das Ergebnis anzeigt.

```
        #hier eigene Objekte einsetzen

        # timer object
        self.timer = wx.Timer(self)
        self.Bind(wx.EVT_TIMER, self.OnTimer, self.timer)

        # Pins konfigurieren
        self.bus = smbus.SMBus(1)
        self.bus.write_byte_data(0x48,0,0)
        # starte den Timer, jede Sekunde
        self.timer.Start(1000)

        # ein Textfeld
        self.text = wx.StaticText(self, label='0',pos=(20,30))
        font = wx.Font(50, wx.DECORATIVE, wx.ITALIC, wx.NORMAL)
        self.text.SetFont(font)

    #hier eigene Funktionen einsetzen
    def OnTimer(self, e):
```

```
# lese die Temperatur
t = self.bus.read_byte(0x48)
if t>128:
    # unter Null
    t = -((~t & 255)+1)
c=str(t)+' '+unichr(176)+'C'
self.text.SetLabel(c)
```

Starten Sie das Programm mit `python tc74b.pyw` und stoppen es mit dem Kreuzchen.

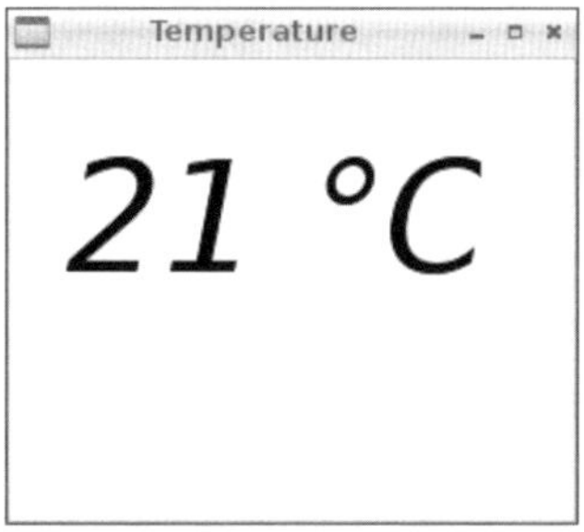

Abbildung 109. Temperatur in einem Fenster.

Wenn die Temperatur genau zwischen zwei ganzen Graden liegt, ist es möglich, dass diese zwei Werte sich auf der Anzeige ständig abwechseln. Wenn Sie eine Temperatur messen, die sich schnell ändert und es wichtig ist, dass das Programm dies auch möglichst schnell merkt, können Sie da wenig gegen tun. Aber wenn Sie beispielsweise die Temperatur Ihres Wohnzimmers messen, können Sie das Blinken verhindern, indem Sie gemittelte Werte über mehrere Messungen berechnen. Ein netter Nebeneffekt ist, dass Sie dann auch Nachkommastellen angeben können.

Wir werden 60 Messungen in einer Liste namens L speichern.[90] Wir deklarieren diese Liste in dem Teil, in dem wir auch die Pins deklarieren.

```
# deklariere die Liste
self.L=[]
```

Neue Messungen werden mit dem Befehl *append* hinzugefügt. Diese Messungen kommen ans Ende der Liste. Wenn die Liste dadurch zu lang wird, also aus mehr als 60 Messungen besteht, löschen wir das erste Element der Liste mit dem Befehl pop(0). So besteht die Liste immer aus 60 Elementen. Man nennt dies einen fortlaufenden Mittelwert. Die gemittelte Temperatur ist nun die Summe aller Elemente in der Liste (zu berechnen mit dem sum-Befehl) geteilt durch die Anzahl der Elemente (zu ermitteln mit dem len-Befehl). Wir können nicht einfach durch 60 teilen, da die Liste am Anfang kürzer ist. Das

[90] Siehe Kapitel 4.3 für weitere Erläuterungen über *lists*.

bedeutet übrigens auch, dass es 60 Messungen, also eine Minute dauert, bis die Anzeige stabil ist. Der fettgedruckte Teil des Codes wurde hinzugefügt. Sie sehen, dass die Summe mit 1,0 multipliziert wird, so dass *Python* mit Nachkommastellen rechnet.

```
def OnTimer(self, e):
        # lese die Temperatur
        t = self.bus.read_byte(0x48)
        if t>128:
            # unter Null
            t = -((~t & 255)+1)
        # ans Ende der Liste anhängen
        self.L.append(t)
        # wenn länger als 60, lösche ersten Eintrag
        if len(self.L)>60:
            self.L.pop(0)
        # berechne Mittelwert
        av=sum(self.L)*1.0/len(self.L)
        # runde auf eine Nachkommastelle
        av=round(av,1)
        c=str(av)+' '+unichr(176)+'C'
        self.text.SetLabel(c)
```

Da nun zwei weitere Zeichen dargestellt werden müssen, ist das Fenster etwas zu schmal. Darum wurde die Breite von 250 auf 300 geändert. Starten Sie das Programm mit `python tc74c.pyw`, und stoppen es mit dem Kreuzchen.

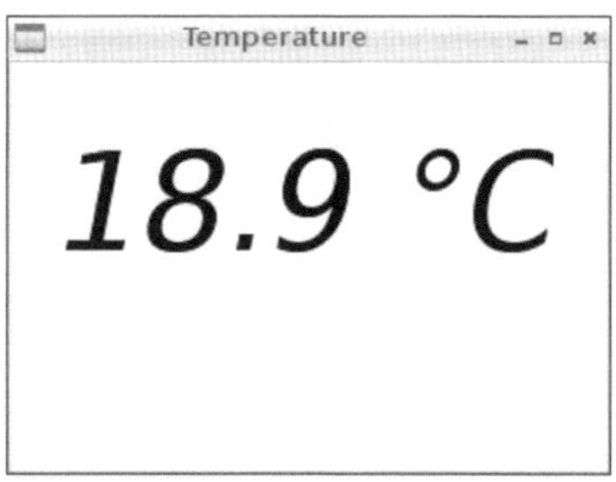

Abbildung 110. Temperatur mit Mittelung.

Bleibt uns noch die Schaltung aufzubauen. Die ist recht einfach, aber achten Sie darauf, dass der TC74 mit dem +5-V-Pin (Nummer 2 am Header) verbunden werden muss, da wir den 5-Volt-Typ verwenden.

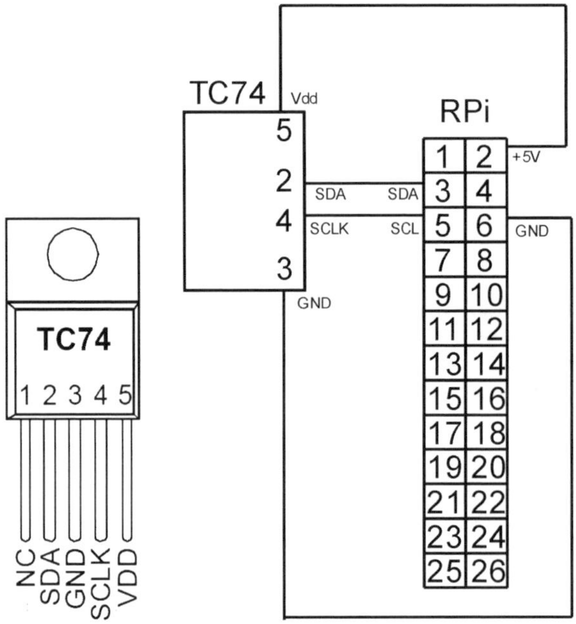

Abbildung 111. Anschluss des TC74, achten Sie auf den +5-V-Pin.

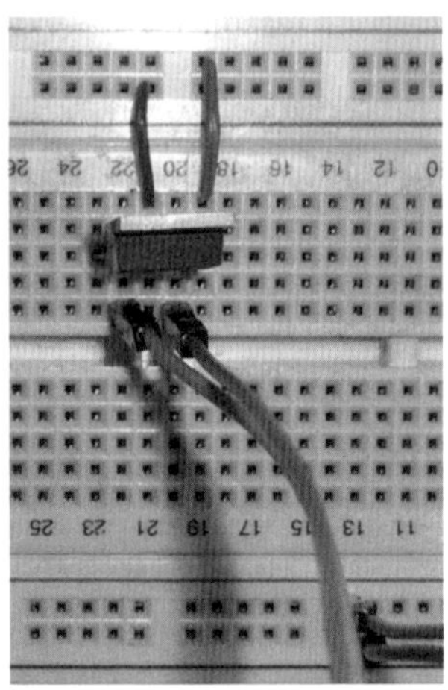

Abbildung 112. Aufbau auf dem Steckbrett.

10. Seriell

10.1 Einleitung RS232

RS232 wurde 1969 als Standard für die Kommunikation zwischen Computern und Peripheriegeräten, meist Fernschreiber (eine Kombination von Drucker und Tastatur, die verwendet wurden, bevor Bildschirme üblich waren) definiert. Angesichts des Alters dieses Standards ist es nicht verwunderlich, dass uns der Aufbau der Signale ein wenig ungewöhnlich vorkommt. Während Computer +5 Volt (oder +3,3 Volt) für eine Eins und 0 Volt für eine „0" verwenden, nutzt RS232 eine negative Spannung zwischen -3 und -12 V als eine Eins und eine positive Spannung zwischen +3 und +12 V als eine Null. Der Bereich zwischen -3 und +3 Volt hat keine Funktion, um durch lange Leitungen verursachte Störungen zu vermeiden.

Die Verbindung selbst besteht aus acht Signalleitungen und einer gemeinsamen Masse. Im RPi werden nur zwei Leitungen verwendet, nämlich TX für das Senden von Daten und RX für das Empfangen. Was ein Gerät sendet, muss durch das andere empfangen werden, also sind die Leitungen gekreuzt miteinander verbunden. Der Name COMMON bezeichnet die gemeinsame Masse, beim RPi lautet Bezeichnung also GND.

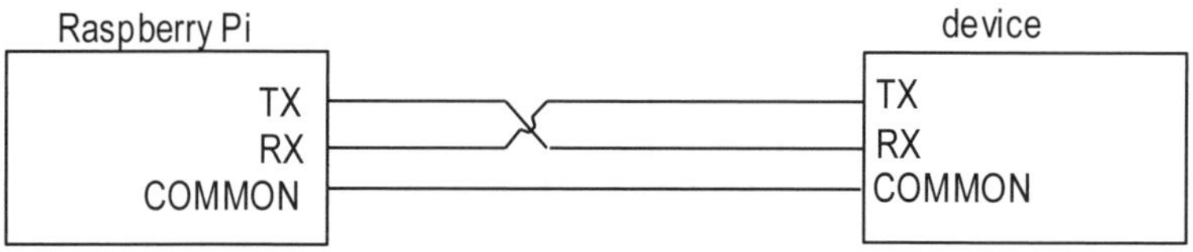

Abbildung 113. Basisaufbau einer seriellen Verbindung.

Ein wichtiger Parameter bei der Kommunikation ist die Baudrate. Diese ist ein Maß für die Geschwindigkeit, mit der Daten gesendet werden. Die Projekte in diesem Buch arbeiten mit einer Baudrate von 9600. Sie können das ein wenig mit der Taktgeschwindigkeit vergleichen. Dabei wird deutlich, dass es sich nicht gerade um ein schnelles Protokoll handelt.

In diesem Kapitel beginnen wir mit einer seriellen Schleifenverbindung. Danach werden wir eine serielle RS232-Verbindung auf TTL-Niveau mit dem Piccolino erstellen. Der Piccolino ist eine Rapid-Prototyping-Plattform mit einem PIC-Mikrocontroller, der in JAL programmiert wird.[91]

[91] JAL und alle anderen Entwicklungsprogramme für den Piccolino können Sie gratis von der Piccolino Seite bei Elektor herunterladen. Möchten Sie mehr über den Piccolino erfahren, können Sie sich das Buch „Supersnel PC Interfacen" zulegen. Mehr hierzu unter Fußnote 59, auf Seite 131.

10.1.1 Serielles Loopback

Wir werden in diesem Kapitel die serielle Verbindung mit einem Loopback ausprobieren. Das bedeutet, dass Ausgang und Eingang miteinander verbunden werden. So können Sie schnell kontrollieren, ob die Softwareeinstellungen und der Port korrekt funktionieren. Im Prinzip können wir am RPi die TXD- und RXD-Pins einfach miteinander verbinden. Alle ausgehenden Signale vom TXD-Pin haben immer die korrekte Spannung für den RXD-Pin.

Wie üblich machen wir uns aber Sorgen darüber, was passieren könnte, wenn ein Fehler geschieht. Bei einer direkten Verbindung ist es sehr gut möglich, dass beide Pins als Ausgang geschaltet werden, einer davon „hoch“ und einer „tief“. In dem Moment entsteht ein Kurzschluss mit desaströsen Folgen. Um das zu vermeiden, schalten wir einen 1k8-Widerstand zwischen die Pins. Auf die serielle Kommunikation hat das keinen Einfluss, aber es werden Schäden durch Programmierfehler verhindert. Der maximale Strom ist dann:

$$I = \frac{V}{R} = \frac{3{,}3}{1k8} = 1{,}8\ \text{mA}$$

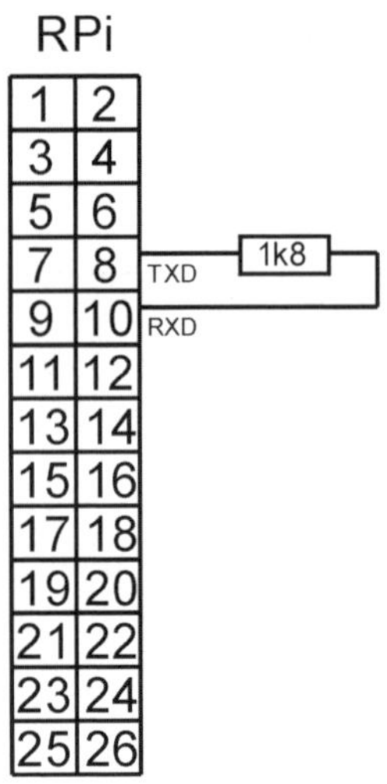

Abbildung 114. Serielle Schleife mit 1k8-Widerstand.

Das Kommunikationsprogramm *Minicom* wird mit folgendem Befehl gestartet:

```
minicom -b 9600 -o -w -D /dev/ttyAMA0
```

Die Befehlsparameter sind im Einzelnen:[92]

b 9600	Die Geschwindigkeit der Verbindung in Baud (dies ist die RS232-TTL-Standardgeschwindigkeit des Piccolino).
D /dev/ttyAMA0	Der Name der seriellen Schnittstelle am RPi (/dev/ttyAMA0).
o	Modem nicht initialisieren (es gibt nämlich keins, da wir eine direkte Verbindung haben.)
w	Zeilenumbruch anschalten, so dass lange Zeilen nicht rechts vom Bildschirm verschwinden.

Minicom wird vollständig über die Tastatur bedient. Mit Strg-A können Sie eine Informationsleiste unten auf dem Bildschirm aufrufen, die Informationen über die Verbindung und die Befehle gibt. Die am häufigsten verwendeten Befehle sind:

Ctrl-A	X	Beenden
	C	Bildschirm löschen
	Z	Hilfe

Ab jetzt wird alles, was Sie eingeben gesendet und über den Widerstand direkt wieder empfangen und auf dem Bildschirm angezeigt.

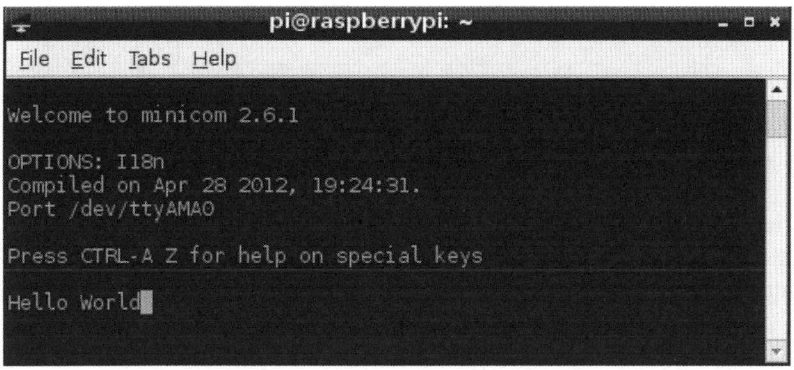

Abbildung 115. Minicom, serielles Kommunikationsprogramm.

[92] Sie können die Anleitung durch Eingabe von „man minicom" betrachten, wobei „man" die Abkürzung von *manual* ist (Anleitung).

10.2 Serielle Verbindung von RPi und Piccolino

RS232 ist ein serielles Protokoll, das Signale zwischen -12 und +12 Volt verwendet. Weder der Piccolino, noch der RPi können derartige Signale erzeugen. Anstelle dessen erzeugen sie ein Signal, das 0 Volt und $+V_{dd}$ verwendet. Da das Protokoll trotzdem RS232 ist, wird es RS232-TTL genannt.[93] Es wäre ein wenig unsinnig, sowohl am Piccolino wie auch am RPi ein Konverterchip zu verwenden, der die TTL-Signale in echte RS232 Signale wandelt. Wir können Sie aber auch nicht direkt miteinander verbinden.

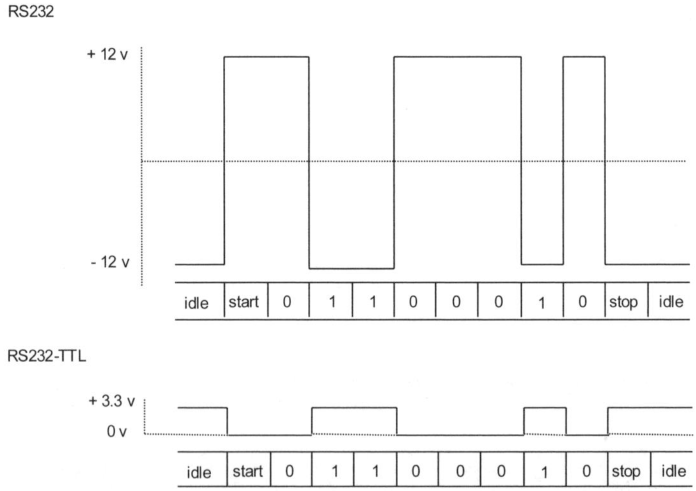

Abbildung 116. Senden des Buchstabens „b" in RS232 und RS232-TTL.

Der Piccolino arbeitet mit 5 Volt, der RPi mit 3,3 Volt, also müssen wir einen Spannungsteiler verwenden, der auf der Leitung, die vom Picc olino zum RPi geht aus den 5 V die 3,3 Volt macht. Für den Spannungsteiler verwenden wir Widerstände mit 1k8 und 3k3
(k steht für Kiloohm), die wir wie in Abbildung 117 anschließen.

[93] TTL ist die Abkürzung für „Transistor zu Transistor Logik".

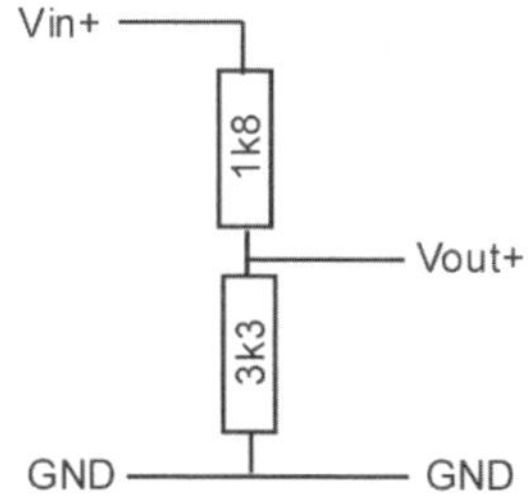

Abbildung 117. Spannungsteiler von 5 (V_{in+}) nach 3,3 Volt (V_{out+}).

Dabei wird V_{in}+ mit dem Piccolino und V_{out}+ mit dem RPi verbunden. Gnd wird natürlich sowohl mit dem Piccolino, wie auch mit dem RPi verbunden. Die Spannung V_{out} kann für V_{in} gleich 5 Volt wie folgt berechnet werden:

$$V_{out} = 5 \cdot \frac{3k3}{3k3 + 1k8} = 3{,}24\ \text{V}$$

Das ist nur etwas weniger als 3,3 Volt, also für den RPi perfekt. Der Stromverbrauch beträgt beim Piccolino:

$$I = \frac{5}{1k8 + 3k3} = 1\ \text{mA}$$

Das ist niedrig genug. Und der Stromverbrauch beim RPi ist:

$$I = \frac{3{,}3}{3k3} = 1\ \text{mA}$$

An der Verbindung, die in die andere Richtung geht, müssen wir nichts machen, da 3,3 V für den Piccolino auch „hoch" sind. Zur Sicherheit bauen wir in die Verbindung trotzdem einen Spannungsteiler ein. Auf das Signal vom RPi zum Piccolino hat das keinen Einfluss. Durch den Widerstand wird der Strom etwas niedriger, das hat aber auf die Funktion keinen Effekt. Der Spannungsteiler ist eine Sicherung für den RPi, denn nichts hält Sie davon ab, auf dem Piccolino ein Programm zu starten, dass den TTL_{in}-Pin „hoch" macht und dann liegen 5 Volt direkt am RPi an. Durch den Spannungsteiler wird die Spannung dann auf sichere 3,24 Volt gesenkt.

Ein weiterer möglicher Programmierfehler wäre es, den RPi-Pin als Ausgang „tief" zu machen und den Piccolino-Pin als Ausgang „hoch". Es entsteht ein Kurzschluss, aber glücklicherweise vermeidet der Widerstand des Spannungsteilers, dass der Strom zu groß werden kann. Der maximale Strom ist:

$$I = \frac{V}{R} = \frac{5}{1k8} = 2{,}8\ \text{mA}$$

Das verträgt der RPi und der Piccolino merkt davon nichts.

Die Hardware für beide Projekte in diesem Kapitel ist identisch und besteht aus dem RPi, dem Piccolino und den zwei Spannungsteilern mit Widerständen von 1k8 (Farbcode: braun-grau-rot) und 3k3 (Farbcode: orange-orange-rot).

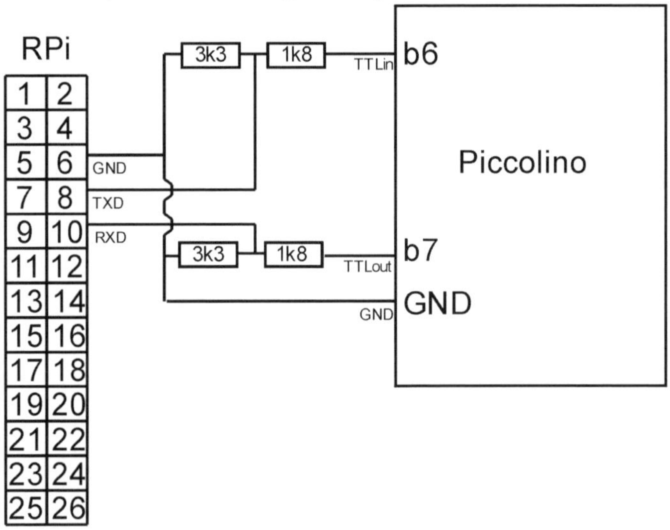

Abbildung 118. Anschluss des Piccolino am Header des RPi.

Abbildung 119. Aufbau mit einem Steckbrett.

10.2.1 Serielles Echo

In diesem Projekt lassen wir den Piccolino alles, was der RPi sendet, wieder zurücksenden. Das heißt *echoen*. Im Piccolino können wir keine normalen seriellen Befehle verwenden, denn die werden immer zum RS232-Stecker gesendet und von dort zu Ihrem PC. Wir werden aber die TTL-Verbindung benutzen und dafür stehen uns folgende Befehle zur Verfügung:

Befehl	Beschreibung
serial_sw_read(data)	Empfange Daten und speichere Sie in der Variablen „data“.
serial_sw_write (data)	Sende den Inhalt der Variablen „data“.
serial_sw_byte(data)	Sende ein Byte namens „data“ als – maximal – drei Ziffern anstelle einer einzelnen Zahl
serial_sw_printf(array)	Sende ein komplettes Array – das zuvor als Konstante deklariert sein muss – mit einem Befehl. Beispielsweise const byte mystr[] = „Bert van Dam“ gefolgt von serial_sw_printf(mystr)

Tabelle 23. Serielle Befehle des Piccolino.

Da wir die normalen RS232-Fähigkeiten des Piccolino nicht verwenden, haben wir auch keinen Eingangspuffer. Das bedeutet, dass, wenn etwas über die RS232-TTL Verbindung hinein kommt und der Piccolino nicht explizit auf Daten wartet, diese verloren gehen! Rechnen Sie damit, wenn Sie Piccolino-Programme erstellen, die die RS232-TTL Verbindung benutzen. Es gibt zwei Lösungen:

1. Der Piccolino wartet „ständig".
2. Der RPi wartet, bis der Piccolino nach Daten fragt und somit sicher bereit ist etwas zu empfangen.

Da wir alles, was der RPi sendet, *echoen* möchten, müssen wir also „ständig warten", bis etwas hereinkommt und es sofort zurücksenden. Wir laden folgendes Programm in den Piccolino:

```
-- JAL 2.4o
include 16f887_bert_piccolino

var byte data
forever loop
   serial_sw_read(data)
   serial_sw_write(data)
end loop
```

Achtung: Falls Sie für dieses Projekt nicht den Piccolino, sondern einen einzelnen PIC-Mikrocontroller mit geladener _bert-Bibliothek verwenden, müssen Sie an dieser Bibliothek folgende Änderungen durchführen.

- Der serielle Port des RPi ist „Idle high", das bedeutet, dass die serielle Software invertiert werden muss (const serial_sw_invert = true in der _bert-Bibliothek). Machen Sie das nicht, verstehen der RPi und der PIC einander nicht und Sie erhalten direkt einen endlosen Zeichenstrom, mit dem der RPi vollkommen beschäftigt wird und keine anderen Dinge mehr ausführen kann.

- Sorgen Sie dafür, dass die serielle Kommunikationsgeschwindigkeit auf 9600 Baud steht (setting: const serial_sw_baudrate = 9600 in der _bert-Bibliothek).

Verwenden Sie den Piccolino, müssen Sie nichts ändern, alle Einstellungen sind schon korrekt.

Nachdem das Programm in den Piccolino geladen wurde, starten wir das Kommunikationsprogramm *Minicom* auf dem RPi mit folgendem Befehl:

minicom -b 9600 -o -w -D /dev/ttyAMA0

Sobald Minicom gestartet wurde, erhalten Sie das ein oder andere fremde Zeichen. Das ist normal. Von nun an wird alles, was Sie eingeben, zum Piccolino gesendet und von dort wieder zurück zum RPi, wo es auf dem Bildschirm angezeigt wird.

10.2.2 Serielle analoge Messung (ADC)

Wir verwenden die analogen Eingänge des Piccolino und messen den Stand des Potentiometers, das auf dem Piccolino ist. Wir zeigen die Messwerte in einer Grafik an.

Das Piccolino-Programm wartet auf ein Zeichen vom RPi, führt die ADC-Messung aus und sendet das Ergebnis zurück.

```
-- JAL 2.4o
include 16f887_bert_piccolino

-- define variable
var byte data

forever loop
  -- wait for request from RPi
  serial_sw_read(data)

  -- measure ADC on pAN and send to RPi
  data=adc_read_low_res(pAN)
  serial_sw_write(data)
end loop
```

Die ADC-Messung mit adc_read_low_res liefert ein Byte, also einen Wert von Null bis 255. Wir senden dieses Byte direkt an den RPi. Nach dem RS232-Protokoll senden wir eigentlich keine Zahl, sondern ein ASCII-Zeichen. Wenn die ADC-Messung z. B. 97 liefert und wir das als einziges Byte senden, ist das eigentlich das Zeichen a (mit dem ASCII Wert 97).

Wir halten uns also nicht an die Regeln, da dies etwas schneller geht, als einzelne Ziffern zu senden. Und da wir das Programm im RPi auch selbst schreiben, können wir das empfangene Zeichen mit dem Python-Befehl *ord.()* auch wieder in eine normale Zahl umwandeln.

Die Kommunikation verläuft also so: (wir gehen im Beispiel davon aus, dass das Ergebnis der ADC-Messung 97 ist):

Piccolino	RS232	RPi
Mache eine ADC-Messung mit dem Ergebnis 97 und sende dies als Byte.	Versende das Zeichen a (mit ASCII Wert 97).	Empfange a. Da wir ein Byte empfangen müssen, machen wir also mit ord(a) wieder 97 daraus.

Es gibt ein spezielles Python-Modul für die serielle Kommunikation namens *pyserial*. Mit diesem Modul stehen Ihnen folgende Befehle zur Verfügung:

Befehl	Beschreibung
open(x, 9600)	Öffne Port x mit Geschwindigkeit 9600.[94] Auf dem PC ist x z. B. 'COM5', auf dem RPi ist x immer '/dev/ttyAMA0'. Optional können Sie ein Timeout verwenden.
close()	Schließe den geöffneten Port.
write(x)	Sende x, wobei x ein Byte sein kann (eine Zahl von 0 bis 255) oder ein String (z. B. „Hallo“)
x=read()	Lese 1 Byte.
x=read(5)	Lese 5 Bytes (außer, es kommt ein Timeout)
a = ser.readline()	Liest eine ganze Zeile, die mit '/n' abgeschlossen sein muss. Seien Sie vorsichtig mit diesem Befehl, denn wenn der Abschluss nicht kommt, bleibt das Programm hier hängen, außer Sie verwenden einen Timeout.

Tabelle 24. Serielle Befehle.

Wir öffnen den Port mit einem Timeout von drei Sekunden. Angenommen, der Piccolino ist nicht eingeschaltet, dann sendet er auch kein Zeichen. Das Programm würde nun „ewig“ auf eine Antwort vom Piccolino warten und Sie könnten es nicht mit „q“ stoppen. Der Timeout sorgt dafür, dass das Programm nach drei Sekunden einfach weiterläuft.

```
import serial
import time

ser=serial.Serial('/dev/ttyAMA0',9600,timeout=3)

while True:
    a=raw_input()
    ser.write('x')
    print 'got:', ord(ser.read(1))
    if a=='q':
        print 'Done'
        ser.close()
        break
```

[94] Wenn Sie nichts angeben, sind die übrigen Parameter: Parity: none, Bits: 8, Stopbits: 1, Flowcontrol: none. Diese Einstellungen sind für die Verwendung mit dem RPi und dem Piccolino korrekt. Möchten Sie eine Verbindung mit einem anderen Gerät herstellen, muss dieses auch diese Einstellungen verwenden, oder Sie müssen die Einstellungen anpassen.

Starten Sie das Programm mit `python serialadc.py` und drücken Sie Enter. Das Programm sendet nun das Zeichen „x“. Es ist unwichtig, welches Zeichen das ist, so lange etwas gesendet wird, denn das ist das Signal für den Piccolino, dass etwas geschehen soll. Der Piccolino antwortet mit einer Zahl, die den Stand des Potentiometers wiedergibt (0: Potentiometer ganz links, 255: Potentiometer ganz rechts). Wenn Sie stoppen möchten, drücken Sie „q“.[95]

Nun wissen wir, dass die Kommunikation läuft und können daher mit unserem grafischen Programm beginnen, dass die Messungen in einer schönen Grafik anzeigt.[96] Wir verwenden das grafische Template und besprechen nur die Ergänzungen.

```
#Hier eigene Objekte einsetzen
```

Wir benutzen als Hintergrund kariertes Papier, da es gut aussieht. Das funktioniert aber nur, wenn das Fenster ein festes Format hat, sonst ist das Papier evtl. zu klein, oder noch schlimmer, es ist zu groß und überdeckt die Buttons. Daher fixieren wir das Format mit *SetSizeHints*.

```
# Feste Fenstergröße
self.SetSizeHints(500,320,500,320)
```

Da wir eine Grafik machen möchten, ist es klar, dass wir Variablen benötigen. Die zwei Listen *graphx* und *graphy* überraschen Sie vielleicht. Die Grafik, die wir zeichnen, ist nicht bleibend. Das bedeutet, wenn der Anwender das Fenster minimiert und danach wieder maximiert, ist die Grafik verschwunden. Wie sind also gezwungen, nach einer solchen Aktion die Grafik neu zu zeichnen und das geht nur, wenn wir uns merken, bei welcher Messung wir waren.

```
global x,y,index,graphx,graphy
x=0
y=0
index=0
graphx=[]
graphy=[]
```

Dies ist die serielle Verbindung, wiederum mit einem Timeout von drei Sekunden.

[95] Der Piccolino hat am TTL-Anschluss keine Puffer, der RPi schon. Wenn Sie mit dem Piccolino experimentiert haben, kann es sein, dass noch ein Zeichen aus Ihrem vorigen Experiment im Puffer des RPi steht. Es sieht dann aus, als ob die Daten zu spät ankommen. Sie drehen am Potentiometer, drücken auf Enter und erhalten dann erst noch einen alten Wert. Sie können in dem Fall den Puffer leeren, indem Sie Minicom starten und wieder beenden. Das gilt natürlich auch für die Version mit der Grafik.

[96] Es ist immer praktisch, eine neue Technik mit einem einfachst möglichen Programm auszuprobieren. Sie können eventuelle Fehler so einfach finden und lösen, bevor Sie komplexere Anpassungen machen.

```
# serielle Verbindung öffnen
self.ser=serial.Serial('/dev/ttyAMA0',9600,timeout=3)
```

Die zwei Buttons für das Starten einer neuen Messung und das Beenden des Programms.

```
# Button für neue Messung
btn = wx.Button(self, label='Next', pos=(200, 270))
btn.Bind(wx.EVT_BUTTON, self.OnClick)

# Button zum Beenden
btn0 = wx.Button(self, label='Close', pos=(300, 270))
btn0.Bind(wx.EVT_BUTTON, self.OnClose)
```

Wir erstellen nun ein Hintergrundobjekt, in das wir direkt die Abbildung von unserem karierten Papier ablegen werden. *Python* merkt selbst, wenn ein Fenster neu gezeichnet werden muss, beispielsweise, wenn es minimiert war oder ein anderes Fenster davor lag. Das erfolgt mit dem paint-Event (EVT_PAINT). Wir benötigen diesen Event auch, um unsere Grafik, wenn nötig, neu zeichnen zu lassen, also koppeln wir die Funktion „OnPaint" an diesen Event.

```
# Hintergrund vorbereiten
self.dc = wx.ClientDC(self)

# an das paint Event binden
self.Bind(wx.EVT_PAINT, self.OnPaint)

# etwas Text
self.txt = wx.StaticText(self, label=' ', pos=(20, 280))
```

Wir schaffen auf dem Hintergrund den Platz für eine Abbildung namens a und fixieren Sie in der linken oberen Ecke (0,0) des Hintergrunds. Diese Funktion wird beim Start des Programms aufgerufen (durch die OnPaint-Funktion) und wenn das Fenster voll ist und geleert wird (durch die OnClick-Funktion).

```
#hier eigene Funktionen einfügen

def BackGnd(self,a):
    # lade das karierte Papier
    bmp = wx.Bitmap(a)
    self.dc.DrawBitmap(bmp, 0, 0)
```

Die folgende Funktion ist mit dem „Next"-Button verbunden. Sobald der Anwender darauf klickt, werden die alten Werte von x und y in *oldx* und *oldy* gespeichert. Danach wird eine neue Messung vom Piccolino angefordert und in y gespeichert. Da bei einer normalen Grafik die Null unten ist, bei einem Fenster aber oben, drehen wir die y-Werte sofort um, indem wir nicht y, sondern 255-y speichern. Das x wird um fünf erhöht, so dass wir etwas nach rechts gehen und die Linie zwischen dem letzten Punkt und diesem neuen Punkt wird in der Grafik gezeichnet. Danach werden die Werte von x und y in den Listen gespeichert und der Wert der ADC-Messung als Zahl und Prozentwert angezeigt.

Bei einer x-Schrittweite von 5 ist nach 100 Messungen das Fenster voll (es ist 500 Punkte breit). Dann werden x und der index zurückgesetzt, die Listen *graphx* und *graphy* gelöscht und der Hintergrund mit dem karierten Papier neu gezeichnet, wobei die Grafik selbst auch gelöscht wird.

```
def OnClick(self,e):
    global x,y,index,graphx,graphy
    # voriger Punkt
    oldx=x
    oldy=y
    # hole neue Messung ab
    self.ser.write('a')
    y = 255-ord(self.ser.read(1))
    # erhöhe den Zähler und zeichne Linie
    x += 5
    self.dc.DrawLine(oldx,oldy,x,y)
    index+=1
    graphx.append(x)
    graphy.append(y)
    pery = int((255-y)*100/255.0)
    self.txt.SetLabel('ADC is '+str(255-y)+' units, or
                    '+str(pery)+' %')

    # neustarten, wenn das Fenster voll ist
    if index>100:
        # x resetten, Hintergrund löschen und neu zeichnen
        x=0
        index=0
        graphx=[]
        graphy=[]
        self.BackGnd("graph.png")
```

Beim Beenden des Programms schließen wir auch die serielle Schnittstelle sauber.

```
def OnClose(self, e):
       # Funktion zum Stop Button
       self.ser.close()
       self.Close(True)
```

OnPaint wird automatisch von *Python* aufgerufen, wenn der Rest des Fensters erneuert wird, z. B. wenn ein anderes Fenster davor lag. In dem Fall müssen wir unsere Grafik auch neu zeichnen, denn das geht nicht von selbst. Wir laden den Hintergrund wieder, zeigen das karierte Papier an und zeichnen die komplette Grafik, wie sie in den Listen *graphx* und *graphy* gespeichert ist. Beim Start des Programms wird diese Funktion auch aufgerufen (das ganze Fenster wird neu gezeichnet). Die Listen sind noch leer, aber der Hintergrund wird geladen.

```
def OnPaint(self, event):
    # erneuere Alles
    dc = wx.PaintDC(self)
```

```
# lese Hintergrund aus der Datei
self.BackGnd("graph.png")
# verwende die Daten aus den lists
global counter,index,graph
for t in range(1,index):
    self.dc.DrawLine(graphx[t-1],graphy[t-1],graphx[t],
                    graphy[t])
```

Sie sehen, dass die Arbeit mit Grafiken (und anderen Zeichnungen auf dem Bildschirm) komplizierter ist als ein normales Programm, aber nach dieser Erklärung können Sie das Programm einfach an die eigenen Wünsche anpassen.

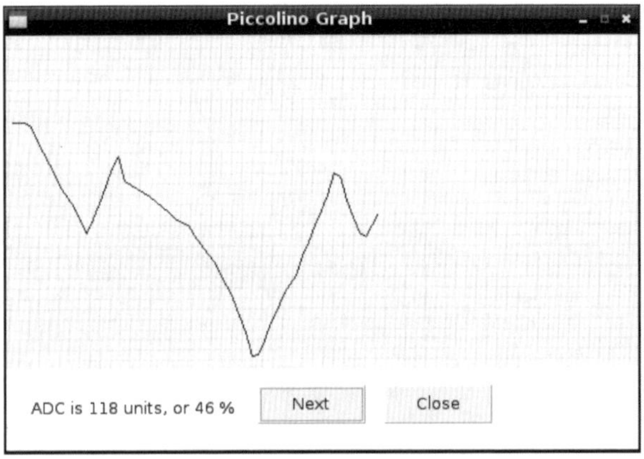

Abbildung 120. Grafische Wiedergabe der empfangenen Messungen.

Starten Sie das Programm mit `python serialadc.pyw`. Klicken Sie auf den Next-Button, um eine neue Messung zu starten. Wenn das Fenster voll ist, wird es gelöscht und die Grafik startet erneut. Klicken Sie auf den Close-Button, um das Programm zu beenden.

11. Webserver

11.1 Einleitung

In diesem Kapitel erstellen wir einen Intranet-Webserver auf dem RPi, so dass Sie von anderen Computern HTML-Seiten auf dem RPi aufrufen, Programme laufen lassen oder Elektronik ansteuern können. Der Webserver ist grundsätzlich für den Betrieb im eigenen Netzwerk gedacht. Es ist aber auch möglich, den Server über das Internet zu erreichen, das bedeutet, dass jeder auf der Welt Zugriff auf Ihren RPi hat. Die Absicherung unseres Servers ist nur minimal, also kann jeder mit ein wenig Hackerkenntnis in Ihren RPi einbrechen.

Um die Projekte in diesem Kapitel nachvollziehen zu können, benötigen Sie mindestens einen RPi und einen PC, die beide mit einem Internet-Router verbunden sind. Außerdem müssen Sie die IP-Adresse des RPi kennen. Wie das geht, ist in Kapitel 3.1.4 beschrieben.

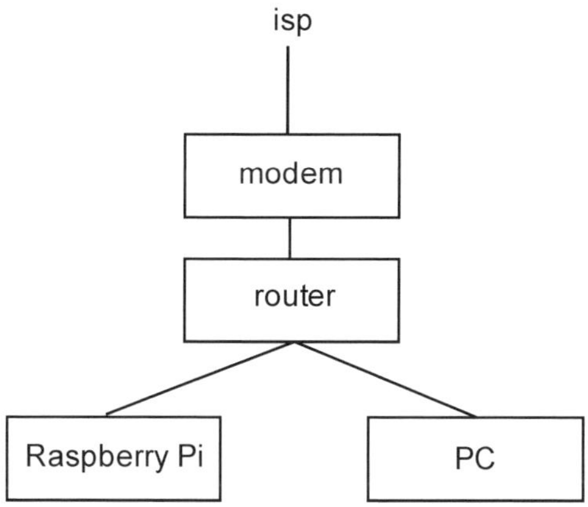

Abbildung 121. Benötigter Aufbau für dieses Kapitel.

11.2 HTML-Server

Das erste Projekt ist ein HTML-Server, der HTML-Seiten anzeigen kann. Wir erstellen eine einfache HTML-Seite, die aus nichts anderem besteht, als einem Kopf mit Titel und einem Body mit dem Text „Hello Folks!“ und nennen sie *index.html*. Der Name ist wichtig: Wenn Sie beim Aufrufen des Servers keinen Seitennamen angeben, sucht der Server nach einer Datei mit Namen *index.html*. So erhalten Besucher immer eine Webseite zu sehen, auch wenn sie keinen Seitennamen kennen. Wenn Sie beispielsweise

Google besuchen, kennen Sie auch keinen einzigen Seitennamen und trotzdem funktioniert es.

```
<HTML>
<HEAD>
  <TITLE>Mini Python Server Test Page</TITLE>
</HEAD>
<BODY>

Hello Folks!

</BODY>
</HTML>
```

Wir speichern die Datei in einem speziellen Verzeichnis, in diesem Fall mit dem passenden Namen „Server." Sie können dieses mit dem Befehl „`mkdir server`" anlegen. So liegen alle Serverdateien schön beieinander. Geben Sie nun den folgenden Befehl ein, aber Achtung: Sie müssen dies im Serververzeichnis tun!

```
python -m CGIHTTPServer 8080
```

Mit diesem Befehl starten wir den Server auf dem Port 8080. Der normale Port für einen Server ist übrigens 80, aber dafür ist auf dem RPi ein „Root Account" notwendig. Um das zu vermeiden, wird eine Alternative verwendet, oft Port 8000 oder 8080. Wir verwenden 8080 und Sie sehen, dass der Server nun aktiv ist und auf dem Port „lauscht":

```
pi@raspberrypi ~/experiments/server $ python -m CGIHTTPServer 8080
Serving HTTP on 0.0.0.0 port 8080 ...
```

Starten Sie nun den Internetbrowser auf Ihrem PC (z. B. Internet-Explorer oder Chrome) und gehen Sie mit der folgenden Adresse zu Ihrem Webserver (anstelle von 192.168.178.9 müssen Sie natürlich die Adresse des eigenen RPi angeben):

```
http://192.168.178.9:8080/
```

Das Ergebnis dieser Adresse ist die HTML-Seite, die wir gerade erstellt haben.[97] Der Titel steht oben im Tab und der Text auf der Seite.

[97] Die Bildschirmfotos wurden mit Google-Chrome im privaten Modus gemacht.

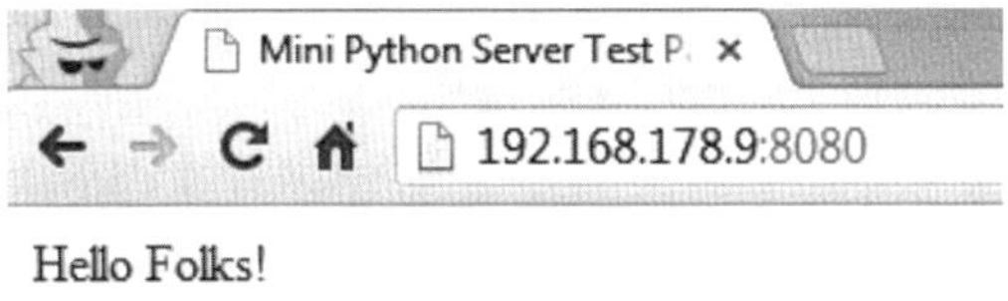

Abbildung 122. HTML-Seite des Webservers.

Das sieht schon gut aus, aber wenn Sie auf den RPi schauen, sehen Sie, dass der Server eine Fehlermeldung ausgegeben hat:

```
pi@raspberrypi ~/experiments/server $ python -m CGIHTTPServer 8080
Serving HTTP on 0.0.0.0 port 8080 ...
192.168.178.10 - - [26/Jan/2013 22:28:54] "GET / HTTP/1.1" 200 -
192.168.178.10 - - [26/Jan/2013 22:28:54] code 404, message File not found
192.168.178.10 - - [26/Jan/2013 22:28:54] "GET /favicon.ico HTTP/1.1" 404 -
```

Die erste Zeile gibt an, dass jemand von der IP-Adresse 192.168.178.10 (mein PC) eine Seite abgefragt und erhalten hat. Aber danach wurde etwas abgefragt, was nicht da ist und daher kommt die Fehlermeldung 404. Die letzte Zeile zeigt, um welche Datei es sich handelt: *favicon.ico*. Das überrascht Sie vielleicht, da dieser Name nirgends in der HTML-Datei vorkommt.

Es geht hier um das Icon, das links vom Seitennamen im Browser erscheint. In der Abbildung 122 ist das ein Blatt mit Eselsohr. Das ist das Icon, das Chrome anzeigt, wenn keines über das Internet mit gesendet wird. Es ist also der Browser, der ohne weiteres Zutun nach diesem Icon gefragt hat.

Sie können diese Meldung einfach ignorieren und alles wird funktionieren, aber es ist schöner, ein Icon auf den Server zu legen. Wenn Sie zufällig ein Programm haben, dass solche Icons erstellen kann, können sie dies natürlich verwenden. Eine gute Alternative ist diese Webseite, auf der Sie kostenlos Icons erstellen können:

```
http://www.favicon.cc/?
```

Sie können ein Icon aus einer Datei erzeugen, oder selbst etwas entwerfen. Ich habe mich für einen orangen Stern mit meinem Namen darüber entschieden.

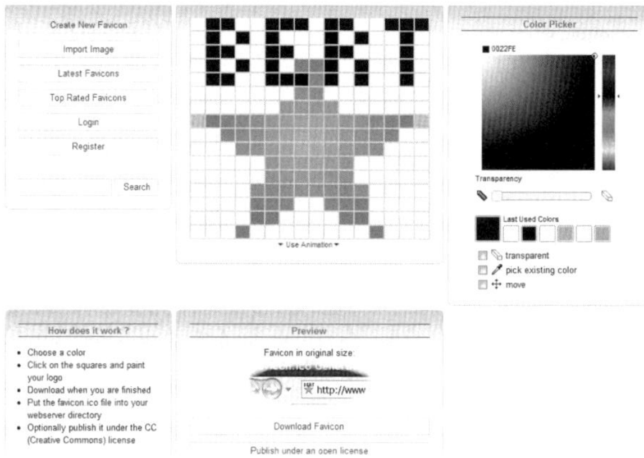

Abbildung 123. Ein mit Favicon selbst erstelltes Icon.

Die Datei können wir danach herunterladen und im Serververzeichnis speichern, dort wo auch die HTML-Datei liegt. Weiter müssen wir nichts machen, denn bei jeder abgefragten HTML-Seite wird automatisch auch dieses Icon gesendet. Wenn Sie die Seite in Ihrem Webbrowser wieder aufrufen, sehen Sie oben links neben dem Namen das erstellte Icon.

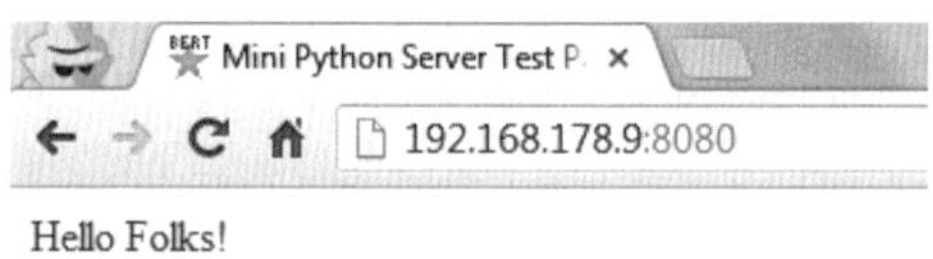

Abbildung 124. HTML-Seite mit Favicon auf dem Webserver.

Sie können diesem Verzeichnis nun andere HTML-Dateien hinzufügen oder Bilder in Ihren Seiten anzeigen. Tatsächlich können Sie alles machen, was auch auf einem normalen Internetserver möglich ist.[98]

11.3 CGI

CGI ist die Abkürzung von „Common Gateway Interface“, einer Technik, die es möglich macht, dass eine Seite auf einem Server ein Programm starten kann. Das Programm kann

[98] Wir machen dieses Experiment nun auf dem RPi, aber Sie können exakt dasselbe natürlich auch auf einem normalen PC machen, wenn *Python* darauf installiert ist. Wenn Sie auf Ihrem PC den Server starten, erhalten Sie unmittelbar eine Meldung der Firewall. Bei Windows 7 wählen Sie dann „Privates Netzwerk“. Wenn Sie auf Ihrem Windows-PC einen Python-Server laufen haben und damit vom selben PC experimentieren möchten, verwenden Sie als IP-Adresse die 127.0.0.1. Die Anfragen für diesen Server gehen dann nicht zum Router, sondern direkt zum eigenen Server. Das kommt daher, weil 127.0.0.1 die Standardadresse des lokalen Gerätes ist.

selbst wieder eine Seite erzeugen und zum Browser senden. Das Ergebnis ist eine dynamische Seite. Wenn Sie bei Google beispielsweise eine Suche ausführen, wird auf dem Google-Server ein Programm gestartet, das eine Seite mit den Suchergebnissen erzeugt. Da diese Seite speziell für Sie ist und der Inhalt von Ihrer Suche bestimmt wird, ist es eine dynamische Seite.

11.3.1 Hello User

Wir erzeugen im Serververzeichnis ein neues Verzeichnis mit Namen „cgi-bin". Achtung: Sie können sich den Namen nicht aussuchen, das Verzeichnis muss diesen Namen haben und es muss im Serververzeichnis liegen! Der Grund dafür ist, dass Dateien in diesem Verzeichnis, und nur in diesem, als Programme angesehen werden. Der Server wird also probieren, Dateien, die hier stehen, auszuführen. Dateien, die in anderen Verzeichnissen stehen, werden nicht als Programme angesehen und werden einfach angezeigt und nicht ausgeführt.
Die Struktur auf dem RPi muss also so sein:

server	das Verzeichnis mit HTML-Dateien
server\cgi-bin	das Verzeichnis mit Python-Programmen

In das cgi-bin-Verzeichnis legen Sie folgende Datei mit Namen „hello.py".

```
#!/usr/bin/env python
print "Content-Type: text/html"
print """
<HEAD>
<TITLE>Mini Python Server CGI Test Page</TITLE>
</HEAD>
<html>
<body>
<h2>Hello World!</h2>
</body>
</html>
"""
```

Sie sehen, dass dies ein Python-Programm ist. Die erste Zeile überrascht Sie vielleicht. Wenn wir von Hand ein Python-Programm wie dieses starten, geben wir „`python hello.py`" ein, so dass es für den RPi klar ist, dass „hello.py" für *Python* bestimmt ist.

Im Gegensatz zu einem Windows-PC bedeuten Endungen, wie „.py" für den RPi nichts. Wenn das Programm durch CGI gestartet wird, muss CGI also wissen, für welche Programmiersprache das Programm gedacht ist. In der ersten Zeile steht, dass es für die Programmiersprache *Python* gedacht ist und dass der Ort, an dem *Python* gefunden werden kann „/usr/bin/env" ist. Achten Sie immer darauf, dass diese Zeile in jedes Python-Programm einzufügen ist, dass Sie über CGI starten möchten.

Sie können das Programm einfach laufen lassen und schauen, was passiert (gehen Sie ins cgi-bin-Verzeichnis und geben Sie `python hello.py` ein):

```
pi@raspberrypi ~/experiments/server/cgi-bin $ python hello.py

Content-Type: text/html

<HEAD>
<TITLE>Mini Python Server CGI Test Page</TITLE>
</HEAD>
<html>
<body>
<h2>Hello World!</h2>
</body>
</html>
```

Sie sehen, dass das Programm einen Text ausgibt und dass der Text eine HTML-Seite ist. Alles, was ein durch CGI gestartetes Programm ausgibt, landet nicht auf dem Bildschirm des RPi, sondern direkt in dem Browser, von dem aus das Programm gestartet wurde.

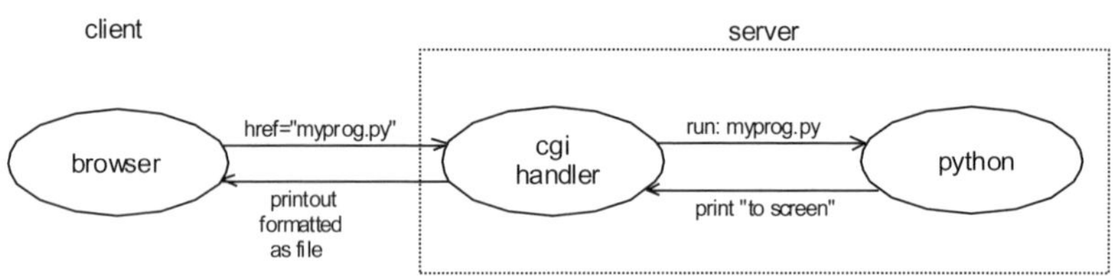

Abbildung 125. Funktion einer (Python) CGI-Anfrage an den Webserver.

Bevor wir das in der Praxis ausprobieren können, müssen wir noch etwas erledigen. Jede Datei, die durch CGI gestartet werden soll, muss dazu die Rechte besitzen. Es geht dabei um die Ausführechte für den Eigentümer.[99] Im cgi-bin-Verzeichnis geben Sie dafür folgenden Befehl ein:

```
chmod u+x hello.py
```

Gehen Sie zurück ins Serververzeichnis und starten Sie den Server mit:

```
python -m CGIHTTPServer 8080
```

[99] Wenn Sie nicht wissen, was Ausführrechte und Eigentümer bedeuten, lesen Sie erst Kapitel 4.1 durch. Geben Sie übrigens keine Ausführrechte an den Eigentümer, erhalten Sie auf dem RPi die Fehlermeldung „OSError: [Errno 13] Permission denied". Im Browser sehen Sie in dem Fall gar nichts.

Danach gehen Sie im Webbrowser auf Ihrem PC nach:

```
http://192.168.178.9:8080/cgi-bin/hello.py
```

Das hello.py-Programm wird nun gestartet und alles, was das Programm ausgibt, wird zum Browser gesendet:

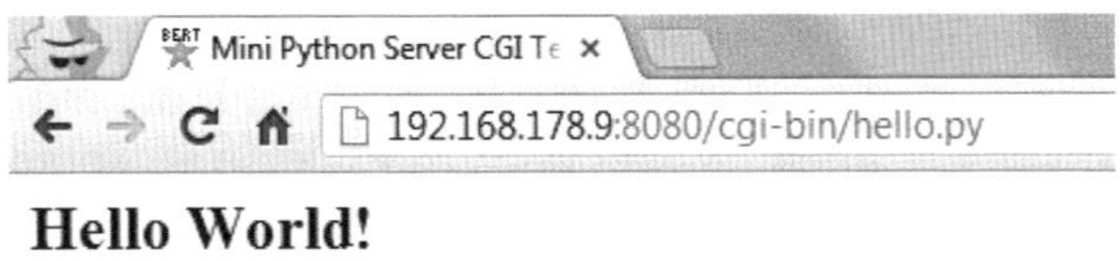

Abbildung 126. Python-Programm über CGI auf dem Webserver.

Wenn Sie das hello.py-Programm auf Ihrem PC erstellt und mit *WinSCP* auf den RPi übertragen haben, kann es sein, dass Sie statt einer Seite eine Fehlermeldung auf dem RPi erhalten.

```
192.168.178.10 - - [15/Dec/2012 09:04:27] "GET /cgi-bin/hello.py HTTP/1.1" 200 -
: No such file or directory
192.168.178.10 - - [15/Dec/2012 09:04:32] CGI script exit status 0x7f00
```

Diese Meldung bedeutet, dass eine Datei oder ein Verzeichnis nicht existiert, dabei geht es hier anscheinend um die Datei „hello.py". Wenn Sie diese Datei angelegt haben und sie auch am richtigen Ort liegt, muss es hier um eine andere Datei gehen. Von Bedeutung ist dabei die erste Zeile von *hello.py*:

```
#!/usr/bin/env python
```

Dort steht, wo der CGI-Handler *Python* finden kann. Das Problem ist aber, dass Windows und Linux eine andere Art haben mit Textdateien umzugehen. Wenn Sie in Windows eine Zeile eingeben und auf Enter drücken, schreibt Windows (unsichtbar) zwei Zeichen dahinter. Einmal LF (Line Feed), um den Cursor in die nächste Zeile zu setzen gefolgt von CR (Carriage Return), um den Cursor an den Anfang dieser Zeile zu setzen. Diese Konvention wurde für DOS vereinbart, auf dem Windows basiert.

Linux jedoch verwendet nur ein unsichtbares Zeichen, nämlich LF. Das ist die Konvention für Unix, auf dem Linux basiert. Das zusätzliche Zeichen, das Windows dahinter setzt, wird üblicherweise von Linux ignoriert, also merken Sie nichts davon, wenn Sie Programme unter Windows erstellen und mit einem FTP-Programm wie „WinSCP" auf einen Linux-Rechner übertragen und dort verwenden. Aber leider achtet Linux schon auf diese Zeichen, wenn es um Dateinamen geht. Für Linux steht dort also nicht

```
#!/usr/bin/env python
```

sondern

```
#!/usr/bin/env pythonCR
```

Und das Programm (pythonCR) existiert nicht. Die Lösung hierfür ist, das Programm von DOS-Format in das Unix-Format zu konvertieren, **bevor** Sie es mit *WinSCP* auf den Linux-Rechner kopieren. Die einfachste Methode ist es, die Datei mit *WinSCP* anzulegen und den Inhalt der Datei von Ihrem Windows-PC dorthinein zu kopieren. Wenn Sie nun die Datei speichern, stimmen die Zeilenenden automatisch.

Wenn Sie gerade mit *WinSCP* beschäftigt sind, können Sie auch die Rechte korrekt setzen. Klicken Sie mit der rechten Maustaste auf die Datei (wenn sie schon auf dem RPi liegt), wählen Sie „Eigenschaften“ und setzen Sie ein Häkchen bei dem X hinter Eigentümer.

Eine Alternative ist das Programm Notepad2 (Teil des kostenlosen Downloads). Öffnen Sie *hello.py* in Notepad2. Wählen Sie *File – Line Endings – Unix*, und speichern Sie die Datei wieder ab. Sie können die Datei nun auf den RPi kopieren.

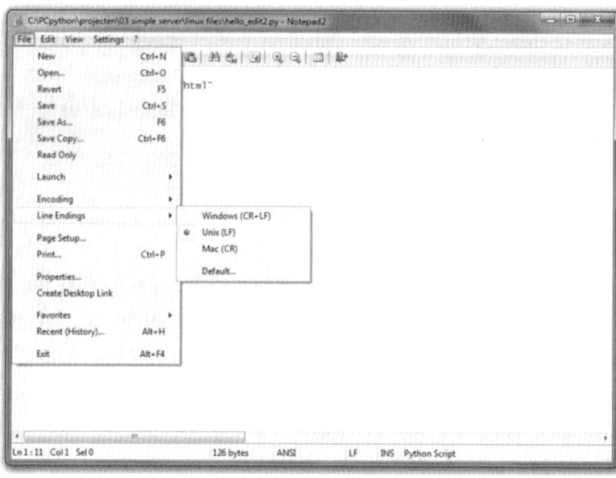

Abbildung 127. Konvertierung von Zeilenenden mit Notepad2.

11.3.2 Besucher mit einer Datei zählen

Das Programm aus dem vorigen Projekt hat nur die Aufgabe, einen Text auszugeben. Wir hätten mit einer HTML-Seite natürlich auch dasselbe erreichen können. In diesem Projekt lassen wir das Python-Programm einen Zähler speichern. Sobald das Programm stoppt, geht der Zählerstand verloren, also bleibt der Zähler immer auf 1 stehen, außer wir speichern den Zählerstand jedes Mal in einer Datei.

Als Datei wählen wir *counter.dat* im Verzeichnis *cgi-bin*. Im Python-Programm geben wir dies als „cgi-bin/counter.dat“ an.[100]

Eigentlich ist das einfach, aber die Datei muss schon existieren, sonst gibt *Python* eine Fehlermeldung aus und stoppt das Programm. Als Anwender können wir das nicht sehen, wir bemerken nur, dass die Seite nicht geladen wird. Wir müssen also dafür sorgen, dass das Programm keine Fehlermeldung erzeugt, wenn die Datei nicht existiert, sondern die Datei dann selbst erzeugt.
Wir verwenden dafür die try/except-Konstruktion. Bei *try* probieren wir die Datei zum Lesen („r“) zu öffnen, klappt das, lesen wir den Zählerstand und schließen die Datei wieder. Beachten Sie, dass aus einer Datei gelesene Daten immer ein String sind. Da wir damit rechnen möchten, wandeln wir den String mit dem Befehl *int()* in eine Zahl um. Klappt das Öffnen der Datei nicht, wissen wir, dass dies das erste Mal ist, dass das Programm gestartet wurde und setzten den Zähler auf Null.

Danach erhöhen wir den Zähler um 1 und öffnen die Datei zum Schreiben. Wenn die Datei noch nicht existiert, wird sie nun angelegt. Existiert sie schon, wird sie durch die neue Version mit dem höheren Zähler überschrieben. Da in einer Datei nur Strings liegen dürfen, wandeln wir die Zahl mit *str()* in einen String um.

Im Text nehmen wir den Zähler auf und geben mit *%s* an, wo die Variable eingefügt werden soll. Die Variable selbst steht am Ende des print-Befehls, was in diesem Fall am Ende des Programmes ist, als „% number“.[101]

```
#!/usr/bin/env python
try:
    # existiert die Datei, lese die Nummer
    myfile = open('cgi-bin/counter.dat','r')
    number=int(myfile.readline())
    myfile.close()
except:
    # Sonst ist die Nummer 0
    number=0

# erhöhe den Zähler und überschreibe die Datei
myfile = open('cgi-bin/counter.dat','w')
number+=1
```

[100] Sie können dieses Programm auch auf einem Windows-PC verwenden. Beachten Sie, dass Sie dann für die Verzeichnisse nicht den Slash /, sondern den Backslash \ verwenden müssen.

[101] Wenn Sie nicht wissen, was *try/except* ist, wie Dateien funktionieren und wie Sie Variablen mit *%s* ausgeben, lesen Sie Kapitel 4.3 für mehr Informationen.

```
myfile.write(str(number))
myfile.close()

# zeige die HTML Seite
print "Content-Type: text/html"
print """
<HEAD>
<TITLE>Server Counter</TITLE>
</HEAD>
<html>
<body>
We have counted %s visits.
</body>
</html>
""" % number
```

Speichern Sie das Programm im cgi-bin-Verzeichnis unter dem Namen *counter.py*. Vergessen Sie nicht die Rechte für die Ausführung durch den Eigentümer anzupassen mit dem Befehl:

```
chmod u+x counter.py
```

Starten Sie den Server aus dem Serververzeichnis, wie Sie es in den vorigen Projekten auch gemacht haben und gehen Sie nach:

```
http://192.168.178.9:8080/cgi-bin/counter.py
```

Jedes Mal, wenn Sie auf *„Neu Laden"* klicken, wird die Seite neu abgefragt und der Zähler erhöht sich um Eins.

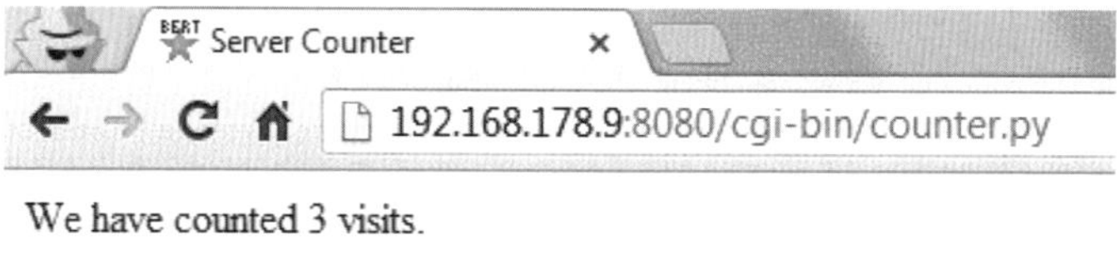

Abbildung 128. Besucherzähler.

11.3.3 Variablen vom Browser zum Server

Es ist mit dem vorigen Programm nicht möglich, den Zähler wieder auf Null zu setzen. Möchten Sie wieder neu beginnen, müssen Sie auf dem RPi die Datei *counter.dat* löschen. Das ist eigentlich kein Problem, aber es wäre schön, wenn Sie das aus der Entfernung erledigen könnten. Und da wir gerade dabei sind, werden wir den Zähler nicht nur auf Null setzen, sondern auf jeden Wert, den wir gerade haben möchten. Wir verwenden dafür Befehlszeilen-Parameter. Diese wurden schon in Kapitel 5.10 erwähnt.

In diesem Fall fragen wir den Anwender nach einem Parameter, nämlich dem Zählerstand. Wenn der Anwender den Parameter eingegeben hat, also das Einlesen und Umsetzen von *sys.argv[1]* klappt, wird dieser Wert verwendet. Im anderen Falle erhält der Anwender eine Fehlermeldung. Speichern Sie das Programm in *cgi-bin* als *setcounter.py*.

```
#!/usr/bin/env python
import sys

try:
    number = int(sys.argv[1])
    myfile = open('cgi-bin/counter.dat','w')
    myfile.write(str(number))
    myfile.close()
    comment="Counter reset to %s" % number
except:
    comment="Error: no value received"

# HTML Seite anzeigen
print "Content-Type: text/html"
print """
<HEAD>
<TITLE>Set Server Counter</TITLE>
</HEAD>
<html>
<body>
%s
</body>
</html>
""" % comment
```

Sie können mit *len(sys.argv)* kontrollieren, wie viele Parameter der Anwender eingegeben hat. Bedenken Sie, dass Parameter Null auch zählt. Wenn also der Anwender einen Parameter angibt, ist die Länge von *sys.argv* 2. Wir sollten also dieses tun können:

```
if len(sys.argv)==2:
    number = int(sys.argv[1])
    myfile = open('cgi-bin/counter.dat','w')
    myfile.write(str(number))
    myfile.close()
    comment="Counter reset to %s" % number
else:
    comment="Error: no value received"
```

Der Vorteil von *try/except* ist, dass wir alle Fehler abfangen. Also auch, wenn der Anwender keine Zahl eingibt, sondern einen Text, wie „me", was zu diesem Fehler führt:

```
valueError: invalid literal for int() with base 10: 'me'.
```

Die Frage ist nun, wie wir diesen Parameter über den Browser mitgeben können, denn in der Adresszeile sind keine Leerzeichen erlaubt. Statt eines Leerzeichens können Sie für den ersten Parameter das Fragezeichen „?" verwenden. Wenn Sie den Zähler auf 34 setzen möchten, geben Sie also diesen Befehl:

```
http://192.168.178.9:8080/cgi-bin/setcounter.py?34
```

In Abbildung 129 sehen Sie die Ergebnisse bei einem korrekten Parameter (oben) und bei einem falschen oder fehlenden Parameter (unten).

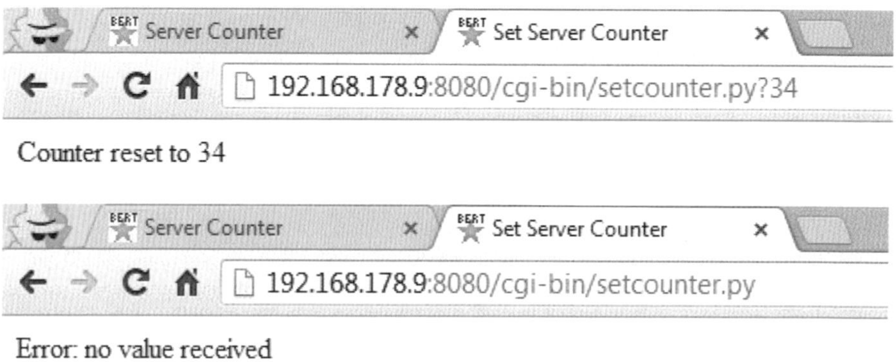

Abbildung 129. Besucherzähler zurücksetzen mit Fehlerbehandlung.

Leider können Sie das Fragezeichen nur einmal in einer Adresse verwenden und in der Folge können Sie auch nur einen Parameter übergeben. Eine praktische Lösung ist es, alle Parameter in einen einzigen zu packen. Dabei ist es üblich, die einzelnen Parameter mit einem „und-Zeichen &" zu trennen. Nachher wird das komplette Argument mit dem Befehl *split()* aufgeteilt.

```
#!/usr/bin/env python
import sys

# hole die Parameter
s=sys.argv[1]

# teile in eine list und addiere die Integers
x=0
```

```
for t in s.split('&'):
    x=x+int(t)

print "Content-Type: text/html"
print """
<HEAD>
<TITLE>Arguments Sum</TITLE>
</HEAD>
<html>
<body>
The sum of the arguments = %s
</body>
</html>
""" % x
```

Speichern Sie dieses Programm im cgi-bin-Verzeichnis unter dem Namen *sum.py*. Vergessen Sie nicht, dem Programm Ausführrechte zu geben. Geben Sie in den Browser die folgende Adresse ein:

```
http://192.168.178.9:8080/cgi-bin/sum.py?1&20&8
```

Alle Argumente werden addiert und die Summe auf der Seite angezeigt.

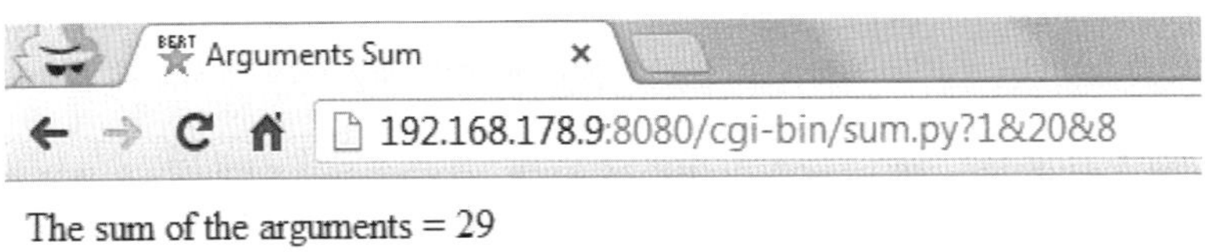

Abbildung 130. Mehre Argumente werden korrekt addiert.

11.3.4 GPIO

Wir können dieselbe Technik verwenden, um Hardware, die am RPi angeschlossen ist, zu bedienen. Das funktioniert nur bei Hardware, die ohne `sudo` bedient werden kann. In diesem Projekt steuern wir eine an GPIO-Pin 4 (Pin 7 am Header) angeschlossene LED.

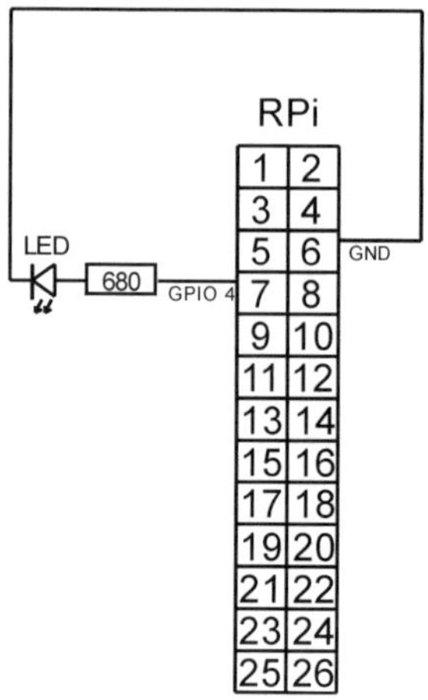

Abbildung 131. Anschluss der LED am Header.

Wir erstellen nun ein Programm, bei dem die LED aus einem Browser heraus an- und ausgeschaltet werden kann, indem als Argument eine „1" (LED an) oder eine „0" (LED aus) mitgegeben wird. Der erste Teil des Python-Programms ist identisch zu dem aus Projekt 5.2, bei dem die LED ohne Browser bedient wird.

Der zweite Teil basiert auf dem Programm des vorigen Projekts. Wir schauen erst, ob ein Argument mitgegeben wurde. Ist das der Fall, führen wir den gewünschten Befehl aus und schalten die LED an oder aus. Die Aktion, die das Programm ausführt, schreiben wir als Text in die Variable „comment". Gibt es kein Argument, schreiben wir eine Fehlermeldung in „comment". Dadurch können wir unabhängig von der Situation dieselbe HTML-Seite verwenden, das Einzige, das sich ändert, ist der Inhalt der Variablen „comment".

```
#!/usr/bin/env python
import os
import sys
import wiringpi

# export pin
os.system( 'gpio export 4 out' )

# Pins konfigurieren
io = wiringpi.GPIO(wiringpi.GPIO.WPI_MODE_SYS)
io.pinMode(4,io.OUTPUT)

try:
    number = int(sys.argv[1])
    if number==1:
        io.digitalWrite(4,io.HIGH)
        comment= "The LED is now on"
```

```
    else:
        io.digitalWrite(4,io.LOW)
        comment= "The LED is now off"
except:
    comment="Error: no command received"

# HTML Seite anzeigen
print "Content-Type: text/html"
print """
<head>
<title>Control GPIO4 LED</title>
</head>
<html>
<body>
%s
</body>
</html>
""" % comment
```

Speichern Sie das Programm im cgi-bin-Verzeichnis unter dem Namen *gpioled.py* und vergessen Sie nicht, die Rechte anzupassen mit:

```
chmod u+x gpioled.py
```

Wenn der Server nicht mehr läuft, gehen Sie zurück ins Serververzeichnis und starten Sie den Server mit:

```
python -m CGIHTTPServer 8080
```

Sie können die LED nun anschalten, indem Sie die Seite mit dem Argument „1“ aufrufen:

```
http://192.168.178.9:8080/cgi-bin/gpioled.py?1
```

Sie erhalten eine Rückmeldung im Browser und die mit dem RPi verbundene LED leuchtet auf.

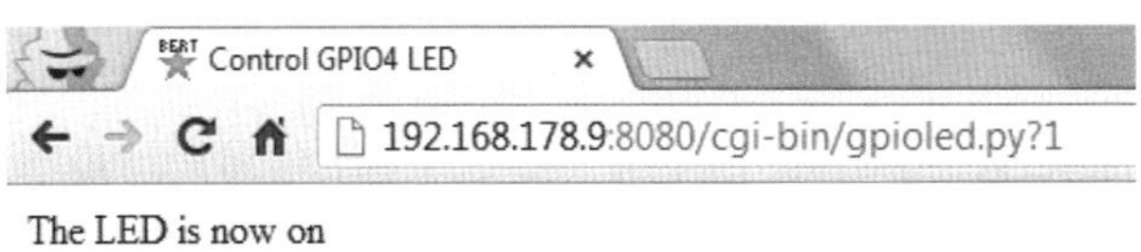

Abbildung 132. Rückmeldung über den Browser.

Sie können die LED wieder ausschalten, indem Sie die Seite mit dem Argument „0“ aufrufen:

```
http://192.168.178.9:8080/cgi-bin/gpioled.py?0
```

Tatsächlich schaut das Programm nur, ob wir eine „1" oder eine andere Ziffer senden. Bei einer „1" wird die LED eingeschaltet und bei jeder anderen Ziffer aus. Senden Sie etwas anderes als eine Ziffer oder auch nichts, ist die Antwort des Programms: „Error: no command received" (Fehler: kein Befehl empfangen).

Auf ähnliche Weise kann auch der Stand eines Schalters bestimmt werden. Wir fügen unserem Aufbau einen Schalter hinzu, wie in der folgenden Abbildung dargestellt.

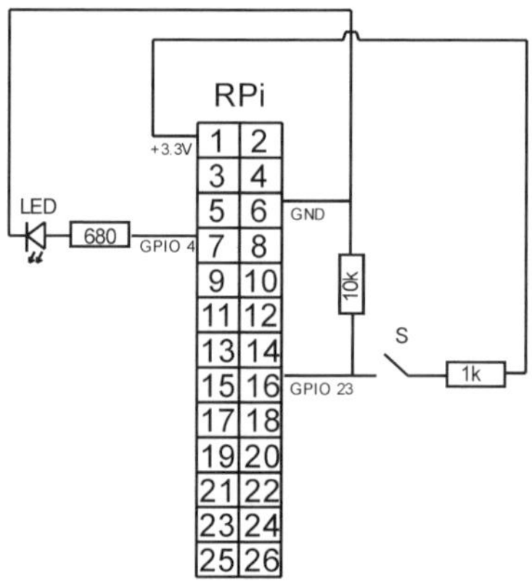

Abbildung 133. Anschluss eines Schalters und einer LED am Header.

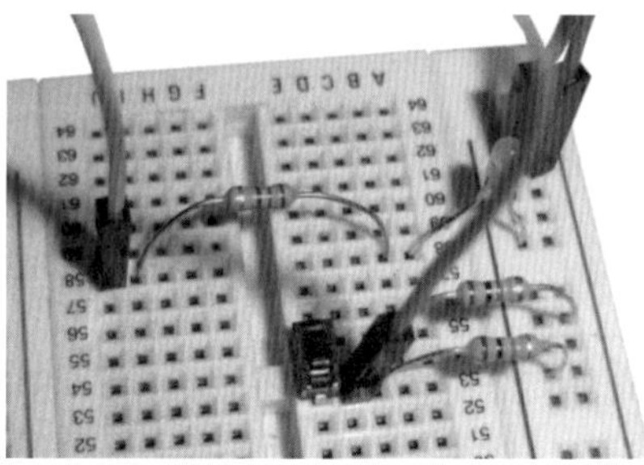

Abbildung 134. Aufbau auf dem Steckbrett.

Versuchen Sie sich vor dem Weiterlesen zunächst selbst Gedanken darüber zu machen, wie das Programm aussehen könnte und probieren Sie es aus. Die Aufgabe ist es, dass ein Anwender in seinem Browser eine Seite aufruft und auf der Seite angegeben wird, ob der Schalter offen oder geschlossen ist.

Wie bei der LED, ist der erste Teil einfach aus dem Schalterprojekt 5.6 übernommen und der zweite Teil entspricht unserer „Standard"-HTML-Seite.

```
#!/usr/bin/env python
import os
import sys
```

```
import wiringpi

# Pin exportieren
os.system( 'gpio export 23 in' )

# Pin konfigurieren
io = wiringpi.GPIO(wiringpi.GPIO.WPI_MODE_SYS)
io.pinMode(23,io.INPUT)

if io.digitalRead(23):
    comment= "The switch is closed"
else:
    comment= "The switch is open"

# HTML Seite anzeigen
print "Content-Type: text/html"
print """
<head>
<title>Check Switch on GPIO23 Status</title>
</head>
<html>
<body>
%s
</body>
</html>
""" % comment
```

Speichern Sie das Programm im cgi-bin-Verzeichnis als *gpioswitch.py* und vergessen Sie nicht, die Ausführrechte zu erteilen. Danach können Sie in Ihrem Browser folgende Adresse eingeben und sehen, ob der Schalter gedrückt ist, oder nicht:

```
http://192.168.178.9:8080/cgi-bin/gpioswitch.py
```

Mit dem Ergebnis (wenn der Schalter gedrückt ist):

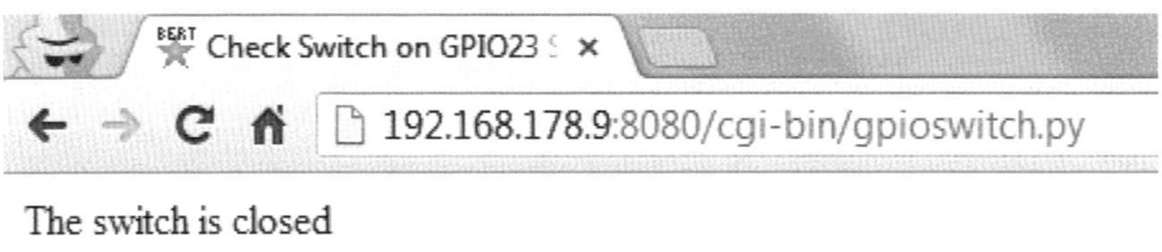

Abbildung 135. Schalterstand wird im Browser gezeigt.

11.3.5 GPIO mit JavaScript

Die GPIO-Programme aus den vorigen Projekten funktionieren wunderbar, aber es ist unpraktisch, dass Sie sich merken müssen, wie die Programme funktionieren, ob sie Argumente benötigen und wenn ja, welche. Eine auf der Hand liegende Lösung ist es, eine Seite mit ein paar Links zu erstellen, so dass Sie nur auf diese Links klicken müssen.

Solch eine Seite sieht in HTML folgendermaßen aus. Speichern Sie die Seite auf Ihrem Windows-PC in einem beliebigen Verzeichnis und nennen Sie sie z. B. gpiocontrol1.html.

```
<HTML>
<HEAD>
<TITLE>GPIO Control</TITLE>
</HEAD>
<BODY BGCOLOR="#ffffff">

<P><B>RPi actions</B></P>

<P><A HREF="http://192.168.178.9:8080/cgi-bin/gpioled.py?1">
LED on GPIO4 on</A></P>

<P><A HREF="http://192.168.178.9:8080/cgi-bin/gpioled.py?0">
LED on GPIO4 off</A></P>

<P><A HREF="http://192.168.178.9:8080/cgi-bin/gpioswitch.py">
Check the status of the switch on GPIO23</A>

</BODY>
</HTML>
```

Öffnen Sie die Seite in Ihrem Webbrowser durch einen Doppelklick darauf, so dass Sie die folgende Darstellung in Ihrem Browser sehen.

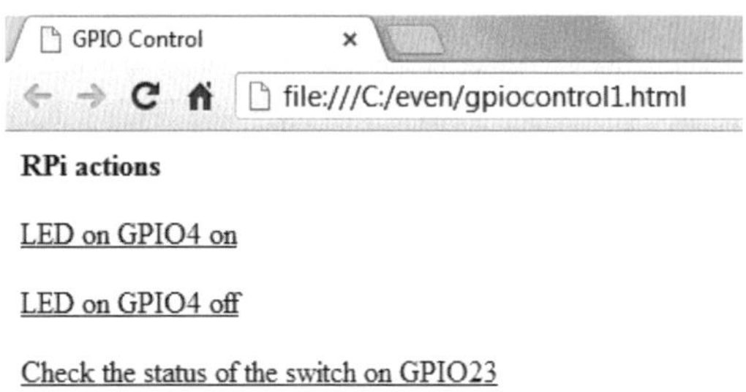

Abbildung 136. Browsermenü mit Hyperlinks.

Das funktioniert perfekt und macht das Leben deutlich einfacher. Aber stellen Sie sich vor, dass Sie an alle GPIO-Pins eine LED anschließen. Dann wird diese Seite schnell unübersichtlich. Eine schönere Lösung ist es, JavaScript zu verwenden. Speichern Sie folgende Seite auf Ihrem Windows-PC in einem beliebigen Verzeichnis unter dem Namen *gpiocontrol2.html.*[102]

```
<HTML>
<HEAD>
   <TITLE>JavaScript GPIO Control </TITLE>
   <SCRIPT language="JavaScript">
   function setled()
   {
      if (document.javamenu.ledbox.checked)
         {
         pagename='http://192.168.178.9:8080/c bin/gpioled.py?1'
         }
      else
         {
         pagename='http://192.168.178.9:8080/c bin/gpioled.py?0'
         }
      window.open(pagename, 'Window1', 'resizable,height=40,
                  width=300,top=100,left=100');
  }
  function getswitch()
  {
    pagename='http://192.168.178.9:8080/cgi-bin/gpioswitch.py'
    window.open(pagename, 'Window1', 'resizable,height=40,
                  width=300,top=100,left=100');
  }

  </SCRIPT>
</HEAD>
<BODY BGCOLOR="#cccccc" TEXT="#000099">

<FORM NAME="javamenu">
<BLOCKQUOTE>
  <P><FONT SIZE="+3">GPIO Control</FONT></P>
  <P>Control LED<!--SELECTION--><!--/SELECTION-->
  <TABLE WIDTH="168" BORDER="0" CELLSPACING="2"
   CELLPADDING="0">

   <TR>
      <TD COLSPAN="3">
       <INPUT TYPE="checkbox" NAME="ledbox" >
      GPIO 23</TD>

   </TR>
  </TABLE><INPUT NAME="name" TYPE="submit" VALUE="Send"
                      onClick="setled()"></P>
  <P>Read Switch</P>
```

[102] In Kapitel 4.4 finden Sie eine kurze Einleitung zum Programmieren in JavaScript, so dass Sie verstehen können, wie und warum dieses Programm funktioniert.

```
    <P><INPUT NAME="name" TYPE="submit" VALUE="Send"
                    onClick="getswitch()"></BLOCKQUOTE>
    </FORM>

  </BODY>
  </HTML>
```

Sie sehen die übliche JavaScript-Struktur, so wie sie in Kapitel 4.4 beschrieben wurde. Die Seite beginnt mit zwei Funktionen, nämlich *setled()* und *getswitch()*. Die Funktion *setled()* schaut, ob das Objekt *ledbox* (eine Checkbox) ausgewählt ist. Abhängig davon wird das Programm *gpioled.py* mit den richtigen Parametern aufgerufen. Interessant ist, dass danach ein kleines Fenster geöffnet wird, in dem die Antwort des RPi erscheint. Dadurch, dass dieses kleine Fenster als „window1" geöffnet wird, entsteht ein neues Fenster über dem alten. Dadurch bleibt die Hauptseite sichtbar und wird außerdem nicht ersetzt. Das gibt dem Ganzen einen gewissen Pfiff.[103]

Die zweite Funktion ist *getswitch()*. Sie ruft das Programm *gpioswitch.py* auf und empfängt die Antwort in einem kleinen Fenster – sonst nichts.

Die drei Objekte im zweiten Teil der Seite bestehen aus einer Checkbox und zwei Buttons in einer minimalen Implementierung. Das Ganze wird von einem Block umschlossen und eine Tabelle sorgt dafür, dass das Layout gut aussieht, so wie Sie es in der folgenden Abbildung in Chrome unter Windows sehen können (siehe Kapitel 4.4 für eine Abbildung in *Midori* auf dem RPi).

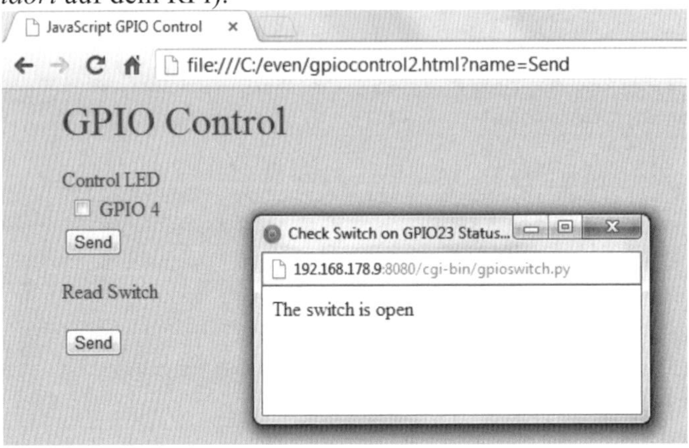

Abbildung 137. Browsermenü mit JavaScript (Schalterstatusfenster ist geöffnet).[104]

[103] Wenn Sie diese Seite in *Midori* auf dem RPi verwenden, erhalten Sie kein separates Fenster, sondern einen neuen Tab.

[104] Bei *Midori* auf dem Rpi landet der Status in einem neuen Tab und nicht in einem kleinen Fenster.

In Kapitel 5.4 haben Sie gesehen, wie Sie mehrere LEDs anschließen und bedienen können. Angenommen, Sie möchten in diesem Projekt eine weitere LED hinzufügen. Sie können dafür ein zusätzliches Programm auf dem RPi speichern und in JavaScript eine weitere Checkbox mit einer Buttonfunktion ergänzen. Das ist einfach und läuft perfekt. Ich möchte Ihnen aber eine bessere Methode zeigen, die vor allem praktisch ist, wenn Sie nicht zwei, sondern 20 LEDs verwenden möchten. Dann wären 20 Programme auf dem RPi, 20 Checkboxen, 20 Buttons und 20 Funktionen ein ziemliches Gewerke.

In Kapitel 4.3 haben Sie gesehen, wie Sie binär rechnen können. Wir werden diese Technik für unsere LEDs einsetzen und verwenden eine binäre Zahl mit zwei Stellen: 0 und 1. Angenommen, die LED, die an GPIO4 hängt, steht auf Position 0 (wir nennen sie LED_{GPIO4}) und die LED an GPIO17 steht auf Position 1, dann hat LED_{GPIO4} den Wert 1, und LED_{GPIO17} den Wert 2.[105]

Position	1	0
Bedeutung	LED_{GPIO17}	LED_{GPIO4}
Wert	2	1

Tabelle 25. LED-Codierung auf binäre Art.

Sind beide LEDs eingeschaltet, entspricht das dem Wert 2 + 1 = 3. Ist nur LED_{GPIO4} an, ist Wert 0 + 1 = 1. So können alle möglichen Kombinationen abgedeckt werden. Im Python-Programm können wir einfach schauen, ob eine bestimmte Position 1 ist oder nicht:

```
int(sys.argv[1])&1
```

Dabei erzeugen wir aus dem ersten Argument mit *int()* eine Zahl. Danach „verunden &" wir die Zahl mit 1. Ist das Ergebnis „1", ist die Position 0 eine „1" und die LED muss also leuchten.[106] Anstelle von „io.High" und „io.Low" können wir auch einfach „1" und „0" verwenden. Wir können LED_{GPIO4} also mit folgendem Befehl an- und ausschalten:

```
io.digitalWrite(4,int(sys.argv[1])&1)
```

Etwas Ähnliches gilt für LED_{GPIO17}:

```
io.digitalWrite(17,int(sys.argv[1])&2)
```

Nachdem nun die LEDs an sind, müssen wir den Anwender noch wissen lassen, was wir genau gemacht haben. Wir schreiben jede Aktion, die wir ausführen, in die Variable „comment" und geben der Variablen „action" sofort den Wert 1. Ist eine LED an, ist die

[105] Wenn Sie noch mehr LEDs anschließen möchten, erhalten Sie die Werte 4, 8, 16 etc.
[106] *Bits*, *and* und *&* werden in Kapitel 4.3 detailliert besprochen.

Variable „action" noch Null, so dass wir dem Anwender mitteilen können, dass alles aus ist.

```
#!/usr/bin/env python
import os
import sys
import wiringpi

# Pin exportieren
os.system( 'gpio export 4 out' )
os.system( 'gpio export 17 out' )

# Pins konfigurieren
io = wiringpi.GPIO(wiringpi.GPIO.WPI_MODE_SYS)
io.pinMode(4,io.OUTPUT)
io.pinMode(17,io.OUTPUT)

comment="Status: "
action=0
try:
    # LEDs den richtigen Wert geben
    io.digitalWrite(4,int(sys.argv[1])&1)
    io.digitalWrite(17,int(sys.argv[1])&2)
    # Rückmeldung an den Anwender
    if int(sys.argv[1])&1:
        comment=comment+"LED4 on "
        action=1
    if int(sys.argv[1])&2:
        comment=comment+"LED17 on "
        action=1
    if action==0:
        comment=comment+"All LEDs off"
except:
    comment="Error: no command received"

# HTML Seite senden
print "Content-Type: text/html"
print """
<head>
<title>Control GPIO4 LED</title>
</head>
<html>
<body>
%s
</body>
</html>
""" % comment
```

Speichern Sie das Programm im cgi-bin-Verzeichnis unter dem Namen *gpioled2.py* und vergessen Sie nicht, die Rechte anzupassen mit:

```
chmod u+x gpioled2.py
```

Wenn der Sever nicht mehr läuft, gehen Sie zurück ins Serververzeichnis und starten Sie den Server mit:

```
python -m CGIHTTPServer 8080
```

Was JavaScript betrifft, haben wir nur eine Checkbox hinzugefügt, mit dem Text „GPIO 17" daneben. Es gibt nur einen Button, der die Funktion *setled()* aufruft. Dabei arbeiten wir mit einem Code, der die binäre Zahl enthält, die das Python-Programm benötigt. Der Code erhält zunächst den Wert Null, und wenn keine der Checkboxen ausgewählt ist, geschieht weiter nichts und es wird der Wert Null gesendet, was stimmt, denn alle LEDs müssen dann aus sein. Die erste Checkbox gibt dem Code den Wert 1 (LED_{GPIO4} muss an sein) und die zweite addiert zwei zum Code hinzu (LED_{GPIO17} muss an sein). Schließlich wird nun *gpioled2.py* aufgerufen, das neue Python-Programm. Sonst ist die JavaScript Seite unverändert.

Speichern Sie diese Seite auf Ihrem Windows-PC in einem beliebigen Verzeichnis unter dem Namen *gpiocontrol3.html.*

```
<HTML>
<HEAD>
  <TITLE>JavaScript GPIO Control </TITLE>
  <SCRIPT language="JavaScript">
  function setled()
  {
    code=0
    if (document.javamenu.ledbox4.checked)
      {
      code=1
      }
    if (document.javamenu.ledbox17.checked)
      {
      code=code+2
      }
    pagename='http://192.168.178.9:8080/cgi-bin/
              gpioled2.py?'+code
    window.open(pagename, 'Window1', 'resizable,height=40,
                            width=300,top=100,left=100');
  }
  function getswitch()
  {

    pagename ='http://192.168.178.9:8080/cgi-bin/
               gpioswitch.py'
    window.open(pagename, 'Window1', 'resizable,height=40,
                            width=300,top=100,left=100');
  }

</SCRIPT>
</HEAD>
<BODY BGCOLOR="#cccccc" TEXT="#000099">

<FORM NAME="javamenu">
<BLOCKQUOTE>
  <P><FONT SIZE="+3">GPIO Control</FONT></P>
  <P>Control LED<TABLE WIDTH="213" BORDER="0" CELLSPACING="2"
                CELLPADDING="0">

  <TR>
     <TD COLSPAN="3">
      <INPUT TYPE="checkbox" NAME="ledbox4"
            VALUE="checkbox">
     GPIO 4 <INPUT TYPE="checkbox" NAME="ledbox17"
             VALUE="checkbox">GPIO17</TD>

  </TR>
  </TABLE><INPUT NAME="name" TYPE="submit" VALUE="Send"
    onClick="setled()"><!--SELECTION--><!--/SELECTION--></P>
  <P>Read Switch</P>
  <P><INPUT NAME="name" TYPE="submit" VALUE="Send"
    onClick="getswitch()"></BLOCKQUOTE>
```

```
</FORM>

</BODY>
</HTML>
```

Das Ergebnis auf Ihrem PC:

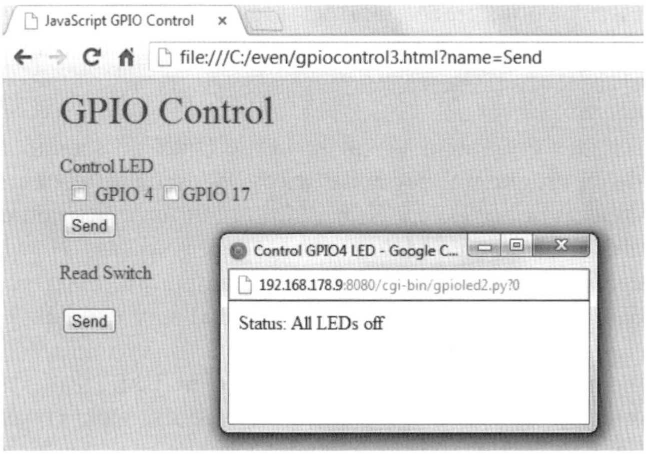

Abbildung 138. Zwei LEDs via JavaScript bedienbar (LED-Statusfenster ist geöffnet).

Sie sehen, dass beide Programme deutlich komplizierter geworden sind, während es nun viel einfacher geworden ist, neue LEDs hinzuzufügen. Am Anfang kostet es oft mehr Zeit, eine kompakte und flexible Lösung zu finden, aber wenn Sie sie einmal haben, wird das Programm dadurch oft verständlicher und besser zu warten.

11.3.6 I^{2}C-Kühlschrankalarm mit automatischer Webseite

In diesem Projekt erstellen wir einen Kühlschrankalarm: Wird die Temperatur im Kühlschrank zu hoch, schaltet der Alarm ein. Wir möchten, dass das Programm auf dem RPi läuft (der in der Nähe des Kühlschranks steht), das wir aber mit einer Webseite überwachen können. Das bedeutet, dass drei Dinge passieren müssen.

1. Es muss ein einfaches Programm geschrieben werden, dass die Temperatur mit einem I^{2}C-Sensor überwacht, und wenn nötig, eine LED einschaltet. Dieses Programm läuft immer, da Sie auch einen Alarm ausgeben möchten, wenn niemand die Webseite betrachtet. Außerdem schreibt das Programm die letzte gemessene Temperatur in eine Datei.

2. Ein zweites Programm wird vom Webbrowser gestartet. Dieses Programm liest die Datei des ersten Programms ein und zeigt den Inhalt auf einer HTML-Seite. Dieses Programm läuft nur, wenn jemand die Webseite betrachtet.

3. Da sich die Temperatur ständig verändert, ist es nicht genug nur einmal zu schauen, daher sorgen wir dafür, dass die Webseite im Browser alle paar Sekunden neu geladen wird.

Das erste Programm ist eine Anpassung des Programms aus Projekt 9.4. Wir verwenden die nicht grafische Version und setzen dort die Temperaturmittelung ein. Da wir nur alle 0,3 Sekunden messen, wurde die Anzahl der Messungen, die für die Berechnung des Mittelwertes nötig sind, von 60 auf zehn gesenkt. Die gemittelte Temperatur wird in eine Datei geschrieben.

Es ist möglich, dass das Programm versucht, in die Datei zu schreiben, während diese noch von dem anderen Programm verwendet wird. Dadurch entsteht eine Fehlermeldung. In dem Fall missglückt die try/except-Konstruktion und das Programm überspringt das Speichern. Auf dem RPi wird eine Meldung ausgegeben, so dass Sie wissen, dass dieses Problem aufgetreten ist. Dadurch, dass beide Programme mit einer anderen Häufigkeit die Datei verwenden, wird das – statistisch gesehen – selten vorkommen.

Zum Schluss wird eine LED an GPIO 4 hinzugefügt (Pin 7 am Header). Sie leuchtet auf, wenn die Temperatur zu hoch wird. Für einen Alarm ist das wohl etwas mager, aber mit dem Wissen aus Kapitel 6 können Sie auch eine Alarmglocke läuten lassen.

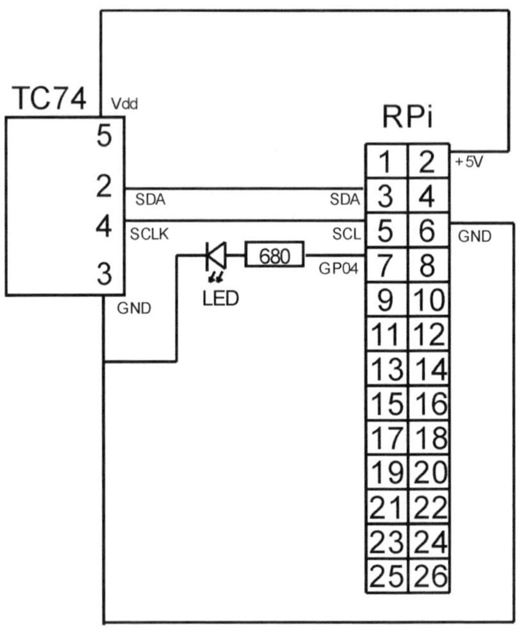

Abbildung 139. Aufbau des TC74 mit lokaler Alarm-LED.

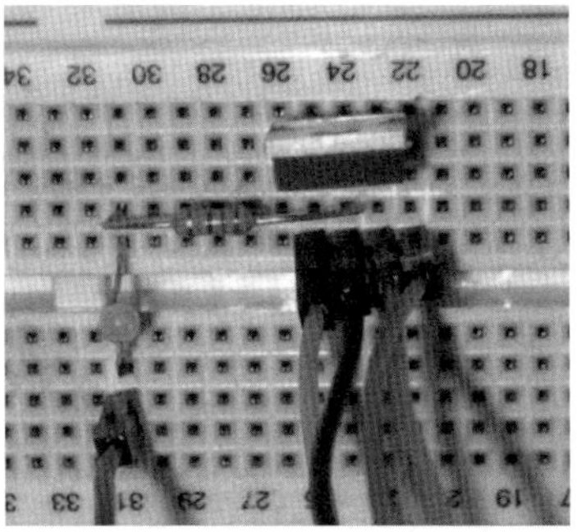

Abbildung 140. Aufbau auf dem Steckbrett.

Abhängig davon, was Sie in dem Kühlschrank aufbewahren, ist die ideale Temperatur etwa ein bis vier Grad. Der Alarm wird bei vier Grad aktiviert. Möchten Sie eine andere Temperatur verwenden, müssen Sie diese in beiden Programmen ändern.

```
#!/usr/bin/env python
import smbus
import time
import os
import sys
import wiringpi

# Pin exportieren
os.system( 'gpio export 4 out' )

# Pin konfigurieren
io = wiringpi.GPIO(wiringpi.GPIO.WPI_MODE_SYS)
io.pinMode(4,io.OUTPUT)

# I2C Bus starten
bus = smbus.SMBus(1)
bus.write_byte_data(0x48,0,0)
L=[]

while True:
    # lese die Temperatur
    t = bus.read_byte(0x48)
    if t>128:
        # unter Null
        t = -((~t & 255)+1)
    # füge die Messung zur list hinzu
    L.append(t)
    # halte die list bei 10 Elementen
    if len(L)>10:
        L.pop(0)

    # berechne Mittelwert
    av=sum(L)*1.0/len(L)
    av=round(av,1)
```

```
    # wenn möglich in Datei speichern
    try:
        # Datei verfügbar
        myfile = open('temperature.dat','w')
        myfile.write(str(av))
        myfile.close()
    except:
        # Datei nicht verfügbar
        print "File busy"
    # wenn nötig Alarm LED einschalten
    if av>4:
        io.digitalWrite(4,1)
    else:
        io.digitalWrite(4,0)
    # warte etwas
    time.sleep(0.3)
```

Speichern Sie das Programm im cgi-bin-Verzeichnis als *tc74server.py*. Sie müssen keine Rechte anpassen, da Sie das Programm selbst mit `python tc74server.py` starten müssen. Ab jetzt überwacht das Programm die Temperatur im Kühlschrank und schaltet nötigenfalls den Alarm ein.

Das zweite Programm wird vom Anwender über seinen Webbrowser gestartet, wie wir es in diesem Kapitel gewohnt sind. Dieses Programm liest die vom vorigen Programm geschriebene Datei und stellt den Inhalt in einer HTML-Seite dar. Wenn es nicht klappt, die Datei zu lesen, da das andere Programm noch beschäftigt ist, gibt das Programm eine entsprechende Meldung aus. Beachten Sie, dass Sie diese Meldung auch erhalten, wenn Sie das Programm starten, bevor das andere Programm läuft. In dem Fall existiert die Datei noch nicht und kann daher auch nicht geöffnet werden.

Im Header der HTML-Seite, die durch das Programm erzeugt wird, finden Sie diesen Befehl:

```
<meta http-equiv="refresh" content="5;
url=http://192.168.178.9:8080/cgi-bin/tc74remote.py">
```

Das Keyword *meta* bedeutet, dass dahinter Daten folgen, die nicht ***auf*** der Seite ***stehen***, sondern sich ***auf*** die Seite ***beziehen***. Mit *refresh* wird angegeben, dass der Browser die Seite neu laden soll. Hinter *content* steht zunächst die Anzahl Sekunden, die der Browser warten muss, in diesem Fall also 5. Danach kommt ein Semikolon gefolgt von der Seite, die beim Refresh geladen werden soll. In diesem Fall ist das die Seite, die das cgi-bin-Programm startet. Das Programm ruft wieder diese Seite auf, die wieder das cgi-bin Programm startet und so weiter. Das wiederholt sich, bis Sie selbst den Browser schließen. So brauchen Sie nur einmal auf die Seite gehen, wonach sie automatisch aktualisiert wird.

Natürlich müssen Sie in diesem meta-Befehl meine IP-Adresse durch die aktuelle IP-Adresse ersetzen.

```
#!/usr/bin/env python
comment=""
try:
    # lese die Temperatur aus der Datei, wenn möglich
    myfile = open('cgi-bin/temperature.dat','r')
    t=float(myfile.readline())
    myfile.close()
    if t>4:
        comment= "High temperature alert!"
except:
    # Temperaturdatei nicht verfügbar
    t="--"
    comment="Temperature not available."

# show the HTML page
print "Content-Type: text/html"
print """
<HEAD>
<TITLE>Fridge Alert</TITLE>
<meta http-equiv="refresh" content="5;
    url=http://192.168.178.9:8080/cgi-bin/tc74remote.py">
</HEAD>
<html>
<body>
Current temperature is %s degrees. %s
</body>
</html>
""" % (t, comment)
```

Speichern Sie das Programm im cgi-bin-Verzeichnis unter dem Namen *tc74remote.py* und vergessen Sie nicht, die Ausführrechte anzupassen:

```
chmod u+x tc74remote.py
```

Wenn der Server nicht mehr läuft, gehen Sie zurück ins Serververzeichnis (beispielsweise indem Sie ein zweites Mal *LXterminal* oder *Putty* starten) und starten Sie den Server mit:

```
python -m CGIHTTPServer 8080
```

Sorgen Sie dafür, dass das erste Programm läuft und geben Sie folgende Adresse in Ihren Browser ein:

```
http://192.168.178.9:8080/cgi-bin/tc74remote.py
```

Sie brauchen nur ein Mal zu dieser Adresse zu gehen, ab jetzt wird die Seite alle fünf Sekunden neu geladen.

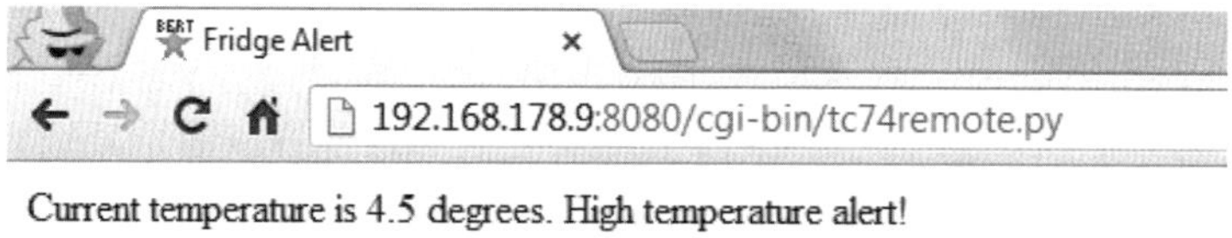

Abbildung 141. Temperatur zu hoch! Alarm in Browser.

12. Client-Server

12.1 Einleitung

Wir gehen davon aus, dass der RPi und PC an einem Netzwerk angeschlossen sind, so wie im vorigen Kapitel beschrieben und dass Sie die IP-Adresse Ihres RPi kennen. Außerdem haben Sie auf Ihrem PC *Python* installiert.[107]

Bei den Webserver-Projekten wird auf dem Server ein Programm gestartet, wenn eine bestimmte Webseite aufgerufen wird. Das Programm läuft einmalig, sendet eine Antwort an den Browser und stoppt dann wieder. Bei einer Client-Server-Anwendung wird auf der Client-Seite kein Webbrowser verwendet, sondern ein spezielles Programm. Dieses Programm kommuniziert über das Netzwerk mit einem Programm, das auf dem Server läuft. Beide Programme laufen kontinuierlich und können hin und wieder kommunizieren. Das eröffnet viele neue Möglichkeiten. Außerdem können Sie auf der Client-Seite nun *Python* verwenden (statt HTML und JavaScript).

Zwei häufig verwendete Protokolle im Internet sind TCP und UDP. TCP (Transmission Control Protocol) wird am häufigsten verwendet, da es eine Fehlerkorrektur enthält. Wenn keine Fehlermeldung kommt, wurde das Paket korrekt versendet und empfangen.

UDP (User Datagram Protocol) wird nicht für wichtige Anwendungen wie Webseiten verwendet, sondern vor allem für das Streamen von Video und Audio. UDP enthält keine Fehlerkorrektur, ist aber (deshalb) sehr schnell.

12.2 Multiplikation über TCP

Dies ist ein Demonstrationsprojekt, bei dem ein Client einen Server kontaktiert und kontrolliert, ob es der richtige Server ist, um danach Zahlen an den Server zu senden. Der Server verdoppelt diese Zahlen und sendet sie wieder zurück. Diese Programme bilden die Basis für weitere Projekte in diesem Kapitel. Wegen ihres einfachen Aufbaus können Sie sie leicht selbst an Ihre eigenen Bedürfnisse und Wünsche anpassen.

Der Server

Das Serverprogramm beginnt mit dem Laden einiger Bibliotheken.

```
# TCP Server
import socket
import time
server = socket.socket(socket.AF_INET, socket.SOCK_STREAM)
```

[107] Ist das nicht der Fall, lesen Sie zunächst Kapitel 3.2.2 (Installation von *Python* und *wxPython* auf Ihrem Windows-PC) und 3.1.4 (IP-Adresse bestimmen und optional fest einstellen).

Ein „Socket“ ist ein Objekt, durch das Kommunikation ermöglicht wird. Sie können es mit einem Telefon vergleichen. Beide Parteien benötigen ein Telefon, um miteinander sprechen zu können und die Telefone müssen miteinander verbunden sein. Das gilt auch für Sockets. Der Server öffnet einen Socket und lauscht. Wenn durch den Client eine Verbindung hergestellt wird, ist der Socket des Clients mit dem des Servers verbunden und darüber läuft die Kommunikation ab. Ein Server kann auch mehrere Sockets haben, aber die Kommunikation verläuft immer über einen nach dem anderen.

```
server.bind(("192.168.178.9", 5000))
server.listen(5)
```

Beachten Sie, dass Sie hier die IP-Adresse Ihres eigenen RPi verwenden und nicht die von meinem. Ein Port sorgt dafür, dass zwischen den Sockets ein Standardprotokoll verwendet wird. Im vorigen Projekt haben wir beispielsweise den Port 8080 für HTTP verwendet. In diesem Projekt verwenden wir Port 5000 für TCP. Wir binden diesen Port an die IP-Adresse des RPi selbst (das Serverprogramm läuft auf dem RPi). Dieser Server kann nur eine Verbindung gleichzeitig verarbeiten, lauscht aber nach fünf. Eine weitere Verbindung landet dadurch in der Warteschlange, das bedeutet, dass der betreffende Client keine Fehlermeldung erhält, aber auch (noch) keine Verbindung.

```
print "TCP server listening on port 5000"

while 1:
    myclient, address = server.accept()
    print "Connected to ", address
```

Sobald ein Client eine Verbindung mit dem Server anfragt, wird diese akzeptiert und als ein Objekt erzeugt. Alles, was ab jetzt mit dem Objekt „myclient“ geschieht, bezieht sich auf diese Verbindung.

```
# Verbindung bestätigen
myclient.send('0')
while 1:
```

Der Server sendet eine 0 zum Client, um sich selbst bekannt zu machen. Das dient der Bestätigung, dass der Client mit dem richtigen Server eine Kommunikation aufbaut. Der Server wartet nun auf den Client, mit einem Puffer von 512 Bytes.

```
# Warte auf Daten vom Client
data = myclient.recv(512)
```

Wenn die eingehenden Daten aus einem „q“ oder „qq“ bestehen, muss die Verbindung mit dem Client unterbrochen werden. In allen anderen Fällen gibt der Server die empfangenen Daten aus. Diese Daten sind ein String, da wir aber damit rechnen möchten, macht der Server einen Float daraus, multipliziert diesen mit Zwei und macht aus dem Ergebnis wieder einen String. Dieser String wird zum Client gesendet.

```
if data == "q" or data == "qq":
    myclient.close()
    break
else:
    print "Received:" , data,
    newdata=str(float(data)*2)
    print " Send:" , newdata
    myclient.send(newdata)
```

Wenn ein „q" oder ein „qq" empfangen wurde, wird die Verbindung mit dem Client beendet. Bei „qq" wird auch der Server selbst beendet.

```
if data == "qq":
    server.close()
    print "TCP server is down"
    break
else:
    print "TCP server listening on port 5000"
```

Das obige Programm läuft auf dem RPi. Sie können es mit `python tcpserver1.py` starten und durch Senden von „qq" vom Client aus wieder beenden. Beenden Sie das Programm nicht mit Strg-C! Tun Sie das doch, können Sie das Programm nicht mehr starten, da der Socket nicht freigegeben wird. Sie erhalten dann folgende Fehlermeldung:

```
Traceback (most recent call last):
  File "tcpserver1.py", line 4, in <module>
    server.bind(('192.168.178.9', 5000))
  File "/usr/lib/python2.7/socket.py", line 224, in meth
    return getattr(self._sock,name)(*args)
socket.error: [Errno 98] Address already in use
```

Mit `netstat -n | grep 5000` können Sie abfragen, welche Sockets auf Port 5000 geöffnet sind. Haben Sie das Serverprogramm falsch beendet, sehen Sie so etwas:

```
pi@raspberrypi ~/Documents $ netstat -n | grep 5000
tcp        0      0 192.168.178.9:5000      192.168.178.11:50039
ESTABLISHED
tcp        0      0 192.168.178.9:5000      192.168.178.11:50045
ESTABLISHED
tcp        0      0 192.168.178.9:5000      192.168.178.11:50108
ESTABLISHED
tcp        0      0 192.168.178.9:5000      192.168.178.11:50035
ESTABLISHED
```

Die Sockets stehen auf `ESTABLISHED` und das bedeutet, dass sie geöffnet bleiben. Auch wenn Sie das Programm korrekt schließen, kann es passieren, dass Sie diese Fehlermeldung erhalten. Mit dem Befehl `netstat -n | grep 5000` können Sie in dem Fall sehen, dass der Socket noch etwas wartet (`TIME_WAIT`), ob etwas geschieht. Nach etwa 30 Sekunden schließt sich der Socket selbst.

```
pi@raspberrypi ~/Documents $ netstat -n | grep 5000
tcp        0      0 192.168.178.9:5000      192.168.178.11:50368
TIME_WAIT
```

Also können Sie den Server nach 30 Sekunden wieder neu starten. Das komplette Programm sieht dann so aus:

```
# TCP Server
import socket
import time
server = socket.socket(socket.AF_INET, socket.SOCK_STREAM)
server.bind(("192.168.178.9", 5000))
server.listen(5)

print "TCP server listening on port 5000"

while 1:
    myclient, address = server.accept()
    print "Connected to ", address

    # Verbindung bestätigen
    myclient.send('0')
    while 1:
        # Warte auf Daten vom Client
        data = myclient.recv(512)
        if data == "q" or data == "qq":
            myclient.close()
            break
        else:
            print "Received:" , data,
            newdata=str(float(data)*2)
            print " Send:" , newdata
            myclient.send(newdata)

    if data == "qq":
        server.close()
        print "TCP server is down"
        break
    else:
        print "TCP server listening on port 5000"
```

Der Client

Auch der Client beginnt mit dem Laden von Bibliotheken, setzt den Socket auf und versucht den Socket danach mit dem Server über die IP-Adresse des RPi zu verbinden.

```
# TCP Client
import socket
client = socket.socket(socket.AF_INET, socket.SOCK_STREAM)
client.connect(("192.168.178.9",5000))
```

Wenn die Verbindung geglückt ist, erwartet der Client zuerst eine „0“ vom Server. So stellen wir sicher, dass wir mit dem richtigen Server verbunden sind. Stimmt die Antwort nicht mit „0“ überein, wird noch ein „q“ gesendet, um die Verbindung zu schließen, wonach der Client beendet wird. Der Server läuft übrigens weiter.

```
# Verbinde mit dem Server
data = client.recv(512)
if data<>"0":
    print "Unexpected reply from the server, aborting"
    print data
    client.send("q")
    client.close()
    exit()
```

Der Client fragt den Anwender nach Daten und sendet diese zum Server. Im Falle eines „q“ oder „qq“ wird der Client beendet, sonst wird auf die Antwort vom Server gewartet (mit einem Puffer von 512 Bytes) wonach die Antwort angezeigt und der Anwender wieder nach Daten gefragt wird.

```
# Kommunikationsschleife
while 1:
    data = raw_input ("Send (q to quit, qq to stop server):")
    client.send(data)
    if data == "q" or data == "qq":
        client.close()
        break;
    data = client.recv(512)
    print "Received." , data
```

Das vollständige Clientprogramm sieht dann so aus:

```
# TCP Client
import socket
client = socket.socket(socket.AF_INET, socket.SOCK_STREAM)
client.connect(("192.168.178.9",5000))

# Verbinde mit dem Server
data = client.recv(512)
if data<>"0":
    print "Unexpected reply from the server, aborting"
    print data
    client.send("q")
    client.close()
    exit()
```

```
    # Kommunikationsschleife
    while 1:
        data = raw_input ("Send (q to quit, qq to stop server):")
        client.send(data)
        if data == "q" or data == "qq":
            client.close()
            break;
        data = client.recv(512)
        print "Received:" , data
```

Der Client läuft auf dem PC (dort muss also *Python* installiert sein). Starten Sie erst den Server auf dem RPi und dann den Client auf dem PC durch einen Doppelklick auf *tcpclient1.py*. Geben Sie nun Zahlen ein, die vom Server verdoppelt werden. Vergessen Sie nicht meine IP-Adresse durch aktuelle zu ersetzen.

Als Beispiel für eine Kommunikation öffnet der Client die Verbindung zum Server, lässt die Zahl 3,5 verdoppeln und unterbricht danach die Verbindung.

Client	Server
	Lausche
Verbinde	Akzeptiere und sende 0[108]
Empfange 0 und sende 3,5	Empfange 3,5 und sende 7
Empfange 7 und sende q	Empfange q und beende die Verbindung
	Lausche

Tabelle 26. Kommunikationsverlauf.

12.3 LED-Ansteuerung über TCP

Ausgehend von der Basisstruktur aus dem vorigen Projekt, erstellen wir eine Client-Server-Kombination, mit der eine LED bedient werden kann. Die Kombination besteht aus einem Serverteil, der für die tatsächliche Ansteuerung verantwortlich ist und einem Clientteil, der die Befehle an den Server gibt.

Die Hardware besteht aus einer LED mit einem Vorwiderstand von 680 Ohm an GPIO 4 (Pin 7 am Header).

[108] Sie sehen davon übrigens nichts, da diese Zahl nicht ausgegeben wird.

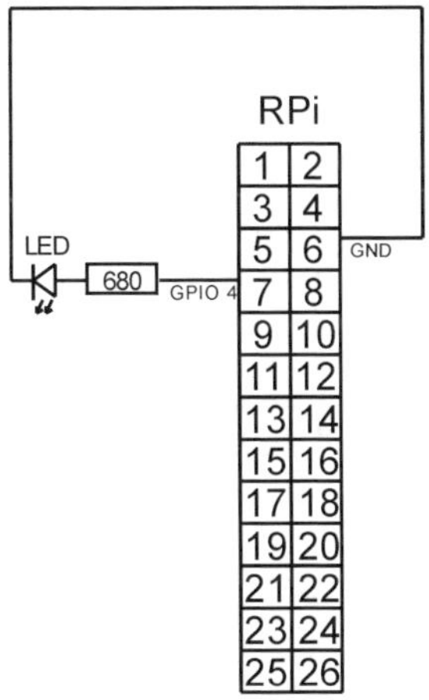

Abbildung 142. Anschluss der LED am Header.

Im Serverprogramm fügen wir nur einen Abschnitt ein, um GPIO 4 (Pin 7 am Header) einzurichten und die nötigen Bibliotheken zu laden.

```
import os
import wiringpi

# Pin vorbereiten
os.system( 'gpio export 4 out' )
io = wiringpi.GPIO(wiringpi.GPIO.WPI_MODE_SYS)
io.pinMode(4,io.OUTPUT)
```

Was wir nun nur noch anpassen müssen, ist der Teil, in dem die Daten vom Client empfangen werden. Anstelle der Multiplikation schalten wir hier die LED an oder aus, abhängig davon, was der Anwender möchte.

```
if data == '1':
    io.digitalWrite(4,1)
    newdata = 'LED on'
else:
    io.digitalWrite(4,0)
    newdata='LED off'
print " Send:" , newdata
myclient.send(newdata)
```

Der erste Teil des Programms ist identisch und auch der Client ist identisch zum vorigen Projekt. Auf dem RPi starten Sie also das Serverprogramm mit `python tcpsever2.py`, und auf Ihrem PC das Programm *tcpclient1.py*.

Auf dem Client können Sie mit „1“ die LED einschalten und mit „0“ wieder ausschalten.

12.4 TCP-DAC

Die SPI-Verbindung benötigt `sudo`, so dass sie nicht mit einem Webserver verwendet werden kann. Bei einer Client-Server-Kombination ist das aber kein Problem, da wir den Server einfach mit `sudo` laufen lassen können und dafür sorgen, dass das Serverprogramm nur die SPI-Verbindung ansteuern kann und sonst nichts.

Auch hier verwenden wir wieder die Grundstruktur aus dem ersten Projekt und passen nur die Bibliotheken und Pineinstellungen an:

```
import spidev

spi=spidev.SpiDev()
spi.open(0,0)
```

Hier der Teil, der für die Daten verantwortlich ist.

```
value=int(data)
if (value>=0) and (value<=255):
    reply=spi.xfer2([49,value])
    newdata="Command executed"
else:
    newdata="Error: value out of range."
print " Send:" , newdata
 myclient.send(newdata)
```

Das Clientprogramm bleibt wieder unverändert, so dass Sie auf dem Server *tcpserver3.py* starten müssen (mit „sudo python tcpserver3.py“) und auf dem PC *tcpclient1.py*. Vergessen Sie nicht die aktuelle IP-Adresse einzusetzen!

Auf dem Client können Sie nun eine Zahl von 0 bis 255 eingeben für eine Spannung von 0 bis 3,3 Volt am MAX522.

Die Hardware besteht aus dem an den SPI-Pins angeschlossenen MAX522-DAC. An den Ausgang des DAC können Sie ein Voltmeter anschließen.[109]

[109] Haben Sie kein Voltmeter, schließen Sie eine 2-mA-LED mit einem 680-Ohm-Vorwiderstand an. Abhängig von der Spannung, die der DAC liefert, leuchtet die LED dann unterschiedlich hell.

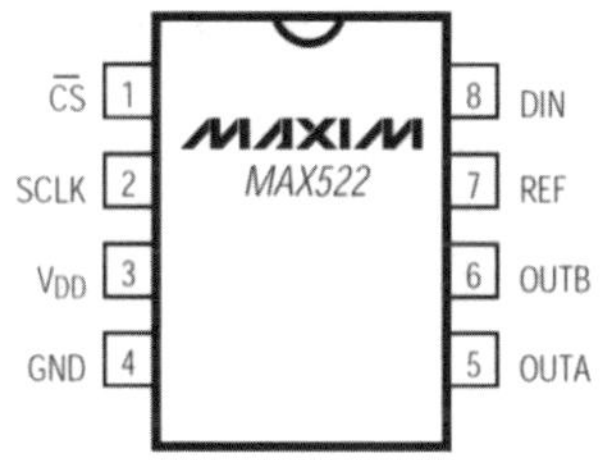

Abbildung 143. Pinbelegung des MAX522.

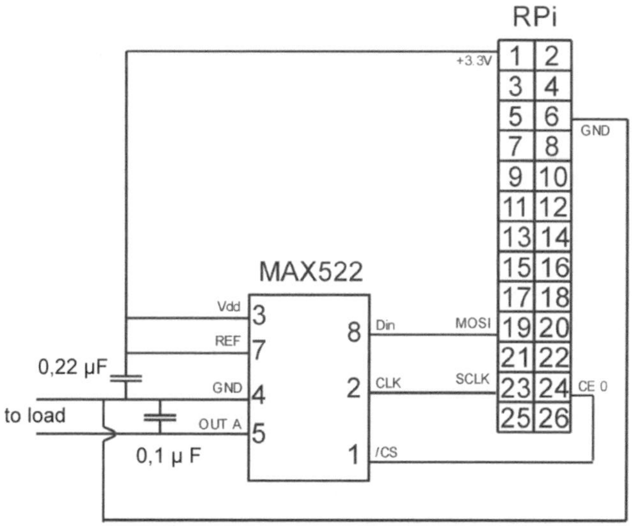

Abbildung 144. Anschluss des MAX522 am Header.

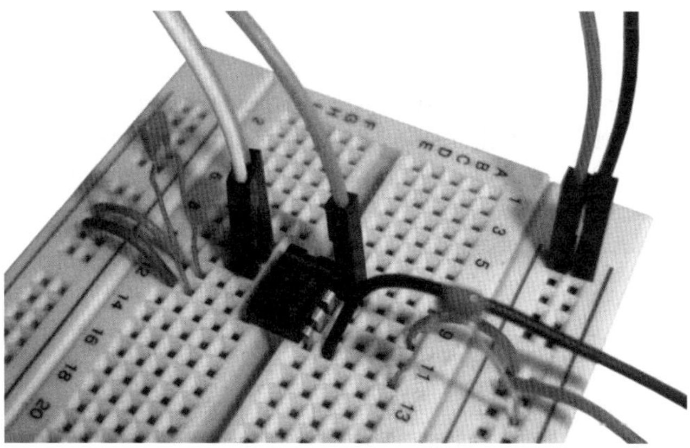

Abbildung 145. Aufbau auf dem Steckbrett.

12.5 TCP-Sägezahn- und Rechteckgenerator

In diesem Projekt erstellen wir einen Funktionsgenerator, der einen Sägezahn und ein Rechtecksignal erzeugen kann. Der Generator läuft als Server und wird von einem Client aus bedient. Ein verkomplizierender Faktor ist, dass der Server zwei Dinge gleichzeitig tun muss:

1. Auf dem Socket lauschen, Verbindung mit einem Client herstellen und danach den Kontakt aufrechthalten und auf Befehle vom Client warten.

2. Die richtige Spannung für das Signal berechnen und um MAX522 senden.

Wir lösen das mit einem Thread: Aufgabe 1 lassen wir vom Hauptprogramm ausführen, Aufgabe 2 von einem Thread. Wir haben in Projekt 5.9.2 schon über Threading gesprochen, aber das betraf eine grafische Anwendung. Das würde hier auch gehen, aber normalerweise wird ein Serverprogramm nicht direkt vom Anwender bedient und daher ist eine grafische Benutzeroberfläche ein wenig sinnlos.

Das Erzeugen eines Threads ist eigentlich recht einfach. Zunächst muss das Threadingmodul geladen werden, wonach wir eine globale Variable definieren, die sowohl im Hauptprogramm, wie auch im Thread verwendet werden kann.

Danach definieren wie einen Thread, der diese globale Variable a verwendet und alle 0,1 Sekunden 1 dazu addiert. Der Thread wir sofort gestartet. Es gibt kein Limit für den Wert a. Das ist eigentlich nicht so gut, da „a“ bizarre Werte annehmen kann, wenn wir das Programm laufen lassen, ohne etwas zu tun. Letztlich läuft der Speicher des RPi voll, mit allen Folgen davon. Wenn Sie also planen, nach dem Starten des Programms erst einmal einkaufen zu gehen, sollten Sie besser etwas wie `if a==1000: a=0` in den Thread einfügen.

Im Hauptprogramm wird der Anwender nach einem Wert gefragt, der in die Variable a kommt. Der Thread, der schon läuft, ersetzt den bisherigen Wert von „a“ mit diesem neuen und addiert 1 dazu. Nach einer Sekunde gibt das Hauptprogramm den Wert von „a“ wieder aus. Da der Thread alle 0,1 Sekunden 1 addiert hat, ist der Wert nun 10 höher geworden.

```
import threading
import time

# Erstelle die threadübergreifende Variable
global a
a=0
# Definiere den Thread
class ThreadClass(threading.Thread):
    def run(self):
        global a
```

```
            while True:
                a=a+1
                time.sleep(0.1)
    t = ThreadClass()
    t.setDaemon(True)
    t.start()

    # Hauptprogramm
    while True:
        b=raw_input("Enter number or q to quit ")
        if b=='q':
            break
        else:
            a=int(b)
        print a
        time.sleep(1)
        print a
    print "Done"
```

Starten Sie das Programm mit `python examplethread.py` und geben Sie einige Werte ein:

```
pi@raspberrypi ~/experiments $ python examplethread.py
Enter number or q to quit 3
3
13
Enter number or q to quit 8
8
18
Enter number or q to quit q
Done
```

Wir können den Thread auf zwei Arten erzeugen. Die einfache Art geht davon aus, dass ein Thread einmal läuft und danach stoppt. Das ist hier nicht der Fall, da der Thread dauerhaft addiert. Das bedeutet, dass der Thread weiterläuft, wenn das Hauptprogramm beendet wird! Sie sehen das nicht und Sie können den Thread auch nicht mehr erreichen, aber er läuft weiter und verbraucht Kapazitäten des RPi. Jedes Mal, wenn Sie das Programm starten, wird der RPi also etwas träger werden.

Sie können das auf zwei Arten ändern:

1. Verwenden Sie eine zusätzliche globale Variable, in der das Hauptprogramm dem Thread den Befehl zum Beenden geben kann. Dies ist eine praktische und einfach programmierbare Methode, wenn Sie sicher wissen, dass das Hauptprogramm in der Lage ist, diese globale Variable rechtzeitig zu bedienen. Sie müssen beispielsweise darauf vertrauen, dass der Anwender nicht Strg-C verwendet, um das Programm zu

beenden (oder dies abfangen) und dass das Programm nicht unerwartet durch einen Fehler stoppt. Diese Methode wird in Projekt 5.9.2 verwendet.

2. Starten Sie den Thread als Deamon.[110] Diese Methode hat die Nachteile der ersten Methode nicht, Sie müssen aber Vorkehrungen treffen, damit der Deamon nicht in einem unpassenden Moment anhält. Diese Methode verwenden wir in diesem Projekt, so dass Sie beide kennengelernt haben.

Wir starten den Thread als Deamon durch den Befehl „setDaemon(True)“. Das bedeutet, dass der Thread an das Hauptprogramm gekoppelt wird. Sobald das Hauptprogramm beendet wird, stoppt auch der Deamonthread automatisch. Das kann übrigens für unangenehme Probleme sorgen, wenn der Deamonthread damit nicht rechnet. Wir kommen gleich darauf zurück.

Wir verwenden die Deamon-Methode, um in unserem Standardserverprogramm einen Thread zu erzeugen. Der Teil des Programms, der das Rechteck- oder Sägezahnsignal erzeugt, muss damit rechnen, dass, vollkommen unerwartet, die gewünschte Signalform geändert wird. Der Thread „weiß“ nie, wann der Anwender den Wert von a verändert.

```
t=0
square=False
while True:
    # Sägezahn
    if a==1:
        reply=spi.xfer2([49,t])
    # Rechteck
    if a==2:
        if t==0 and square==False:
            reply=spi.xfer2([49,255])
            square=True
        else:
            if t==0 and square==True:
                reply=spi.xfer2([49,0])
                square=False
    time.sleep(0.001)
    t+=10
    if t==250:
        t=0
```

Bei jeder Schleife also alle 0,001 Sekunden, überprüft der Thread, welche Signalform erzeugt werden soll und passt die Spannung darauf an. Das Rechtecksignal muss sich nach 250 Schritten von „tief“ nach „hoch“ wechseln oder anders herum. Um den aktuellen

[110] Deamon, auf Deutsch Dämon, kommt aus der griechischen Mythologie und bezeichnet ein Wesen, das Dinge erledigt, mit denen sich die Götter nicht belasten möchten (Erklärung des Priesters Diotima an Plato im Symposium, ca. 380 v.Chr.)

Zustand zu behalten, wird die Variable „square" verwendet. Wenn diese Variable True ist, ist das Rechtecksignal „hoch", wenn sie False ist, ist das Signal „tief". Sie könnten denken, dass diese doppelte if-then-Konstruktion auch ohne „else" funktionert, nämlich so:

```
if t==0 and square==False:
    reply=spi.xfer2([49,255])
    square=True
if t==0 and square==True:
    reply=spi.xfer2([49,0])
    square=False
```

Aber, wenn Sie das machen, wird das Signal nie „hoch". Angenommen „t" ist gleich Null und Square ist False. Damit ist die erste Bedingung erfüllt. Das Signal wird „hoch" und square wird True. Aber nun ist die Bedingung des zweiten if-then erfüllt, also wird das Signal wieder „tief" und square wird False. Der else-Befehl vermeidet das.

Wenn das Programm beendet wird, wird der Deamonthread auch gezwungen zu stoppen. Wenn er in diesem Moment mit einem „sleep"-Befehl beschäftigt ist, geht das schief. Mitten im „sleep"-Befehl, existiert dieser Befehl plötzlich nicht mehr, wodurch der Deamonthread völlig überrascht wird und nicht mehr weiß, was er tun muss. Das Ergebnis ist ein Ausnahmefehler. Ein Ausnahmefehler ist ein Fehler, der so ernst ist, dass das Programm nicht weiterlaufen kann und abrupt gestoppt wird. Das Ziel, den Thread zu stoppen, wurde zwar erreicht, aber auf eine nicht gerade elegante Weise:

```
Exception in thread Thread-1 (most likely raised during
interpreter shutdown):
Traceback (most recent call last):
  File "/usr/lib/python2.7/threading.py", line 551, in
        __bootstrap_inner
  File "tcpserverthread2.py", line 40, in run
<type 'exceptions.AttributeError'>: 'NoneType' object has no
        attribute 'sleep'
```

Python gibt selbst schon an, dass der Fehler wahrscheinlich dadurch verursacht wurde, dass das Hauptprogramm beendet wurde (interpreter shutdown). Wir müssen also dafür sorgen, dass der Deamonthread nicht mitten in einem Sleepbefehl überrascht wird.

Das Beste ist es, erst den Signalerzeuger auszuschalten, so dass der Deamonthread ohne Probleme erzwungen beendet werden kann. Wir machen dass, indem wir den Wert von „a" auf „0" setzen, so dass kein Signal erzeugt werden kann. Danach schalten wir den MAX522 aus. Da der „sleep"-Befehl im Deamonthread recht kurz ist, gehen wir davon aus, dass er inzwischen abgelaufen ist. Verwenden Sie einen längeren „sleep", ist es besser im Hauptprogramm auch etwas zu warten. Sind Sie sicher, dass der Deamon „sleep" beendet hat, kann das Programm stoppen, da es in unserem Fall keine weiteren Befehle gibt.

```
# Stoppe den Thread mit der Spannungserzeugung
a=0
# Stelle die Spannung auf 0
reply=spi.xfer2([49,0])
```

Wenn das Hauptprogramm unerwartet stoppt, weil der Anwender beispielsweise Strg-C drückt oder das Programm wegen eines schweren Fehlers beendet wird, können Sie noch immer eine Deamonfehlermeldung erhalten. Im letzteren Fall macht das nichts: Sie haben schon einen Ausnahmefehler vom Hauptprogramm, also kann dieser ruhig dazu kommen. Strg-C abfangen, wäre noch schön. Wie das geht, wird in Kapitel 12.6 besprochen. In diesem Projekt gehen wir davon aus, dass Sie selbst wissen, dass man Threading-Programme nicht mit Strg-C beenden sollte.

Das komplette Programm sieht dann so aus:

```
# TCP Server
import socket
import time
import spidev
import threading

# SPI einrichten
spi=spidev.SpiDev()
spi.open(0,0)

# Server einrichten
server = socket.socket(socket.AF_INET, socket.SOCK_STREAM)
server.bind(("192.168.178.9", 5000))
server.listen(5)
print "TCP server listening on port 5000"

# globale threadübergreifende Variable
global a
a=0

# Thread als Deamonthread erzeugen
class ThreadClass(threading.Thread):
    def run(self):
        global a
        t=0
        square=False
        while True:
            # Sägezahn
            if a==1:
                reply=spi.xfer2([49,t])
            # Rechteck
            if a==2:
                if t==0 and square==False:
                    reply=spi.xfer2([49,255])
```

```
                    square=True
                else:
                    if t==0 and square==True:
                        reply=spi.xfer2([49,0])
                        square=False
            time.sleep(0.001)
            t+=10
            if t==250:
                t=0


t = ThreadClass()
t.setDaemon(True)
t.start()

# Hauptprogrammschleife
while 1:
    myclient, address = server.accept()
    print "Connected to ", address

    # Verbindung bestätigen
    myclient.send('0')
    while 1:
        # warte auf Daten
        data = myclient.recv(512)
        if data == "q" or data == "qq":
            myclient.close()
            break
        else:
            print "Received:" , data,
            value=int(data)
            if (value>=0) and (value<=255):
                a=value
                newdata="Command executed"
            else:
                newdata="Error: value out of range."
            print " Send:" , newdata
            myclient.send(newdata)
if data == "qq":
    server.close()
    print "TCP server is down"
    break
else:
    print "TCP server listening on port 5000"

# Stoppe den Spannungserzeugerthread
a=0
# Setze die Spannung auf Null
reply=spi.xfer2([49,0])
```

Das Tolle an diesem Programm und damit dem Signalgenerator ist, dass es weiterläuft, wenn die Verbindung unterbrochen wurde. Sie können also die Verbindung herstellen, eine Signalform wählen, die Verbindung beenden und sogar den PC ausschalten.

Wir verwenden dieselbe Hardware wie im vorigen Projekt. Vergessen Sie nicht, die aktuelle IP-Adresse einzusetzen und starten Sie den Server mit dem Befehl:

```
sudo python tcpserverthread2.py
```

Starten Sie danach den Client indem Sie auf *tcpclient1.py* doppelklicken. Wählen Sie aus den folgenden fünf Optionen:

0	Ausgang auf 0 Volt
1	Sägezahn
2	Rechteck
q	Beende Client
qq	Beende Client und Server

Hier sehen Sie ein Beispiel für den Verlauf der Kommunikation. Client:

```
Send (q to quit, qq to stop server):1
Received: Command executed
Send (q to quit, qq to stop server):2
Received: Command executed
Send (q to quit, qq to stop server):qq
```

Server:

```
pi@raspberrypi ~/experiments $  sudo python tcpserverthread2.py
TCP server listening on port 5000
Connected to  ('192.168.178.10', 49511)
Received: 1  Send: Command executed
Received: 2  Send: Command executed
TCP server is down
```

Mit Hilfe von *WinOscillo* können Sie diese Signale auf dem PC sichtbar machen.

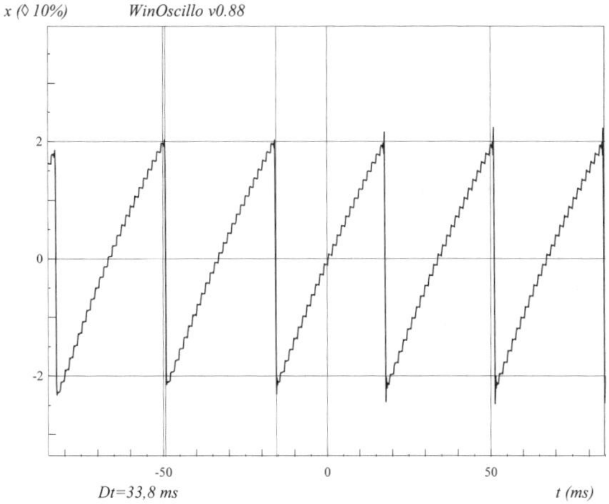

Abbildung 146. Sägezahn.

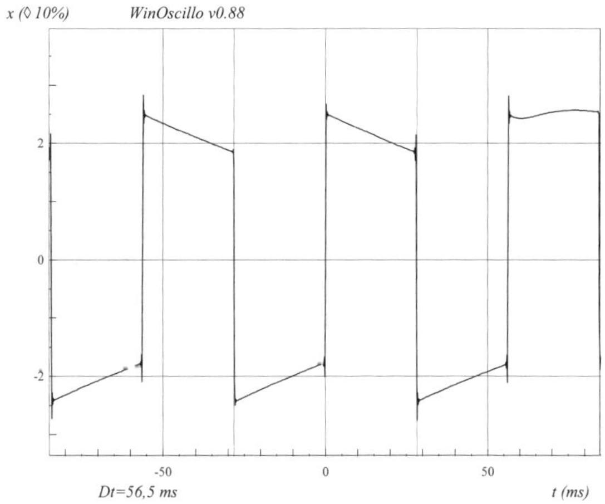

Abbildung 147. Rechtecksignal.

Der Sägezahn hat nach *WinOscillo* eine Länge von 33,8 ms, was bei 25 Schritten 1,35 ms je Schritt entspricht. Das weicht ziemlich von der eingestellten Zeit (1ms) im „sleep"-Befehl ab. Das kommt daher, dass der Deamonthread mehr erledigen muss, als nur das Signal zu erzeugen. So muss beispielsweise in jedem Schritt die SPI-Kommunikation ausgeführt werden. Außerdem hat der RPi selbst auch mehr zu tun und daher erhält der Deamonthread nicht die komplette Prozessorkapazität. Das geht auch nicht, da ja das Hauptprogramm auch noch laufen muss. Gar nicht zu reden von den anderen Dingen, die der RPi noch tun muss, wie die Netzwerkverbindung aufrechterhalten, den Bildschirm ansteuern, die Maus abfragen, etc..

Das Rechtecksignal benötigt 56,6 ms für zwei Änderungen, also 50 Schritte. Das entspricht 1,13 ms pro Schritt. Das ist deutlich schneller und kommt daher, dass dieser Teil des Programms nur dann ein Signal an den MAX522 sendet, wenn sich das Signal umkehrt. Das bedeutet alle 25 Schritte eine SPI-Kommunikation, während der Sägezahn 25 SPI-Kommunikationen bei 25 Schritten benötigt.

12.6 TCP-Voltmeter mit 8 Kanälen

In diesem Projekt erstellen wir ein 8-Kanal-Voltmeter. Die Messung findet auf dem RPi mit einem Serverprogramm statt. Ansteuerung und Wiedergabe erfolgt mit einem grafischen Programm auf dem PC. Wir verwenden den MCP3008, einen 8-Kanal-SPI-ADC-Chip von Microchip, der schon in Projekt 8.5 verwendet wurde.

Auch hier verwenden wir für den Server wieder die Grundstruktur aus dem ersten Projekt und passen nur die Bibliotheken und Pineinstellungen an:

```
import spidev

spi=spidev.SpiDev()
spi.open(0,0)
```

Ebenfalls verwenden wir auch den Teil, der für die Verarbeitung der Daten sorgt. Die hereinkommenden Daten bestehen in diesem Fall aus der Kanalnummer des MCP3008, auf dem die Messung stattfinden soll oder qq, wenn der Server beendet werden soll.

```
# Warte auf Daten vom Client
data = myclient.recv(512)
if data == "q" or data == "qq":
    myclient.close()
    break
else:
    print "Received:" , data,
    chan=int(data)
    reqadc = spi.xfer2([1,128+(chan<<4),0])
    newdata= (reqadc[1]&3)*256 + reqadc[2]
    print " Send:" , newdata
    myclient.send(str(newdata))

if data == "qq":
    server.close()
    print "TCP server is down"
    break
else:
    print "TCP server listening on port 5000"
```

Dieses Programm heißt *tcpserver4.py*. Als Client erstellen wir ein grafisches Programm. Wir geben die Werte der Kanäle als vertikale Balken in einen Balkendiagramm wieder, wie Sie das oft von Audiogeräten kennen.[111]

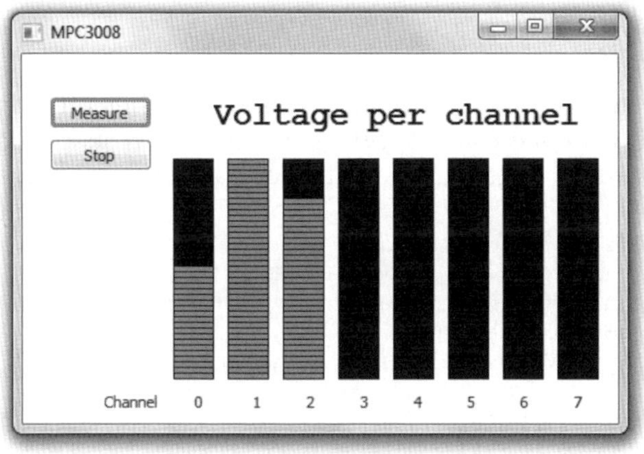

Abbildung 148. Voltmeter mit 8 Kanälen.

Wir verwenden das Standardtemplate für grafische Programme, wobei die Fensterabmessungen auf 450 x 300 angepasst werden. Außerdem werden zu Beginn die notwendigen Bibliotheken geladen.

```
client = socket.socket(socket.AF_INET, socket.SOCK_STREAM)
client.connect(("192.168.178.9",5000))
```

Der folgende Schritt sorgt für die Verbindung mit dem Server. Wenn dieser nicht läuft, kommt eine Fehlermeldung und das Programm wird beendet.

```
# Verbinde mit dem server
data = client.recv(512)
#data="0"
if data<>"0":
    print "Unexpected reply from the server, aborting"
    print data
    client.send("q")
    client.close()
    exit()
```

[111] Sie können, wenn Sie möchten, jedem Kanal ein „erwünschtes Maximum“ zuweisen und den Balken ab dort rot färben.

Wir speichern die ADC-Messungen sofort in einer Liste namens „mdata" und die muss global verfügbar sein. Um außerdem die richtige Länge festzulegen, wird die Liste mit acht Nullen gefüllt.

```
global mdata
mdata=[0,0,0,0,0,0,0,0]
```

Es werden zwei Buttons für die Bedienung benötigt, ein Hintergrund, auf dem die Balkengrafik dargestellt wird und eine Koppelung des „paint Events" mit der OnPaint-Funktion.[112] Außerdem wird ein Text über und unter der Balkengrafik angezeigt.

```
#hier eigene Objekte einfügen

# Button zum Starten der Messung
cbtn0 = wx.Button(self, label='Measure', pos=(20, 30))
cbtn0.Bind(wx.EVT_BUTTON, self.OnMeasure)

# Button zum Stoppen
cbtn1 = wx.Button(self, label='Stop', pos=(20, 60))
cbtn1.Bind(wx.EVT_BUTTON, self.OnStop)

# Hintergrund vorbereiten
self.dc = wx.ClientDC(self)

# an das paint Event binden
                self.Bind(wx.EVT_PAINT, self.OnPaint)

#Textobjekte
self.txt = wx.StaticText(self, label='Channel         0
         1           2           3           4
         5           6           7', pos=(60, 240))
self.txt2 = wx.StaticText(self, label='Voltage per
         channel ', pos=(140, 30))
font = wx.Font(18, wx.MODERN, wx.NORMAL, wx.BOLD)
self.txt2.SetFont(font)
```

Die Messungen finden in der Funktion „OnMeasure" statt. Vom Server werden die ADC-Werte aller Kanäle einer nach dem anderen abgefragt und in der globalen Liste „mdata" gespeichert. Wenn alle Messungen ausgeführt wurden, wird der Befehl *self.Refresh()* gegeben, so dass das komplette Fenster neu aufgebaut wird. Das hat zur Folge, dass die Funktion „OnPaint" aufgerufen wird. Hier wird anhand der Werte in der Liste „mdata" eine Balkengrafik erzeugt. Es ist hauptsächlich eine Geschmacksfrage, wie groß die einzelnen Streifen sein und welche Farbe sie genau haben sollen.[113]

[112] Siehe auch Projekt 10.2.2 für die Verwendung von Hintergründen und paint-Events.

[113] Sie können mit Hilfe eines sogenannten „Colorpickers" eine Farbe auswählen, deren zugehöriger HEX-Code dann angezeigt wird. Ein Beispiel dafür finden Sie auf dieser Webseite: www.2createawebsite.com/build/hex-colors.html

```
    #Hier eigene Funktionen einfügen

    def OnPaint(self, event):
        global mdata
        dc = wx.PaintDC(self)
        dc.SetDeviceOrigin(100, 70)
        for c in range (0,8):
            for i in range(1, 40):
                if i > mdata[c]/26:
                   dc.SetBrush(wx.Brush('#075100'))
                   dc.DrawRectangle(10+(40*c), 160-i*4, 30, 5)
                else:
                   dc.SetBrush(wx.Brush('#36ff27'))
                   dc.DrawRectangle(10+(40*c), 160-i*4, 30, 5)

    def OnMeasure(self, e):
        # Lese alle Kanäle vom Server
        global mdata
        for c in range (0,8):
            chan = str(c)
            client.send(chan)
            mdata[c] = int(client.recv(512))
        self.Refresh()

    def OnStop(self, e):
        # Stoppe Server, Socket und Client
        chan = 'qq'
        client.send(chan)
        client.close()
        self.Close(True)
```

Das Programm heißt *tcpclient2.pyw*. Zur Demonstration der Möglichkeiten wird an zwei Kanälen ein Potentiometer angeschlossen und an Kanal zwei ein LDR. Dieser liegt in Reihe mit einem 4k7-Widerstand und wird dazwischen abgegriffen. Ein LDR (Light Dependent Resistor) ist ein Widerstand, dessen Wert abhängig ist von der Intensität des Lichts, die auf ihn fällt. Der LDR bildet mit dem 4k7-Widerstand einen Spanungsteiler, dessen Ergebnis zu Kanal 2 geht. Wenn sich die Intensität des Lichts, die auf den LDR fällt, ändert, ändert sich der Widerstand des LDR, wodurch der Spannungsteiler eine andere Spannung ausgibt. Die Spannung ist also ein Maß für die Lichtintensität.

An den anderen Kanälen ist nichts angeschlossen, da sie aber trotzdem gemessen werden, sind sie mit Masse verbunden. So ist die Messung immer Null.

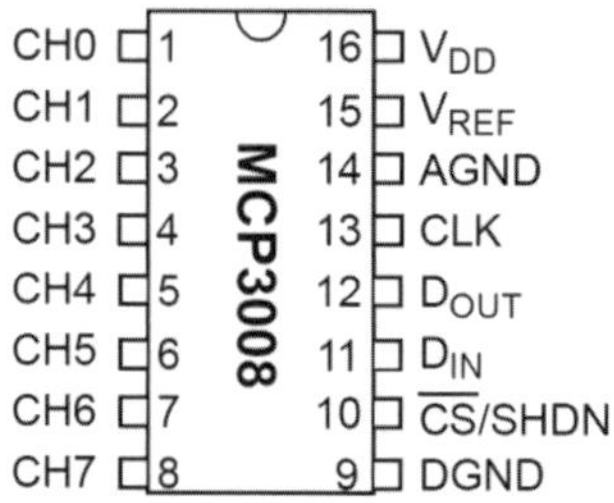

Abbildung 149. Pinbelegung des MCP3008.

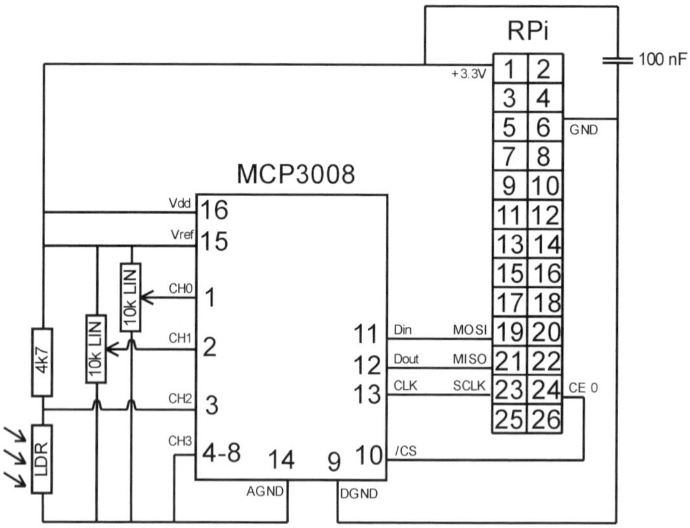

Abbildung 150. Anschluss des LDR und zweier Potentiometer.

Abbildung 151 zeigt den Steckbrettaufbau. Achten Sie auf den 100 nF-Kondensator über der digitalen Masse des MCP3008 und auf die Trennung zwischen digitaler (DGND) und analoger (AGND) Masse. Der Farbcode des 4k7-Widerstandes ist gelb-violett-rot.

Abbildung 151. Aufbau auf dem Steckbrett.

12.7 UDP-echo

Im Gegensatz zu TCP ist UDP ein freies Protokoll, was bedeutet, dass es keine Kontrolle gibt, ob ein Paket richtig ankommt. Es wird hauptsächlich zum Streamen von Filmen und Ähnlichem verwendet, bei dem der Verlust eines Pakets nicht bedeutend ist, es aber sehr auf die Geschwindigkeit ankommt.

In diesem Projekt verwenden wir das UDP-Protokoll, um mehrere Clients mit einem Server kommunizieren zu lassen. Dadurch, dass wir UDP verwenden, können wir die Clients nach Belieben an- und ausschalten, ohne dass wir den Server darüber informieren müssten. Das Client-Programm beginnt trotzdem genauso, wie das TCP-Programm, nur wird der Socket jetzt als DGRAM erzeugt, eine Abkürzung für Datagram, das UDP-Protokoll.

```
# UDP Client

# Verbindung vorbereiten
import socket
client_socket = socket.socket(socket.AF_INET, socket.SOCK_DGRAM)
client_socket.settimeout(3)
```

Der Client öffnet einen Socket und sendet Daten an die IP-Adresse des Servers auf Port 6000. Es ist nicht sicher, das der Server auch auf dem Port „lauscht“ oder gar existiert, aber das macht bei diesem Protokoll nichts. Wenn der Anwender nicht angegeben hat, dass er das Programm beenden will, wartet es auf eine Antwort vom Server. Das ist eine riskante Angelegenheit, denn wenn der Server nicht antwortet, und die Wahrscheinlichkeit ist bei UDP hoch, bleibt das Programm hängen. Daher wird am Anfang des Programms ein Timeout von drei Sekunden angegeben. Wenn danach noch nichts empfangen wurde, erzeugt das Programm ein *socket.timeout*. Die Fehlermeldung fangen wir mit einer try/except-Kombination ab.

Wir bleiben bei einem Timeout aber weiter in der Whileschleife. Das Programm wird beendet, wenn der Anwender „1“ eingibt (Beende Programm) oder „qq“ (Beende Programm und Server).

```
# Hauptprogramm
while 1:
    data = raw_input("Enter data (q to exit qq to
                     stop server): ")
    client_socket.sendto(data, ("192.168.178.9",6000))
    if data=="q" or data=="qq":
        # stoppe Programm (und Server)
        break
    else:
        # Schaue, ob der Server noch da ist und antwortet
```

```
        try:
            data, address = client_socket.recvfrom(256)
        except socket.timeout:
            print "Timeout, cannot reach server"
        print "Server reply : ", data

# Schließe die Verbindung
client_socket.close()
```

Verwenden Sie die aktuelle IP-Adresse. Wie Sie das Programm starten müssen, hängt vom dem Computer ab, auf dem es sich befindet. Auf dem RPi ist das `python udpclient1.py`; beim Windows-PC machen Sie einfach einen Doppelklick auf *udpclient1.py*.

Der Server überwacht natürlich denselben Port und macht nichts anderes, als ankommende Daten mit IP-Adresse und Socketnummer auszugeben, so dass Sie sehen können, woher sie kommen. Danach werden die Daten „geechot", so dass der Client sehen kann, dass die Daten gut angekommen sind.

```
# UDP Server

# Verbindung vorbereiten
import socket
server_socket = socket.socket(socket.AF_INET, socket.SOCK_DGRAM)
server_socket.bind(("192.168.178.9", 6000))

# Warte auf Daten vom Client
print"UDPServer listening on port 6000"
while 1:
    # Es wurde etwas empfangen
    data, address = server_socket.recvfrom(256)
    print "IP" ,address[0], "socket" , address[1] , "said : ",
          data
    if data=="qq":
        # Beende den Server
        break
    else:
        # oder echoe die empfangenen Daten
        server_socket.sendto(data,address)

# Alle offenen Verbindungen schließen
server_socket.close()
```

Aktualisieren Sie die IP-Adresse und starten Sie das Programm mit `python udpserver1.py`.

Wenn Sie den Server auf einem PC mit einer Firewall laufen lassen (z. B. Win7), erhalten Sie unmittelbar eine Warnung. Wählen Sie in dem Fall die Option „Kommunikation in bestimmten Netzwerken erlauben". Das Schöne an UDP ist, dass es keine Kontrolle gibt, ob die Parteien noch da sind. Jemand erhält eine Frage und sendet eine Antwort ohne sich zu fragen, ob der Andere die Antwort wohl erhalten hat oder gar noch vorhanden ist. Wir machen davon Gebrauch, indem wir mehrere Clients gleichzeitig mit dem Server kommunizieren lassen. Wenn Sie neben dem RPi noch zwei PCs haben, können Sie den Aufbau aus Abbildung 152 nachvollziehen. Sie können natürlich auch alle Clients auf einem PC oder auf dem RPi starten, wenn Sie das einfacher finden.

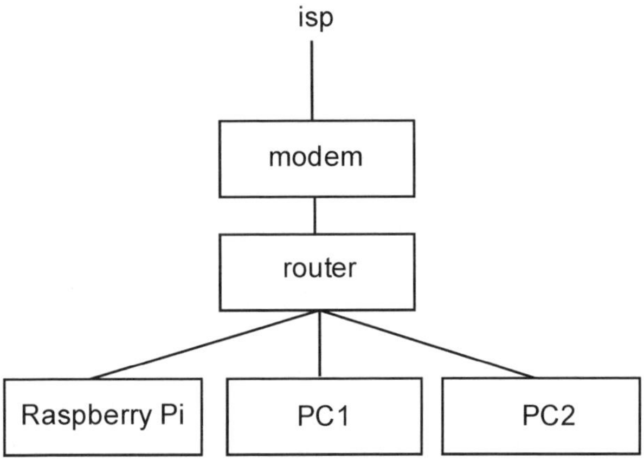

Abbildung 152. Optionaler Netzwerkaufbau für dieses Projekt.

Dies ist ein RPi-Protokoll für den Aufbau aus Abbildung 152, mit dem RPi als Server. Es gibt insgesamt vier Clients, wovon einer auf jedem PC läuft und zwei auf dem RPi selbst.

```
pi@raspberrypi ~/experiments $ python udpserver1.py
UDPServer listening on port 6000
IP 192.168.178.11 socket 50190 said :  PC1
IP 192.168.178.10 socket 65498 said :  PC2
IP 192.168.178.9 socket 52228 said :  RPia
IP 192.168.178.9 socket 40842 said :  RPib
IP 192.168.178.9 socket 40842 said :  qq
```

Der UDP-Server läuft auf dem RPi mit der IP-Adresse 9 (der Einfachheit halber lassen wir bei der Beschreibung „192.168.178." weg, da sich dieser Teil nicht ändert. Der Erste, der Kontakt mit dem Server sucht, ist ein PC mit der IP Adresse 11. Danach kommt ein PC mit der Adresse 10 und dann kommen zwei Clients auf dem RPi selbst. Die IP-Adresse dieser Clients ist natürlich 9, aber sie erhalten vom Server einen anderen Socket (52228 und 40842), so dass er sie auseinander halten kann. Der letzte Client sendet den Befehl „qq", wodurch der Server beendet wird.

Sie sehen, dass jeder ohne feste Reihenfolge mit dem Server kommunizieren kann.

12.8 UDP-Lichtmesser

In diesem Projekt erstellen wir einen Lichtmesser, der von mehreren Computern gleichzeitig ausgelesen werden kann. Es ist sogar möglich, dass Sie auf jedem Client ein anderes Programm erstellen, abhängig davon, was der Anwender möchte, während das Programm auf dem RPi für jeden identisch bleibt. Alles, was das Serverprogramm macht, ist das Licht zu messen und den Wert an jeden zu senden, der danach fragt.

Wir verwenden in diesem Projekt dieselbe Hardware, wie in Projekt 12.6, allerdings ohne die beiden Potentiometer, sie entfallen. Der LDR bleibt in der Schaltung.

Der Server entspricht dem aus dem vorigen Projekt, nur dass hier der MCP3008 auf Kanal zwei ausgelesen wird, wo der LDR angeschlossen ist. Da mehrere Clients vorhanden sein können, ist es unpraktisch, wenn ein Client den Server stoppen kann. Ab dem Moment haben die anderen Clients keinen Kontakt mehr zum Server, da dieser abgeschaltet ist. Es muss also möglich sein, den Server auf dem RPi selbst zu stoppen. Da viele Anwender ein Python-Programm einfach mit Strg-C stoppen und der Port dann offen bleibt, wird das Programm diese Tastenkombination abfangen. Wir verwenden dazu die try/except-Kombination, wobei wir das komplette Hauptprogramm in den try-Abschnitt legen. Gibt es nun einen Fehler, wird der except-Teil aufgerufen. Darin wird der Port sauber geschlossen.

```
# UDP server

# Verbindung vorbereiten
import socket
server_socket = socket.socket(socket.AF_INET, socket.SOCK_DGRAM)
server_socket.bind(("192.168.178.9", 6000))

# SPI vorbereiten
import spidev
spi=spidev.SpiDev()
spi.open(0,0)

# Tastenkombination Strg-C abfangen
try:
    # warte auf Daten von einem Client
    print "UDPServer listening on port 6000"
    while 1:
        # es wurde etwas empfangen
        data, address = server_socket.recvfrom(256)
        print "IP" ,address[0], "socket" , address[1] ,
              "said : ", data
        if data=="qq":
            # stop de server
            break
        else:
```

```
                # lese Kanal zwei (den LDR),
                # und sende das Ergebnis zurück
                chan=2
                reqadc = spi.xfer2([1,128+(chan<<4),0])
                newdata= (reqadc[1]&3)*256 + reqadc[2]
                server_socket.sendto(str(newdata),address)
    except KeyboardInterrupt:
        print "Server aborted using Ctrl-C"

    # schließe alle offenen Verbindungen
    server_socket.close()
```

Nachdem Sie die aktuelle IP-Adresse eingesetzt haben, starten Sie das Programm mit `sudo python udpserver2.py`.

Als Client verwenden wir ein grafisches Programm. Wir in Projekt 9.4 nehmen wir den Mittelwert über einige Messungen, die in einer Liste namens L gespeichert werden. Da die Lichtmessung etwas unruhiger ist als die Temperaturmessung, wird hier über 120 Messungen gemittelt. Bei einer Messung pro Sekunde dauert das zwei Minuten. Wir verwenden das grafische Standardtemplate, bei dem wir am Anfang des Programms natürlich das Socketmodul importieren.

```
        #Hier eigene Objekte einfügen

        # Timer Objekt
        self.timer = wx.Timer(self)
        self.Bind(wx.EVT_TIMER, self.OnTimer, self.timer)

        # Socket vorbereiten
        self.client_socket = socket.socket(socket.AF_INET,
            socket.SOCK_DGRAM)
        self.client_socket.settimeout(3)

        # list deklarieren
        self.L=[]

        # starte den Timer, jede Sekunde
        self.timer.Start(1000)

        # Textobjekt
        self.text = wx.StaticText(self, label='0',pos=(20,30))
        font = wx.Font(50, wx.DECORATIVE, wx.ITALIC, wx.NORMAL)
        self.text.SetFont(font)

    #Hier eigene Funktionen einfügen

    def OnTimer(self, e):

        # Messe die Lichtmenge
        self.client_socket.sendto("r", ("192.168.178.9",6000))
```

```
# Prüfe, ob der Server eine Antwort sendet
try:
    data, address = self.client_socket.recvfrom(256)
    # laufenden Mittelwert berechnen
    self.L.append(int(data))
    if len(self.L)>120:
    self.L.pop(0)
    av=sum(self.L)*1.0/len(self.L)
    reply=str(int(av))
except socket.timeout:
    reply= "Timeout"
self.text.SetLabel(reply)
```

Die Lichtmessung wird vom Server abgeholt. Es kann aber sein, dass dieser gar nicht erreichbar ist. Daher wird eine try/except-Kombination verwendet. Sie können bei einem Timeout den Server einfach (wieder) starten, dann läuft das Programm von selbst weiter. Möchten Sie das Programm bei einem Timeout mit dem roten Kreuzchen stoppen können, müssen Sie den Timer gleichzeitig ausschalten, sonst kommen Sie „nicht mehr dazwischen". Da wir nun einen „sleep"-Befehl einfügen, müssen wir am Anfang des Programms „import time" hinzufügen, um diese Konstruktion verwenden zu können:

```
except socket.timeout:
        reply= "Timeout"
        self.timer.Stop()
        time.sleep(0.1)
        self.timer.Start(1000)
```

Und so sieht das Programm *udpclient2.pyw* auf einem Windows-PC und dem RPi aus. Wenn Sie mehrerer Clients verwenden, und sie nicht exakt gleichzeitig starten, kann es eine Weile dauern, bis sie dasselbe Ergebnis anzeigen. Am Anfang gibt es noch kaum Messungen, daher hat jede einzelne auf den Mittelwert großen Einfluss. Nach einer Weile habe dann alle Clients denselben Wert.[114]

Abbildung 153. Lichtmesser, links Windows-PC, rechts Xwindows RPi.

[114] Sie können übrigens mehrere Clients auf dem RPi starten, wenn Sie mehrere *LXterminals* öffnen, oder mehrere Puttysitzungen starten. Für den Server sind das unterschiedliche Clients.

Sie können natürlich verschiedene Clients verwenden, die die Lichtmessung unterschiedlich umsetzen. Der eine Client mittelt beispielsweise über eine Dauer von 15 Minuten und nutzt das Ergebnis, um die Gartenbeleuchtung einzuschalten. Ein anderer Client mittelt vielleicht über eine kurze Periode und erzeugt daraus eine Grafik.

13. Anhang

13.1 Regelbare Spannungsversorgung

In diesem Anhang finden Sie eine regelbare Spannungsversorgung, die zwischen 1,2 Volt und 13 Volt liefe rn kann. Diese Spannungsversorgung funktioniert perfekt für alle Projekte in diesem Buch, die mehr als 3,3 Volt benötigen – sie wurde nämlich beim Schreiben dieses Buches verwendet. Wenn Sie eine Kühlplatte von ca. 10 cm^2 verwenden, liefert die Spannungsversorgung maximal 1,5 A, mehr als genug.

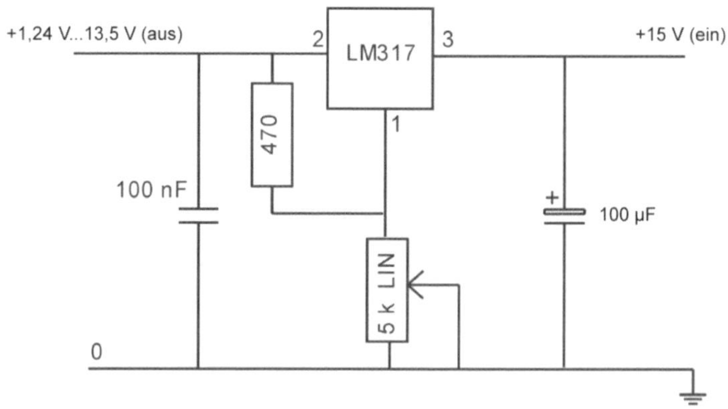

Abbildung 154. Schema der regelbaren Spannungsversorgung.

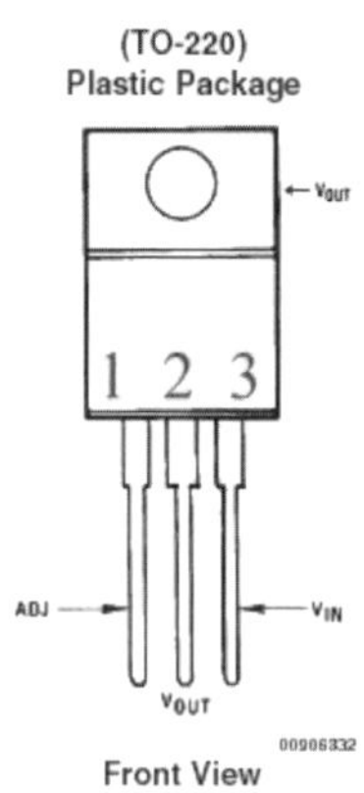

Abbildung 155. Pinbelegung des LM317.

Sie benötigen natürlich ein Multimeter, um die Stellungen des Potentiometers zu bestimmen, die zu den verschiedenen Spannungen gehören. Wenn Sie diese Spannungsversorgung in ein Gehäuse einbauen und an das Potentiometer eine Skala anfügen, brauchen Sie dies nur einmal zu machen. Dieses Projekt wird von einem Steckernetzteil mit 15 Volt Gleichspannung versorgt. Wenn Sie einen anderen Wert verwenden möchten, müssen Sie die Bauanleitung gut durchlesen und eventuell andere Werte für die Komponenten auswählen. Möchten Sie Wechselspannung verwenden, müssen Sie noch einen Gleichrichter hinzufügen, um die Gleichspannung zu erzeugen.

Abbildung 156. Spannungsversorgung im Gehäuse.

Der LM317 ist ein 1,2-Volt-Spannungsregler. Das bedeutet, dass der Spannungsabfall über den LM317 immer 1,2 Volt ist. Die maximale Spannung, die wir erreichen möchten, ist 13 Volt, was mit einem 15-Volt-Transformator möglich sein sollte. Wir verwenden ein lineares Potentiometer (5 k, lin), um die Spannung zu regeln. Das bedeutet, dass der Spannungsabfall über dem Potentiometer 11,8 Volt sein muss (13 – 1,2) und der Strom, der hindurchfließt, $2{,}36 \cdot 10^{-3}$ Ampere ist.

$$V_{max} = 13\,\text{V}; \quad V_{var} = 13 - 1{,}2 = 11{,}8\,\text{V}; \quad I_{var} = \frac{11{,}5}{5\,\text{k}} = 2{,}36 \cdot 10^{-3}\ \text{A}$$

Dieser Strom fließt nicht durch den LM317, also benötigen wir einen Bypass-Widerstand. Über den LM317 ist der Spannungsabfall 1,2 Volt, und da wir gerade den Strom berechnet haben, können wir den Widerstandswert einfach bestimmen:

$$R_{fix} = \frac{V}{I} = \frac{1{,}2}{2{,}36 \cdot 10^{-3}} = 508\,\Omega$$

Dieser Wert existiert nicht, wir wählen zwischen 470 Ohm und 510 Ohm. Günstig ist eine etwas höhere maximale Spannung, also wählen wir 470 Ohm (gelb-violett-braun). Wenn Sie eine LED hinzufügen möchten, damit Sie sehen können, ob das Gerät ein- oder ausgeschaltet ist, benutzen Sie einen 1-k-Widerstand (braun-schwarz-rot) und schließen ihn direkt an den 15-Volt-Eingang an.

13.2 Headerschema

Auf der einen Seite befinden sich die geraden Nummern, auf der anderen die ungeraden. Die geraden Nummern befinden sich „an der Außenseite" des RPi.

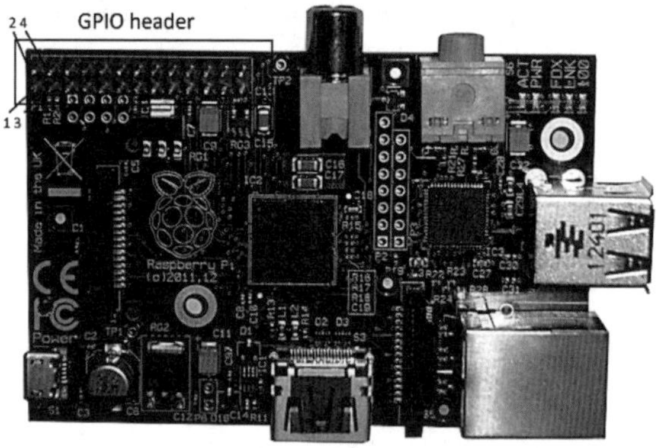

Abbildung 157. Header des RPi.

Der GPIO-Header besitzt unterschiedliche Funktionalitäten, einfache Pins (in diesem Buch nennen wir sie GPIO), I^2C, SPI, PWM und seriell. Manche Pins dürfen nicht verwendet werden, da sie vielleicht in zukünftigen Modellen eine andere Funktion erhalten können. Diese sind mit n/a markiert.

GPIO-Nummer	Funktion	Header- Pinnummer		Funktion	GPIO-Nummer
	+3,3 V	**1**	**2**	+5 V	
2	I^2C SDA	**3**	**4**	n/a	
3	I^2C SCL	**5**	**6**	GND	
4		**7**	**8**	Serial TXD	14
	n/a	**9**	**10**	serial RXD	15
17		**11**	**12**	PWM	18
27		**13**	**14**	n/a	
22		**15**	**16**		23
	n/a	**17**	**18**		24
10	SPI MOSI	**19**	**20**	n/a	
9	SPI MISO	**21**	**22**		25
11	SPI SCLK	**23**	**24**	SPI CE0	8
	n/a	**25**	**26**	SPI CE1	7

Tabelle 27. Funktionsübersicht der Headerpins.

Vom Design her kann jeder Pin 3 mA liefern. Die Summe für alle Pins, inklusive dem +3,3-V-Anschluss selbst, ist 51 mA. Wenn Sie nicht alle Pins verwenden, können Sie mehr als 3 mA nutzen, bis maximal 16 mA pro Pin. Die Summe darf 51 mA nicht überschreiten. Es ist anzuraten, so weit wie möglich, unter den 3 mA pro Pin zu bleiben, wie wir es in diesem Buch auch machen.

Aus dem +5-Volt-Pin können Sie bei einer 1-Ampere-Spannungsversorgung 250 mA (Modell B) bis 300 mA (Modell A) ziehen. In der Praxis ist das abhängig vom Stromverbrauch anderer Geräte, die am RPi angeschlossen sind, wie Tastatur und Ähnliches.

13.3 Inhalt des Downloads

RPi

Alle Software für den RPi ist auf einer SD-Karte, die Sie zu diesem Buch erwerben können, vorinstalliert. Das bedeutet, dass alle Software und Treiber für SSH, SPI, I^2C, GPIO, PWM, Musik, Python Entwicklungsumgebung, wxPython, IdleX und die serielle Verbindung garantiert funktionieren. Außerdem befinden sich alle Projekte aus diesem Buch auf der Karte.

Windows-PC

Im Gratisdownloadpaket zu diesem Buch finden Sie die Software, die in diesem Buch auf dem Windows-PC verwendet wird, praktisch zusammengefasst in einer ZIP-Datei. Sämtliche Software ist kostenlos, Sie müssen nichts bezahlen. Sie müssen nicht einmal dieses Buch besitzen, um das Paket herunterladen zu können. Das Paket ist für Windows XP oder höher gedacht.

Software
WinOscillo, Putty, Xming, WinSCP, DiskImager, Notepad2 und IdleX

Installationsanleitung:

1. Gehen Sie auf www.boekinfo.tk, wählen Sie das richtige Buch und die Sprache und klicken Sie auf den zugehörigen Link, um zur Supportseite zu gehen. Sie können auch direkt die entsprechende Elektorseite aufrufen: http://www.elektor.de/products/books/computer/de_raspberry-pi.2520054.lynkx
2. Laden Sie das Softwarepaket auf Ihren PC herunter.
3. Entpacken Sie das Paket in ein Verzeichnis Ihrer Wahl unter Erhalt der Verzeichnisstruktur. Folgen Sie den weiteren Anleitungen in diesem Buch, hier müssen Sie nun nichts weiter tun.

13.4 Bauteileliste

Dies ist die Liste mit den Bauteilen für alle Projekte in diesem Buch. Beachten Sie, dass Sie Bauteile anschaffen, die in ein Steckbrett passen. Für manche Komponenten ist das unmöglich. In dem Fall können Sie am Besten einen kurzen Draht an die Kontakte löten. Zwingen Sie die Bauteile nicht in das Steckbrett hinein, da die Kontakte darin beschädigt werden können und dieser Schaden ist oft dauerhaft.

Sie können ein Starterpaket kaufen, in dem sich eine Auswahl an Bauteilen befindet, um diverse Projekte in diesem Buch ausführen zu können, inklusive praktischer Drähte, um den Header des RPi mit dem Steckbrett verbinden zu können. Gehen Sie auf die Supportseite, um mehr über die Bestellmöglichkeiten zu erfahren.

Bauteil	**benötigt**
Steckbrett	1x
Widerstand (1/4 W)	1x 47, 2x 680, 1x 1 k, 2x 1k8, 2x 3k3, 1x 4k7, 1x 10 kOhm
Schalter	1x einpolig
Potentiometer	2x 10 k
LED	2x 2 mA (gelb)[115], 1x 20 mA (rot)
Male-female Kabel	10x
Kondensator	1x 0,22 µF, 5x 100 nF
Diverses	TD62783 oder UDN2981, ULN2003, 1N4007, MAX4420, IRF740, LM358, MCP3008, MCP23008, LDR, TC74 A0 5.0VAT, MAX522
Diese Bauteile werden im Buch verwendet, um Komponenten oder Prinzipien zu demonstrieren. Anstelle dieser Komponenten können Sie eigene „Großverbraucher" anschließen.	Lampe 6 V/65 mA Motor 5 V/145 mA Motor 5 V/500 mA Ventilator 12 V/125 mA

Tabelle 28. In diesem Buch verwendete Bauteile.

Diese Übersicht enthält nicht das Interface, das Sie für *WinOscillo* und den Spektrumanalyzer benötigen und auch keine Bauteile für die externe Spannungsversorgung.

[115] Everlight 264-10UYD/S530-A3/T2 oder ähnlicher 2 mA Typ.

Index

Weitere Bücher des Autors:

ARM-Mikrocontroller 1

35 Einsteiger-Projekte in C

Die Projekte in diesem Buch sind für Einsteiger in C und ARM-Mikrocontroller ausgelegt. Das heißt nicht, dass diese Projekte einfach sind, aber sie sind einfach zu verstehen. Es wird beispielsweise die USB-Verbindung zur Kommunikation benutzt, eine Methode, die im mbed-Board so einfach integriert ist, dass sie sich auch für ein Einsteiger-Buch eignet.

ISBN 978-3-89576-262-8
17 x 23,5 cm (kart.)
€ 39,80

ARM-Mikrocontroller 2

30 Projekte in C für Forgeschrittene

Das ideale Buch für Hobbyisten, Studenten und Ingenieure, die C lernen und den Umgang mit ARM-Mikrocontrollern auf leichte und spielerische Weise verstehen wollen, dabei aber auf umständliche Software-Installationen gerne verzichten können.

ISBN 978-3-89576-271-0
17 x 23,5 cm (kart.)
€ 39,80

50 PIC Mikrocontroller projects

für Anfänger und Fortgeschrittene

Dieses (englischsprachige) Buch enthält 50 praktische und interessante Projekte mit PIC-Mikrocontrollern. Beispiele: Laser-Alarm, witzige USB-Maus, Eieruhr, Klangschalter, kapazitiver Pegelmesser für Flüssigkeiten, Raumüberwachung mit Kamera, Dimmer (110...240 V), sprechender Mikrocontroller etc. Außerdem werden der Einsatz von Relais und der Umgang mit Netzspannung diskutiert. I^2C, SPI, RS232, USB, PWM, Winkelgeber, Interrupts, Infrarot, A/D- und D/A-Konversion, Siebensegment-Displays und der CAN-Bus werden ebenfalls behandelt.

ISBN 978-0-905705-88-0
17 x 23,5 cm (kart.)
€ 39,50